中国城市科学研究系列报告

中国低碳生态城市发展报告2019

中国城市科学研究会　主编

中国城市出版社

图书在版编目（CIP）数据

中国低碳生态城市发展报告 2019/中国城市科学研究
会主编. —北京：中国城市出版社，2019.7
（中国城市科学研究系列报告）
ISBN 978-7-5074-3078-3

Ⅰ. ①中… Ⅱ. ①中… Ⅲ. ①城市环境-生态环境建设-
研究报告-中国-2019 Ⅳ. ①X321.2

中国版本图书馆 CIP 数据核字(2019)第 125673 号

《中国低碳生态城市发展报告 2019》以"高质量城市"为主题，从城市安
全、公正、健康、便利、韧性、可持续等方面出发，向读者介绍 2018 年中国
低碳生态城市建设的现状、技术、方法以及实践进展，并展望 2019 年。与
《中国低碳生态城市年度发展报告 2018》相比，结合时代需要，更加突出建设
以生态文明为纲、宜居人文为本、智慧精准为辅的高质量城市和可持续的人类
住区。

本书是从事低碳生态城市规划、设计及管理人员的必备参考书。

*　　　*　　　*

责任编辑：李天虹
责任校对：王　瑞

中国城市科学研究系列报告
中国低碳生态城市发展报告2019
中国城市科学研究会　主编
*
中国城市出版社出版、发行（北京海淀三里河路 9 号）
各地新华书店、建筑书店经销
北京红光制版公司制版
北京京华铭诚工贸有限公司印刷
*
开本：787×1092 毫米　1/16　印张：21½　字数：428 千字
2019 年 7 月第一版　　2019 年 7 月第一次印刷
定价：**65.00** 元
ISBN 978-7-5074-3078-3
　　　（904164）

中国低碳生态城市发展报告组织框架

主 编 单 位：中国城市科学研究会

参 编 单 位：深圳市建筑科学研究院股份有限公司

支 持 单 位：能源基金会（The Energy Foundation）

学 术 顾 问：李文华　江　亿　方精云

编委会主任：仇保兴

副 主 任：何兴华　李　迅　沈清基　顾朝林　俞孔坚　吴志强
　　　　　　夏　青　叶　青

委 员：（按姓氏笔画排序）
　　　　　　于　涛　王天青　刘俊跃　李　清　何　永　余　刚
　　　　　　孟庆禹　贾滨洋　徐文珍　徐勤政　董　珂

编写组组长：叶　青

副 组 长：李　芬　周兰兰

成 员：彭　锐　赖玉珮　史敬华　高楠楠　叶蒙宇　黄智怡
　　　　　　夏昕鸣　李晓林　张璐艺　曹梦祺　陆蓓蓓　陆元元
　　　　　　侯　全　林盈晖　张兆衡　谭　静　许　阳　罗　霄
　　　　　　李　冰　赵雪平　张　琳　王　苑　王　鑫　唐　伟
　　　　　　毕　波　左　琦　曹子元　甘　霖　杨　兵　刘剑锋
　　　　　　熊　文　王　昆　李　娅

代 序

中国城镇化下半场的挑战与对策

仇保兴

Preface

Challenges and strategies in the second half of urbanization in China

Qiu Baoxing

中国的城镇化经历了 40 年的快速发展，可以说这是人类历史上规模最大的城镇化。在城镇化前半场，中国避免了先行国家和发展中国家四类严重的城市病：避免了某些先行工业国家（如英国），在城市化初期基础设施严重不足，造成了疾病流行这样悲惨的历史；避免了某些发展中国家（如阿根廷），令大量人口单向进入城市，但不能提供相应的就业岗位，经济系统脆弱化从而陷入"中等收入陷阱"；避免了某些发达国家（如美国），在城镇化过程中造成的城市病蔓延，城市能耗比全球平均能耗高出几倍的情况；也避免了非洲等国的城镇化造成了贫民窟遍地，城市 60%～70% 的人口在贫民窟中居住的现象。

当然，前半场的城镇化是伴随着工业化发展的，这个过程被称为"灰色"城镇化，表现为先污染后治理。展望城镇化的下半场，主要面临八个方面的挑战：

第一个挑战是我国在城镇化后半场面临着能源、水资源结构性短缺加剧的挑战。我国煤、石油、天然气的人均储量占全球平均比率为 58.6%、7.7%、7.1%，我国实际上是一个缺气、少油、富煤的国家。在城镇化的后半场，需要对环境污染进行治理，需要进行能源结构的调整，这个时候，我国成为世界上最大的天然气进口国和世界上最大的石油进口国。在这种情况下，任何突然增加的用气都会造成气荒。

再从水的方面来看，我国人均水资源量约 2100 立方米，仅为世界平均水平的 28%，在这样一个水资源缺乏的国家，2016 年，中国的农业用水占了 62.4%，工业用水占 21.6%，城镇用水占 13.6%。但是根据国际上城镇化的规律，城镇化一旦越过中期进入到后半场，城镇的用水量会恒定，会慢慢减少，不会再增加，这是由用水价格的弹性及节水器具、水循环利用不断发展造成的。

不过，这样的好消息并不能带来很大安慰，因为中国存在两个巨大的用水方面的挑战。第一，由于极端气候出现，会突发性地造成大面积降雨或者大面积旱涝，极端天气的出现使许多旱情超过以往千年的记录。另一个更大的挑战，大的化工厂出现事故会造成大面积、突发性的水体污染，这个时候，下游的城市就必须把供水关掉，大面积的缺水就会突然出现。

所以，应该有以下这些应对措施。第一，大力发展太阳能、风能、生物质能源等新能源。我国将成为这些新能源比值最高，且数量最大、发展潜力最大的国家。第二，清洁能源技术会大量拓展，煤转油、煤转气，或者煤层气的利用将是非常重要的方向。第三，国际能源合作共同体的建设，将是我国外贸的一个重要主题。第四，要启动西北新能源基地。比如青藏高原、塔里木盆地，这些广袤无边的高原、沙漠，太阳能资源非常丰富。如果能够把这些地方的太阳能开发出三分之一，可以基本满足中国的能源需要。欧洲准备建立一个"撒哈拉沙漠计划"，就是把撒哈拉沙漠的太阳能输送到欧盟去，满足欧盟 30%的需要。当然，这肯定是一个非常遥远的梦，但是中国在国内可以把更好的太阳能开发出来。可以启动深度的海绵城市规划和建设，使水在城市里 N 次循环利用，以水定城、以水定人。第五，大力发展节水型农业、节水型工业，使水耗大幅度下降，节水本身将成为一个巨大的产业。

第二个挑战是水体、空气、土壤这三大污染治理任务繁重。根据国际规律，每当一个国家的城镇化率达到 50%以后，三大污染会扑面而来，达到最高峰，发达国家无例外。

更重要的是，当城镇化和经济发展到了现在的程度，我国的不平衡、不满意最大表现在解决温饱以后的人民群众对水体污染、空气污染、土壤污染是最不能容忍的，所以党中央明确提出污染防治是三大攻坚战之一，比如土壤污染的治理、大气污染的治理，再比如对多个垃圾填埋场进行改造，防止它们继续污染地下水。

第三个挑战是小城镇人口萎缩，人居环境相对退化。当前我国城镇化留下来的一个遗憾是，大城市和中等规模城市不比发达国家逊色，基础设施可能比它们更好，建筑更光鲜，但是最大的差距是在小城镇。在发达国家，最宜居的城市是小城镇，而我国的小城镇人居环境退化、环境污染、就业不足、管理粗放四个毛病并存。根据"五五"和"六五"的人口普查，我国在 10 年中，有相当于一个日本的人口从中国的小城镇转移到大城市里来了，所以加剧了大城市的膨胀。

在这种挑战下，首先，应该把两万多个小城镇中的一部分进行特色小镇的改造，要在产业特色、形态特色、人文特色和服务特色上加以提升，更大比例地利用最新通信技术的发展引发的"多用信息，少用能源"的竞赛。其次，大城市应该定向地兼并小城镇的卫生院和小城镇的中小学，把他们改造成为大城市名院的分院和名校的分校，快速地使这些小城镇的公共品质量得到提升。第三，应该把小城镇作为乡村振兴的总基地、总服务器，使得小城镇能够更好地为周边的农村、农民、农业服务。

第四个挑战是城市的交通拥堵正在加剧，已经从沿海城市扩展到内地城市，从城市早高峰的拥堵变成了全天候的拥堵，从大城市的交通拥堵向中小城市蔓延。

我国作为世界汽车制造大国和销售大国的情况还会继续存在。但是，这也带来了重大机遇。第一，旧城区要大力进行增加交通毛细管式的改造，许多大院都要多开几个门方便群众出入，减少步行交通和自行交通的阻力。第二，公共交通设施要进一步发展，因为这些交通工具，特别是地铁的发展不仅有一定的经济效益，它更应该侧重于社会效益、生态效益和城市的防空安全效益。第三，应该利用 5G 时代，最快地实现共享汽车到无人驾驶的跨越，这样使得城市的实际用车量在未来若干年逐步减少。第四，可以增加城市的步行道和架空道，使交通更加畅通，要大力发展共享单车甚至共享电动单车，使自行车包括电动自行车使用者大幅增加，这将会在 5G 时代带来便利性。

第五个挑战是城市历史文化风貌修复难度正在增大，许多城市号称自己有2000 年历史，但是找不到自己的本地风貌特色。城市化最悲哀的是在完成城市化之后，建筑风格多样，但是缺乏民族特色的建筑和本地建筑。一定要认识到城市的历史风貌是不可再生的、绿色的高等资源，只要保护好，它是不断增值的。

我们已经错过了城市大发展、大改造时期对历史街区、历史建筑保护的最好机会，如果再造历史建筑那就是"假古董"了，但是仍有一些机遇。第一，历史文化名城、名镇保护的投资战略将成为主要的、数量极其庞大的新投资领域；第二，修复历史文物、优秀近代建筑、历史名人故居将成为普遍的，而且是从下而上的行为；第三，倡导新地方建筑风格，比如黄山市提出了"新徽派"，泉州提出了"新闽南派"，使当地建筑的风貌，也就是几千年来与气候变化和社会人情能够结合的建筑形式能够延续和传承；第四，历史建筑要进行宜居节能的改造，保留建筑的风貌、符号和重要人文节点，同时应用一些新技术，使它们变得更宜居，使用起来更方便，居住起来更舒心。

第六个挑战，要扼制住房的投机泡沫任重道远。在中国民众的资产中，70%以上沉淀在房产里面，而美国只有 30% 不到，这是一个客观的现实。所以可以看到，要扼制住房投机泡沫是一个长期艰巨的战役，第一，应该对房地产税进行分类，率先出台能够精准遏制住房投机的消费税、流转税、空置税，然后再从容地考虑物业税如何开展。第二，把房地产的调控从原来的中央调控为主转变为以地方为主，从行政手段调控为主变成以经济手段为主，从集中的统一调控、突击调控变为分散调控和经常调控，这样通过国民经济收入的增长，同时严格控制房价涨幅，逐渐"烫平"房地产泡沫，而不是一脚把它踢破。第三，土地供应应该和城镇人口变化同步挂钩，现在通过大数据分析可以实时地观察城镇人口的变化。第四，一线城市，特别是那些超大规模的城市应该推广合作建房和共有产权房，使房地产的波动逐步平缓。

第七个挑战就是我国的城市防灾减灾能力不足。一方面由于我国城市的人口密集度是全世界最高的，人口密度高、城市规模大就成了灾害的放大器。另一方面，城市的主要负责人任期短、交换频繁、外地人为主，会造成城市建设重表面、轻基础，所以这些倾向就导致了城市有内伤。

在未来要注重以下几个方面：第一，许多城市管网陈旧，桥梁需要进行修复。第二，住宅小区的综合性能提升改造是当务之急。第三，要通过弹性城市来整合现在正在部署的绿色交通城市、智慧城市、新能源城市、园林城市、综合管廊城市和海绵城市，使这些新城市的发展模式整合在防灾减灾绿色发展这样一个总规划中。

最后，我国遇到的挑战是乡村振兴将会饱受"城乡一律化"的干扰。因为我国前半场城镇化发展得非常顺利，工业文明也带来了巨大财富，所以在许多决策者的眼里，不由自主地就产生了用城市的发展模式来取代乡村建设，用工业的发展模式来取代农村的乡土建设，这些对乡村振兴的健康发展是不利的。因此，在乡村振兴的过程中，一定要弘扬"一村一品"，要大力发展有机农业、精品农业，一定要把村庄整治、村庄历史文化资产保护放在第一位，使它们成为永远有乡愁的乡村旅游基地。第二，通过乡村旅游再发现乡村传承了5000多年的一些独特的农副产品，提质提优多样化地进行发展。第三，传统村落的评比、美丽乡村的奖励应广泛推行，以激励的手段而不是包办的手段，通过农民觉悟的提升和提高，让他们自己动手建立文明的、有历史传承的幸福农村。第四，农村大量的宅基地和空置农房要建立稳定的流转政策，使得城乡能够更好融合。

总的来说，上半场城镇化我们取得了决定性的胜利，但是下半场任务仍然非常艰巨，城市是所有问题包括社会问题、经济问题的本质所在，但是也是解决这些问题的钥匙。

下半场我们要以城市群来引领城镇化的发展，应该启动大湾区战略迎接全球化的挑战；更多地使用5G、人工智能、智慧城市、物联网、无人驾驶等突破性的新技术来促使城市能够更加绿色、更加宜居；通过城乡的生态修复、人居环境修补、产业的修缮，使经济更加可持续、更平稳发展；通过国家中心城市建设，在全球化的进程中更多地聚集高等资源，发挥我国体制和文化的优势；在城镇化下半场这些已经提到的新的投资领域，将会涌现 30 多万亿新的投资机会，这些新的投资机会是传统投资项目本里没有的，这是我国经济持久、快速而且抗波动发展的利器。

前　言

党的十八大以来，中央明确提出"五位一体"的总体布局，将生态文明建设纳入全面建成小康社会的目标之一，提出"创新、协调、绿色、开放、共享"五大发展理念，指出绿色发展、循环发展、低碳发展的方向。党的十九大报告中提出要"加快生态文明体制改革，建设美丽中国"，2019 年两会更是提出"四个一"强调生态文明建设重要性，明确了新型城镇化和城市规划建设管理的新方向。同时，新的国家机构改革将生态和环境合并组成生态环境部，在国家层面设立自然资源部，全面落实生态文明建设，以协调经济发展和生态保护进程，填补环境治理方面的空白。

从国际上看，我国充分展示了作为"负责任大国"的形象，低碳生态城市发展和建设成为各国关注的焦点。在 2018 年全球人居环境论坛年会上，以实现可持续发展和人居三通过的《新城市议程》为目标，各国分享城市创新的政策、策略、技术和成功经验，对合作、共享、互助基础上的理论创新、科技进步和试点示范项目进行深入交流、稳步推进，推动"一带一路"倡议背景下的务实合作和绿色发展，共同讨论并指明了未来城市发展的新方向。

《中国低碳生态城市发展报告 2019》第一篇最新进展，主要综述了 2018 年度国内外低碳生态城市国际动态、政策指引、学术支持、技术发展、实践探索与发展趋势，通过对国内外低碳生态城市发展的大事件或重点案例进行总结和梳理，加强对机构改革背景下产生的新的指导政策的解读，探讨低碳生态城市建设挑战、发展趋势、政策动向，为新常态、新形势下低碳生态城市的发展情况打开总体和全面的图景。第二篇认识与思考，主要探讨生态文明建设背景下的观念转型，高质量城市转型背景下城市发展面临的新挑战、新趋势和新使命，思考"韧性城市"建设如何应对城市未来发展问题，以明确低碳生态城市建设在促进城市经济、社会、环境等多维度可持续发展方面承担的重要功能与意义。第三篇方法与技术，通过梳理国内外低碳生态城市发展的理论、目标、模式、结果等系统全面的总结国内外低碳生态城市建设已有和创新的方法与经验。基于不同尺度的城市生态环境诊断与治理的方法，从整体上为生态城市建设现状评估提供技术支持。重点讨论能源、水资源、粮食等要素与城市的相互关系和城市系统间各要素的协同关系，研究新时代下城市规划的重要技术方法，为低碳生态城市建设过程中重点领域的未来发展提供可参考的技术指导。第四篇实践与探索，通过持续跟踪生态城区示范项目，对2018—2019年低碳生态城市的重点建设实践案例进行介绍与反思，涉及低碳生态示范城市（区）国际合作与国内新区、特色小镇产业、城市更新、城市共生等多方面的内容。其中聚焦了大量的社会热点，例如张家口可再生能源示范区、天津中新生态城、珠海和成都生态城市的规划实践等，旨在为低碳生态城市建设的发展制度、产业体系、能源体系等提供实践性指导。第五篇中国城市生态宜居发展指数（优地指数）报告，继续延续特色，进行持续性研究，展示十年中国城市生态宜居指数背景与研究进展。在全国、城市群和城市等不同尺度对比分析中国城市生态宜居建设的行为与成果，考察生态城市子系统的发展效率与动态，分析各城市在宜居建设各维度和要素上的建设成效与进步空间。

《中国低碳生态城市发展报告2019》以"高质量城市"为主题，从城市安全、公正、健康、便利、韧性、可持续等方面出发，向读者介绍2018年中国低碳生态城市建设的现状、技术、方法以及实践进展，并展望2019。与《中国低碳生态城市年度发展报告2018》相比，结合时代需要，更加突出建设以生态文明为纲、宜居人文为本、智慧精准为辅的高质量城市和可持续的人类住区。

由于低碳生态城市内涵和实践的多样性和复杂性、篇幅的限制以及编者的知识结构和水平限制，报告无法涵盖所有内容，难免有不当之处，望各位读者朋友不吝赐教。本系列报告将不断充实和完善，期待本书内容能够引起社会各界的关注与共鸣，共同促进中国低碳生态城市的发展。

本报告是中国城市科学研究系列报告之一，梳理了国际低碳生态城市相关的最新研究吸纳了国内相关领域众多学者的最新研究成果，本报告得到国家重点研发计划政府间国际科技创新合作重点专项——"城市能源体系及碳排放综合研究关键技术与示范"（2017YFE0101700）课题支持，并由课题组与中国城市科学研究会生态城市研究专业委员会承担编写组织工作。在此向所有参与写作、编撰工作的专家学者致以诚挚的谢意！

Introduction

Since the 18th national congress of the communist party of China (CPC), the CPC central committee has put forward a comprehensive plan focusing on five development concepts, set the construction of ecological civilization as one of the goals of building a moderately prosperous society in all aspects, proposed the five development concepts of "innovation, coordination, green, open and sharing", and pointed out the direction towards green development, circular development, and low-carbon development. In the reports of the 19th national congress of the communist party of China, it proposed to "accelerate the reform of ecological civilization system and build a beautiful China". In 2019, the two sessions put forward the "four ones" to emphasize the importance of ecological civilization construction and clarify the new direction of new urbanization and urban planning, construction and management. At the same time, in the new national institutional reform, China combines ecology and environment, and establishes the Ministry of Ecology and Environment, sets up the Ministry of Natural Resources at the national level, and fully constructs the ecological civilization, so as to coordinate the economic development and ecological protection process, and fill the gap in environmental management.

Internationally, China has fully shown its image as a "Responsible Power", and become the focus of the world for its development and construction of low-carbon cities. On 2018 Global Forum on Human Settlements, aiming on sustainable development and the New Urban Agenda approved on Habitat III, the participators have shared the policies, strategy, technology and successful experience of urban innovation, deeply discussed and stably promoted the theory innovation, scientific and technological progress and pilot and demonstrative projects on the basis of cooperation, sharing, and mutual help, driven the practical cooperation and green development under the Belt and Road Initiative, discussed and clarified the new direction of the future urban development.

It should be noted that China has officially been constructing green and low-carbon eco-cities for nearly 14 years. The low-carbon eco-city policy has been developed from scratch, and now covered all aspects, the exploratory practices of low-carbon and ecological development are rapidly increasing across the country. While building the low-carbon eco-city, the country also combines the construction of resilient city, sponge city and smart city, and innovate the development depending on the local features, and get a lot of experiences in the aspects of policy, technique and standard which will contribute to our development mode of green and low-carbon eco-cities.

Chapter Ⅰ: Latest Development, the Review of China's Low-carbon Eco-city Development Strategy (2019), mainly summarizes the international trend, policy guidance, academic support, technology development, exploration, and development trend of domestic and foreign low-carbon eco-cities in 2018. It further summarizes and teases out the big events or important cases related to the development of domestic and foreign low-carbon eco-cities, strengthens the understanding of new direction policies generated under the background of institutional reform, discusses the challenges, development trend and policy trend of low-carbon eco-city construction, and gives an overall and comprehensive vision of low-carbon eco-city development under the New Normal and New Situation. Chapter Ⅱ: Perspective & Thoughts, mainly discusses the conception transformation under the background of ecological civilization construction, as well as the new challenges, new trends and new mission for the urban development under the background of transformation of high-quality cities. It considers how the construction of "resilient city" would solve problems related to the future urban development, so as to determine the important functions and implications of the construction of low-carbon eco-cities as it fuels up the sustainable development in the aspects of urban economy, society, environment, among others. Chapter Ⅲ: Methodology & Techniques, teases out the theory, target, mode, and result of development of domestic and foreign low-carbon eco-cities, to comprehensively summarize the existing and new method and experiences in construction of domestic and foreign low-carbon eco-cities. Based on the methods of ecological environment diagnosis and management in cities with varied sizes, it gives the overall technical support for the assessment of current construction status of eco-cities. Chapter Ⅲ further focuses on the discussion of the relations between the city and the elements, including energy resources, water resources and food supply, as well as the collaborative relation among the elements of urban systems, investigates the key technical methods for urban planning in the new era, and gives the referable technical guidance for the future development of important fields during the construction of low-carbon eco-cities. Chapter $\mathbb{N}$: Practices and Exploration, it introduces and reflects the key practices of low-carbon eco-cities in 2018 and 2019 by continuously tracing the demonstrative ecological urban area and involves international cooperation of demonstrative low-carbon and ecological city (urban area), featured town industry, city renewal, city symbiosis, and so forth. It gathers a lot of social hot spots, including the planning and practice of demonstrative renewal resource area in Zhangjiakou, China-Singapore Tianjin Eco-City, and ecological urban area in Zhuhai City and Chengdu City, and intends to give practical direction for the development system, industrial system, energy system, among others in the construction of low-carbon eco-cities. Chapter V: China's Report on Urban Ecological and Livable Development Index (UELD Index), it inherits the features, carries out the continuous study, displays the background and study progress of Urban Ecological and Livable Development Index in the decade, compares and analyzes the behaviors and results of ecological livable constructions in Chinese cities with different levels at the country, the city agglomeration and the city, investigates the function, development efficiency and trend of subsystem of eco-cities, and analyzes the construction achievements and the improvement room of livable constructions in cities at different level and based on various elements. Themed as "high quality city", the Review of China's Low-carbon Eco-city Development Strategy (2019) describes the current status, technique, methods and practices of low-carbon eco-city construction in China in 2018, from the perspectives of urban safety, fairness, health, convenience, resilience, and sustainability, among others, and looks forward to 2019. Compared to the Review of China's Low-carbon Eco-city Development Strategy (2018), it integrates the demand of this era, pays more attention to the high quality city and sustainable human community with ecological civilization as its key link, the livability as its basis, and the smart and the precision as its auxiliary "wings".

Due to the diversity and complication of the intension and practice of low-carbon eco-city, the length limitation, and the knowledge structure and level of the author, this report cannot cover all dimensions, and please give any comments if you have. This series of reports will be supplemented and improved continuously, and we are looking forward to attracting attention from and arising resonance of all sectors of society, so as to jointly gear up the development of low-carbon eco-city in China.

As one of the reports on urban studies in China, this report teases out the latest studies related to the international low-carbon eco-cities, includes the newest research achievement of Chinese scholars in the related fields, and is supported by the project of "comprehensive research, key technologies and demonstration of urban energy system and carbon emission" (2017YFE0101700), a key project of international scientific and technological innovation cooperation among governments under the national key research and development program, and prepared by the research group and the Ecological City Research Committee of Chinese Society for Urban Studies. I would like to express my sincere thanks to all the experts and scholars involved in the writing and compilation work.

目　录

Contents

第一篇 | 最新进展

本篇为《中国低碳生态城市发展报告 2019》的开篇总述，主要综述 2018—2019 年度国内外低碳生态城市发展情况，期望通过对国内外新的政策、技术、实践以及大事件的总结，分析该领域年度获得的经验，探讨低碳生态城市未来的挑战与发展趋势，为中国的低碳生态城市发展提供理论与实践支撑。

2018 年 12 月 2 日至 15 日，《联合国气候变化框架公约》第 24 次缔约国会议（COP24）在波兰卡托维兹召开，中国与其他近 200 个国家的代表就《巴黎协定》实施细则进行谈判。各缔约方围绕自主贡献、减缓和适应、气候资金、技术、能力建设、全球盘点和透明度等《巴黎协定》的机制和规则基本取得共识，达成了《巴黎协定》的实施细则。中国在《巴黎协定》的达成、签署和生效过程中都发挥了积极的促进作用，也将继续在《巴黎协定》的落实和实施进程中发挥积极的引领性作用。

中国共产党的十九大把气候变化列为全球重要的非传统安全威胁和人类面临的共同挑战。2019 年两会提出"四个一"强调生态文明建设重要性，强调了四点新要求，并强调要做好生态文明建设。2018 年 5 月 18 日至 19 日，全国生态环境保护大会（第八次）加强了对于生态文明建设意义的表述程度，从十九大报告中的建设生态文明是中华民族永续发展的"千年大计"，上升为"根本大计"。另外，中共中央国务院印发《关于全面加强生态环境保护坚决打好污染防治攻坚战的意见》，为加强生态环境保护、坚决打好污染防治攻坚战作出部署和安排。

第一篇总结了国内外低碳生态城市建设的新动态。从宏观形势上来看，各国都积极推动节能减排措施和低碳发展理念，通过政策和法规的引导，理性客观地打造各具城市特色的低碳建设项目，为我国低碳生态城市的建设提供借鉴意义。从具体实践上来看，因地制宜，根据各自城市的特点提出发展低碳城市的具体方法，从生态文明城市建设、生物质能利用到旧城改造和雄安新区建设等，从微观、中观、宏观尺度上不断探索和实践生态文明和低碳绿色的建设和发展。

创新、协调、绿色、开放、共享五大发展理念深入人心，政府明确绿色发展、循环发展、低碳发展的方向，并对新型城镇化和城市规划建设管理明确了方向。我国城市的全球城市排名不断提升，但城市可持续性方面与欧美城市仍有差距。因此，要重视城市发展的规律，坚持打开国际视野，在对外开放中，在更大的范围内整合经济要素和发展资源，优势互补，五利共赢，贯彻落实"一带一路"倡议，推动建立人类命运共同体。

Chapter Ⅰ | The Latest Development

As the opening summary of the Review of China's Low-carbon Eco-city Development Strategy (2019), it mainly summarizes the development of domestic and foreign low-carbon eco-cities in 2018 and 2019, intends to summarize the domestic and foreign policies, techniques and practices as well as the big events, so as to analyze the lessons learned in this field in this year, discuss the future challenges and development trend of low-carbon eco-city, and support the development of low-carbon eco-city in China both theoretically and practically.

From December 12 to 15, 2018, the 24th Conference of Parties (COP24) to the United Nations Framework Convention on Climate Change was held in Katowice, Poland, the representatives from China and nearly 200 other countries negotiated the detailed rules for implementation of the Paris Agreement. Parties have basically agreed on the principles and rules of the agreement, including voluntary contributions, mitigation and adaptation, climate finance, technology, capacity building, global stocktaking and transparency, and reached the detailed rules for implementation of the Paris Agreement. China has played an active role in the conclusion, execution and effectiveness of Paris Agreement, and will continue to be a locomotive in the implementation and practice of the agreement.

The 19th National Congress of the CPC described the climate change as a globally important and non-traditional safety threat and a common challenge that human-kind is facing. In 2019, the Two Sessions put forward the "four ones" to emphasize the importance of ecological civilization construction and clarify the four new requirements on the ecological civilization construction. From May 18 to 19, 2018, the

（8th）National Conference on Ecological Environment Protection strengthened the expression of the significance of ecological civilization construction, promoted the ecological civilization construction from the "millennium plan" for the sustainable development of the Chinese nation as the 19th national Congress Report describes, to the "fundamental plan". In addition, the State Council issued the Comment on Comprehensively Strengthening Ecological Environment Protection and Firmly Conquering Difficulties in Pollution Prevention and Control, which arranges strengthening ecological environment protection and firmly conquering difficulties in pollution prevention and control.

Chapter I summarizes the new trend of domestic and foreign low-carbon eco-city construction. Macroscopically, all countries are actively promote the measures of energy conservation and emission reduction as well as low-carbon development, objectively build the featured urban low-carbon projects under the guidance of policies and laws, from which other countries might learn lessons. Specifically and practically, it proposes the specific method for developing low-carbon city according to the features of that city. From construction of ecological civilization city construction and utilization of biomass energy, to the reconstruction of old city reconstruction and construction of Xiong'an New District, etc. , it is continuously exploring and practicing the ecological civilization and low-carbon and green development respectively at the micro, meso and macro levels.

People have deeply accepted the five development concepts of "innovation, coordination, green, open and sharing", the government has determined the direction of the green development, circular development, and low-carbon development, and the direction of new urbanization and urban planning, construction and management. Chinese cities continue their raise in the global rankings, but their sustainability still lags behind that of European and American cities. Therefore, we should pay attention to the law of urban development, insist on the international perspective, integrate economic elements and development resources in a larger scope during the process of opening up, take mutual advantages and achieve win-win results, implement the "Belt and Road" initiative consistently, and drive to build a community with a shared future for mankind.

1 《中国低碳生态城市发展报告 2019》概览
1 Overview of *China Low-Carbon Eco-City Development Report* 2019

1.1 编 制 背 景

在中国城市科学研究会的统筹和指导下,中国城市科学研究会生态城市研究专业委员会已经连续九年组织编写了《中国低碳生态城市发展报告》(2010—2018),对我国低碳生态城市的理论、技术和实践现状进行年度总结与阐述。

1.2 框 架 结 构

主体框架延续了历年《中国低碳生态城市发展报告》的主体框架,即:最新进展、认识与思考、方法与技术、实践与探索,以及中国城市生态宜居发展指数(优地指数)报告,共五大部分。

1.3 《中国低碳生态城市发展报告 2019》热点

(1)最新进展

《中国低碳生态城市发展报告 2019》(以下简称《报告 2019》)主要阐述 2018—2019 年度国内外低碳生态城市发展情况,期望通过对新政策、技术、实践以及事件的总结,分析该领域 2018—2019 年度各行业获得的经验与教训,为进一步发展提供全面清晰的思路。

(2)认识与思考

认识与思考篇,从梳理生态文明观念转型的历程和进展切入,得到未来生态城市发展绿色,包容,共享共融的建设理念。通过对城市发展道路的总体趋势的历史使命进行深刻的剖析,挖掘主要问题把握最新动向,以推进城镇化健康正确的发展;深刻探讨韧性城市建设对不确定性和脆弱性所能发挥的作用;把握生态城区的发展方向,坚守"以人为本"的信念;最后,寻求低碳与智慧协同发展,走自主健康智慧城市发展道路。

（3）方法与技术

方法和技术篇，从国内外绿色生态城市的发展模式与经验切入，探究城市生态治理诊断方法、城市更新模式等技术内容，提供生态城市建设的技术方法并支持了生态城市建设的理论基础。集成城市要素协同需求研究、可再生能源发展消纳制度、河流生态保护红线规划、城市绿视率计算等方法内容，为全面的探究、制定绿色生态城市建设技术和标准体系的制定提供了一定的方法与技术的指导。

（4）实践与探索

实践与探索篇，持续跟踪中国绿色生态示范城市及示范区发展情况，主要涉及天津中新生态城市、北京怀柔科学城，南京江北新区，合肥滨湖卓越城等城市区块的低碳建设的实践实例及经验，以及珠海、成都、张家口等城市级别的生态低碳城市建设进展及实践策略。通过对绿色生态城市、示范区的案例研究，重点介绍绿色生态城市建设的目标指标、技术手段、实施效果、建设经验、规划启示，全面展示了我国在绿色生态城市建设实践中的先进的探索和创新。同时，通过经验总结与反思，为我国生态城市规划建设和创新实践提供重要的现实借鉴意义。

（5）中国城市生态宜居发展指数（优地指数）报告

自 2011 年城市生态宜居发展指数（UELDI，简称"优地指数"）以来，其评估结果受到越来越多的媒体与公众关注。优地指数已连续应用评估九年，2019 年度的优地指数研究，一方面运用优化的评估体系，对 2010—2019 年全国近 300 个地级及以上城市的生态宜居建设历程进行回顾，挖掘城市生态宜居发展趋势规律，以及经济、社会、环境与资源等优地评估要素特征；另一方面，持续开展典型地区的绿色低碳满意度评价调查，在优地评估指标客观分析的基础上，增加公众主观评价的内容，为优地指数评估进行补充。

1.4 《报告 2019》动向

年度报告的主要意义在于总结经验与推广实践，注重以年度事件为抓手，通过数据的收集与分析，把握低碳生态城市建设的最新动态，为读者提供最前沿的信息与理念。同时，编制组关注各方对报告提出的中肯意见与建议，每年在既定内容的基础上，力图有新的视角和创新的观点。《中国低碳生态城市发展报告 2019》（以下简称《报告 2019》）主要内容框架如下：

（1）框架延续

《报告 2019》继续采用与去年相同的主体结构框架，主体结构通过最新进展、认识与思考、方法与技术、实践与探索、优地指数报告对 2018—2019 年度的情况分别予以描述，持续关注我国城市在低碳生态建设与发展方面的路径与成效。

（2）认识与思考

认识与思考篇，探讨在城市进入以创新促进高质量发展阶段的背景下，围绕着"重建城市与自然、历史的共生关系"的主题，通过梳理生态文明观念转型的历程和进展，得到未来城市发展绿色，包容，共享共融的建设理念。讨论中国未来城市发展包含逆城镇化、老龄化等重要命题的总体趋势和历史使命，总结城市健康绿色发展和后城镇化道路在此境况下的所需要面临的问题和其应对的措施。深入探讨城市建设的不确定因素以及规划韧性城市在应对城镇化进程中城市不确定性和脆弱性方面可能发挥的作用。

（3）方法与技术

方法与技术篇，梳理对比国内外绿色城市发展的理论基础与实践经验，以我国绿色城市发展目标为重点，厘清我国绿色城市技术体系、标准体系与示范体系。以三种体系作为绿色城市发展方法与技术的整体指导，进一步报告城市建设各子领域的技术方法。结合城市生态环境诊断与治理方法、基于街区诊断与治理的城市更新模式研究等，从整体上对生态城市建设现状评估提供方法支持。通过对城市水-能源-粮食协同需求特征方法学、城市可再生能源发展与消纳制度、直流创新技术、河流生态保护控制线的规划方法、城市道路绿视率自动化计算方法等技术的研究为生态城市建设过程中重点领域和要素的未来发展提供可参考的技术指导。

（4）实践与探索

实践与探索篇，持续跟踪中国生态示范城市发展情况，重点介绍包括中新天津生态城，北京怀柔科学城，南京江北新区，合肥滨湖卓越城等城市区块的低碳建设实践经验，以及珠海生态城市、成都低碳城市、张家口市可再生能源示范区等城市级别的生态城市建设进展。把握各城市及区域生态建设实践经验中背景、重点、策略、进展、未来规划的特征，分析总结生态城市建设过程中最新的技术应用和建设热点，全面展示在生态城市建设实践中的探索和创新。同时，通过经验总结与反思，为我国生态城市规划建设和创新实践提供重要的现实借鉴意义。

（5）中国城市生态宜居指数（优地指数）报告（2019）

自 2011 年发布至今，城市生态宜居发展指数（UELDI，简称优地指数）已连续应用评估九年。2019 年度的优地指数研究，运用优化的评估体系，从宏观、中观、微观三个角度对 2010—2019 年全国近 300 个地级及以上城市的生态宜居建设历程进行回顾，挖掘城市生态宜居发展和经济、社会、环境、资源等优地评估要素的动态趋势和规律。此外，本年度的优地指数报告还利用优地指数评估结果，结合中国城市规模空间特征合人口迁移特征，对城市和城市群吸引力特征需求状况进行了分析。综合 2010—2019 年的研究结果可以发现，中国近 300 个地级及以上城市中，起步型城市大幅减少，从 2010 年的 75.3% 减少至 2019 年的 29%，提升型城市从 16% 上升至 2019 年的 32%，城市总体持续向好发展（详见第五篇中国城市生态宜居发展指数）。

1.5 《报告 2019》概念辨析

低碳生态城市的概念，是由国务院参事、住房和城乡建设部原副部长仇保兴在 2009 年的"城市发展和规划国际会议"上首次提出。他将上述的生态城市和低碳经济这两个具有相似内涵的交叉性发展理念加以整合，构建了"低碳生态城市"的理念，这一理念是生态城市和低碳城市的复合理念（图 1-1-1）。低碳生态城市一经提出，就受到了广泛关注，随着社会发展，其思想内涵也不断得到发展、充实和丰富。

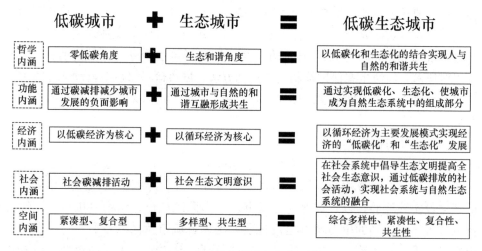

图 1-1-1　低碳生态城市的内涵辨析

目前，国内外带有可持续城市化含义的城市种类概念众多，低碳生态城市作为我国城市发展备受关注的城市目标，在此对"低碳生态城市"与"智慧城市""韧性城市""绿色城市""生态城市""低碳城市"的概念进行比较（国内外对于这些城市种类没有统一的定义，在比较时选择该城市种类典型的经常被提及的概念作为表示），有助于对低碳生态城市的概念与内涵的辨析，对低碳生态城市的建设有着深刻的意义。在本报告中，着重对低碳生态城市的建设的发展进行研究和阐述（表 1-1-1）。

低碳生态城市相关概念辨析 表 1-1-1

城市种类	典型概念	建设重点	应用情况	主要区别
智慧城市	①一个城市可以被定义为智慧，是当人力和社会资本投资与传统交通和现代信息电子通信设施投资结合在一起，在对自然资源进行谨慎管理的同时，能够促成经济可持续发展和高水平生活。（卡拉格鲁，2009） ②智慧城市由以下六点组成：智慧经济、智慧移动、智慧环境、智慧人民、智慧生活和智慧管理。（基弗格等，2013）	网络化设施提高经济效率；以商业为中心的城市发展；实现公共服务满足城市居民的需求；建设高科技和创新型企业成为长期增长的主要动力；社会和关系资本推进城市发展；信息技术提升城市竞争力和城市品质	已经有一个显著的和独立的分支；更多的关注互联网问题；在应用时受到城市公共部门、大型工程公司的欢迎	对环境可持续性缺乏关注；将城市注意力从城市环境问题上转移到了以基础设施和信息运用上；生态和低碳这两个术语被添加在智慧城市中，是为了显示它包含供娱乐使用的绿色空间和公园等内容
韧性城市	①韧性表示一个系统、社区或社会在面临潜在危险时，能够及时高效地抵制、吸收、适应危险影响并从其中恢复的能力，包括对其自身基础结构和功能的保护和恢复。（联合国国际减灾战略） ②韧性城市是韧性理论与城市系统相结合后的理念。它是能吸收未来对其社会、经济、技术系统和基础设施的冲击和压力，仍能维持基本的相同的功能、结构、系统和身份的城市。（周利敏，2009）	对生态问题的反应；处理风险和灾害；处理城市和区域经济发展中的打击；通过城市管理和机构弹性	已经建立了自己的理论分支；广泛应用到了生态学之外的其他领域，包括经济地理、安全和环境科学自然和人造灾害管理等	概念强调各种类型城市对其可能面临的生态、碳排放、能源问题的反应，以及韧性城市建设对低碳生态的促进与缓和效果，该部分内容仅是低碳生态城市建设和形成的一个部分
绿色城市	①绿色城市是建立在生活系统、景观体验和当地背景三个交叉框架下的，综合产生了五种模式：水文城市、生产城市、生物气候城市、运输城市和居住城市。五者需要联系在一起，才能建成绿色城市。（迪凯，2013） ②绿色城市主义用来形容那些零排放和另废弃物的城市规划理念，来推动清洁的能源高效型城市发展，并且试图升级和重新改造现有城市街区，产生后工业城市中心。（莱曼，2014）	建立、维护和发展城市生态系统；创建绿色生产生活方式、发展绿色经济、造就绿色城市文化、构建绿色城市家园，实现城市经济、人口和环境、资源协同发展	应用上，绿色城市很少被选用城市分类的关键词，在文献中被提到的次数很少	迪凯的定义可以被用于生态城市；莱曼的定义可以被用于低碳城市；绿色城市包括城市发展的方方面面，具有明显的生态环保含义，但是不仅仅注重生态环境和绿化等外在方面的城市建设

9

城市种类	典型概念	建设重点	应用情况	主要区别
生态城市	①生态城市建立在环境中生存居住的原则之上。这就是说，城市人口和产品生产和使用都要保持在生态系统承载力和城市生态区之内。（理查德·瑞吉斯特，1992）②一种可以最大程度融合自然和经济的人类活动的最优环境的城市，在这个城市里，人们可以从自然生态和社会心理两方面去增强人类的创造性，最终使得生产力提高，进而获得高效的生产生活方式。（联合国）	设计良好的城市布局和公共交通系统；水和废弃物循环；绿色屋顶；恢复城市环境受损地区；城市农业；所有人民负担得起的住房；弱势群体工作条件改善；生活方式的简化等	概念在学术和政策争论中有长期的和广泛的关注，近些年来，关于生态城市的政策目标和现实实施的评析报告快速增加	核心内涵是"关系的和谐"，以"人与自然和谐共存"、"经济、社会、环境协调发展"为导向。生态保护是最重要内容但不是唯一的。低碳生态城市是生态城市实现过程中的初级阶段
低碳城市	①低碳城市是在城市内实行低碳经济的发展，主要包括低碳消费和生产，从而建立一个良性可持续的资源节约型的生态居住系统。（夏堃堡，2001）②城市在经济高速发展的前提下，保持能源消耗和二氧化碳排放处于较低水平。在城市内推行低碳经济、降低城市碳排放，甚至零排放，城市在经济发展、能源结构、消费方式、碳强度等四个方面实现低碳转型。（张旺，2011）	以城市空间为载体，推广低碳技术，发展低碳经济、低碳交通、低碳建筑、倡导低碳的居民消费、低碳生产生活	学术文献中的低碳城市更侧重于能源问题，并且和工程、经济议题紧密相连	除了能源以外没有包含低碳生态城市中的"生态"含义，即环境和生态保护问题。但具有将生态保护地收益和损失更加清晰和可测量的潜力
低碳生态城市	①"低碳生态城市"是一个复合型概念，融合了"生态城市"和"低碳城市"的内涵，可以理解为低碳型生态城市。强调生态化与低碳化的融合、社会系统与自然系统的融合、城市空间的多样性与紧凑性、复合性与共生性的融合。（方创琳，2016）②低碳生态城市是以"减少碳排放"为主要切入点的生态城市类型。低碳生态城市的概念可这样理解：将低碳目标与生态理念相融合，实现"人—城市—自然环境"和谐共生的复合人居系统。（李静，2011）	在宏观层面以建立低污染高效能、低能耗高效率、低排放高收益的城市发展模式为目标，一方面关注人、自然和城市有机和谐，另一方面关注城市碳排放量的降低。在微观层面上，落实到绿色建筑的设计建造以及绿色生活模式的形成	我国在低碳生态城市研究方面起步较晚，但进步速度快，正积极展开规划实践。目前，已有数十个城市加紧规划先行和建设紧随的低碳化、生态化城市建设	

2 2018—2019 低碳生态城市国际动态

2 International Dynamics of Low-Carbon Eco-Cities in 2018—2019

2.1 宏观态势：气候行动愿景变现实

2018 年，全球应对气候变化的行动加速，面对不断加剧的气候变化影响，各个国家和国际组织正在采取应对气候变化的行动，并提出更加进取的行动承诺。2018 年，政府间气候变化专门委员会（IPCC）发布的《IPCC 全球升温1.5℃特别报告》警示应将全球平均气温升幅控制在 1.5℃以内，这再次点燃了气候圈的担忧。从人类社会的回应来看，将担忧转化为催化剂，推动各国把以往的经验转化为增强未来行动的决心和信心。2018 年，全球在气候治理方面进入了全面落实《巴黎协定》的实施阶段。

回顾 2018 年发生的国际动态，距离 1.5℃的目标仍有巨大差距，各国未来20 年的政策与行动对于人类能否实现公正的可持续发展至关重要。

2.1.1 联合国气候变化卡托维兹会议❶：将《巴黎协定》由愿景变为现实

2018 年 12 月 2 日至 15 日，联合国举办的《联合国气候变化框架公约》第24 次缔约国会议（COP24）在波兰卡托维兹开幕，这是 2015 年以来最为重要的气候谈判（图 1-2-1）。此次气候大会成为促进各国就 2015 年《巴黎协定》实施规则达成一致、将愿景转变为现实、开启更有力的气候行动的重要时刻。

来自近 200 个国家的代表就《巴黎协定》实施细则进行谈判，并着重关注碳中和及性别平等。各缔约方围绕自主贡献、减缓和适应、气候资金、技术、能力建设、全球盘点和透明度等《巴黎协定》的机制和规则基本取得共识，达成了《巴黎协定》的实施细则，为落实《巴黎协定》提供了指引。该细则明确规定了各缔约方碳排放的通报方式和监督机制，各国将遵守该机制汇报排放量。不过大会最终未能就市场机制的具体实施细则达成一致，预计在 2019 年 COP25 期间完成相关谈判。

---

❶ https：//news.un.org/zh/story/2018/12/1024941

图 1-2-1　2018 联合国气候变化大会
（图片来源：https：//news. un. org/zh/story/2018/12/1023981）

本次大会传递了推动加强气候行动和支持力度的积极信号，彰显了全球绿色低碳转型的已是大势所趋，提振了国际社会合作应对气候变化的信心，强化了各方推进全球气候治理的政治意愿。

图 1-2-2　《IPCC 全球升温 1.5℃特别报告》封面
（图片来源：https：//www. un. org/zh/climatechange/）

2.1.2　联合国政府间气候变化专门委员会[1]：评估升温影响，展望减排路径

2018 年 10 月 8 日，联合国政府间气候变化专门委员会（IPCC）受《巴黎协定》缔约方委托，历时两年半，发布了《IPCC 全球升温 1.5℃特别报告》（以下简称《特别报告》），对全球温升 1.5℃的潜在影响以及可能的减排路径进行了评估（图 1-2-2）。

报告指出，较工业化前水平，目前全球温升已经达到了 1℃，造成了极端天气事件增多、北极海冰减少及海平面上升等影响。为实现 1.5℃温控目标，全球需要在能源、土地、城市与工业系统进行深远的、前瞻性的转型。预期在 21 世纪中叶实现碳中和，在 2050 年将可再生能源发电占比提高到 70%～85%，逐步淘汰燃煤发电，并增加森林碳汇以吸收大气中多余

---

❶　https：//www. un. org/zh/climatechange/

的二氧化碳。将全球升温控制在 1.5℃将需要在社会各方面实施快速、深远和前瞻性的变革。无论是对人类还是自然生态系统来说，将全球升温控制在 1.5℃将对人类社会、自然环境的益处良多，并且全球控温工作与推进的可持续与公平的工作应同时开展。

2.1.3　全球人居环境论坛年会：加强城市创新，实现可持续发展❶

2018 年 10 月 30 日—31 日，2018 全球人居环境论坛年会（GFHS 2018）在泰国曼谷联合国会议中心举办（图 1-2-3）。由全球人居环境论坛（GFHS）主办、联合国亚太经社理事会（UNESCAP）特别支持，世界一带一路组织（GOBA）、世界非政府组织联合会（WANGO）、世界和平联盟（UPF）和其他相关机构共同协办。

图 1-2-3　2018 全球人居环境论坛年会

（图片来源：http：//www.gfhsforum.org/page511.html）

本届论坛年会以"加强城市创新，促进实现可持续发展目标 11 和《新城市议程》"为主题，旨在为亚太地区及至全球的利益相关者提供一个对话平台，分享城市创新的政策、策略、技术和成功经验，加速有效的行动，实现可持续发展目标 11 和《新城市议程》，推动"一带一路"倡议背景下的务实合作和绿色发展。深入探讨关于促进可持续发展目标本地化的关键议题，如弹性的循环经济、建设国际绿色范例新城——城市创新和绿色增长、可持续城市基础设施融资、可持续城市规划、发展与治理创新、区块链技术和智慧城市、城市水循环管理与可持续发展目标、生态城市与装配式建筑等。

同时，国际绿色范例新城（简称 IGMC）动画短篇精彩首映，2018 可持续城市与人居环境奖隆重揭晓，表彰了全球 36 名杰出范例。此次论坛不仅强调了

---

❶　http：//www.gfhsforum.org/content.html? article _ id＝489

城市促进创新和实现绿色增长的巨大潜力，而且主张运用设计良好的政策、策略和方法，最大限度的发挥城市政府、行业和民间社会在地方层面的协同行动效益。

2.1.4 国际能源署❶：全球能源领域重大转型

2018年11月13日，国际能源署（IEA）发布了《世界能源展望2018》（World Energy Outlook 2018），报告基于全球能源市场和技术发展最新数据与能源行业根本发展问题的分析，对全球直至2040年的能源发展前景进行了展望（图1-2-4）。

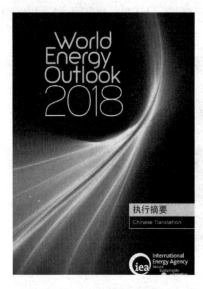

图1-2-4 《世界能源展望2018》
（World Energy Outlook 2018）封面
（图片来源：https：//mp. weixin. qq. com/
s/MlRqnrzHvvX4dexODMlLiw）

报告介绍了全球能源趋势，以及这些趋势对供需、碳排放、空气污染和能源获取可能产生的影响，尤其在地缘政治因素对能源市场产生新的复杂影响之际，强调了能源安全的关键重要性。全球能源领域目前正在进行重大转型，从电气化不断发展到可再生能源的扩张，石油生产的剧变以及天然气市场的全球化。该报告基于场景的分析概述了所有燃料和技术的能源系统的不同的未来，它与基于计划政策而能够满足《巴黎协定》下的长期气候目标、减少空气污染和确保普遍获取能源的路径形成了鲜明对比。同时，报告也提出能源效率是解决能源安全和可持续性问题的有力工具。

对于所有地区和各种能源燃料而言，未来的能源之路是开放的，快速、低成本的能源转型需要加速对更清洁、更智慧、更高效的能源技术的投资。因此，各国政府的政策选择将决定未来能源系统的形态。

2.1.5 世界银行❷：未来5年在气候方面增加一倍投资额

2018年12月3日，世界银行集团宣布2021—2025年新的重要气候目标：将目前5年投资额增加一倍至2000亿美元，以支持各国采取雄心勃勃的气候行动。新计划显著增加对气候适应与韧性的支持力度，承认气候变化对生活生计尤其是

---

❶ http：//shupeidian. bjx. com. cn/html/20181116/942287. shtml
❷ http：//www. ceweckly. cn/2018/1204/242384. shtml

贫困国家日益增大的影响。

世行集团的 2000 亿美元包括直接来自世界银行（IBRD/IDA）的约 1000 亿美元资金、来自国际金融公司（IFC）和多边投资担保机构（MIGA）共约 1000 亿美元资金以及世界银行集团调动的私人资本。世界银行将开发一个新的评级系统来监督和激励全球气候对策的进展，使得 30 个发展中国家的 2.5 亿人口做好应对气候风险的准备。其行动措施主要包括支持更高质量的预测、早期预警系统和气候信息服务，此外，预计的投资项目还将在 40 个国家建立更具气候响应性的社会保护系统，如将在 20 个国家资助气候智慧型农业投资项目。

世界银行集团将继续把气候因素考虑纳入其工作范围，包括识别筛选气候风险，建立适当的风险缓释措施，研究揭示温室气体排放总量和净排放量，对所有物质投资采用影子碳价等。为了增强对各国的全系统影响，世界银行集团将支持把气候考虑纳入政策计划、投资设计、实施和评估，将支持至少 20 个国家实施和更新《国家自主贡献》，并且逐步增加与财政部的接触以完善低碳政策的设计实施（图 1-2-5）。

图 1-2-5　世界银行集团关于气候行动宣传片截图

图片来源：https://www.huanbao-world.com/a/zixun/2018/1204/65301.html)

2.2　政策进展：推动清洁低碳发展

2.2.1　欧盟：承诺 2050 年实现净零排放❶

2018 年 11 月，欧盟委员会公布了《给所有人一个清洁星球》的长期温室气

---

❶　https://baijiahao.baidu.com/s? id＝1626701936496335351&wfr＝spider&for＝pc

体低排放发展战略，承诺到 2050 年实现净零排放的目标。这是全球首个提出在 21 世纪中叶前实现碳中和目标的主要经济体。

欧盟将从能效、可再生能源、清洁交通、基础设施建设等七个战略性领域开展联合行动以实现该目标。2018 年 1 月 17 日，欧洲议会投票决定将 2030 年可再生能源占比目标从 27％提升至 35％。此外，欧洲议会还投票通过了具有法律约束力的能效提升目标，即到 2021 年，欧盟各成员国的能源效率需要达到 35％，比现行计划提高了 5％。欧盟也在推动交通运输行业的清洁低碳转型。2018 年 10 月，欧盟提出，与 2021 年的水平相比，预计到 2030 年要实现汽车碳排放下降 35％，货车排放下降 30％的目标。

2.2.2　英国：第二次国家适应计划❶

2018 年 7 月 19 日，英国环境、食品和农村事务部（Defra）发布了英国《第二次国家适应计划 2018—2023》（The Second National Adaptation Programme 2018 to 2023），设定了英国政府和其他部门为应对适应气候变化的挑战而需要采取的行动，并针对应对英国气候变化风险的 6 个优先领域，确定了英国未来 5 年需要采取的关键行动：

（1）洪水和沿海变化对社区、商业和基础设施造成的风险。

（2）高温对健康、福祉和生产力的风险。

（3）农业、能源和工业部门公共供水短缺的风险。

（4）自然资源的风险（包括陆地、沿海、海洋和淡水生态系统，土壤和生物多样性）。

（5）国内和国际粮食生产与贸易的风险。

（6）新型病虫害以及物种入侵影响人类、植物和动物的风险。

2.2.3　加拿大：在全国"强推"碳排放定价制度❷

加拿大政府制定了一项保护环境、同时实现经济增长的计划，该计划正在产生正向的环境社会效应——排放量在下降，经济在增长。同时，加拿大政府与各省和地区共同合作了两年，给地方灵活性以设计各自的气候计划，并为碳污染因地定价（图 1-2-6）。

2018 年 10 月 23 日，加拿大总理在多伦多宣布，2019 年将在四个拒绝接受碳排放定价政策或相关政策标准不达标的省份（安大略省、新不伦瑞克省、曼

---

❶　http://www. tanjiaoyi. com/article-24668-1. html

❷　https://baijiahao. baidu. com/s? id=1615185713856798377&.wfr=spider&.for=pc

尼托巴省和萨斯喀彻温省）实施一套联邦碳排放定价体系，从而实现在加拿大全国推行碳排放定价制度，加拿大其余的九个省份或地区已经采取各自的碳排放定价体系，或是选择采用联邦的定价体系。这是政府保护环境、实现经济增长计划的进一步行动。

各省居民将获得气候行动奖励，为大多数家庭提供的鼓励金超过他们在新体系下支付的费用。政府还将向诸如各省的城市、学校、医院、企业和土著社区等提供资金，帮助他们提高能源效率、减少排放，以帮助加拿大国民省更多资金、改善当地经济。

图 1-2-6　加拿大保护环境、实现经济增长的计划

（图片来源：https：//mp. weixin. qq. com/s/nRoMYMTEHzRhyoIyeX34cA）

2.2.4　北欧五国：气候声明加快实现"碳中和"❶

2019 年 1 月 25 日，北欧国家芬兰、瑞典、挪威、丹麦和冰岛在芬兰首都赫尔辛基签署一份应对气候变化的联合声明。五国在声明中表示，将合力提高应对气候变化的力度，争取比世界其他国家更快实现"碳中和"目标（图 1-2-7）。

图 1-2-7　北欧五国签署气候声明

（图片来源：https：//mp. weixin. qq. com/s/EOYgKjk8rfkKJFD5nMBuNg）

---

❶　https：//mp. weixin. qq. com/s/EOYgKjk8rfkKJFD5nMBuNg

声明中表示，让北欧工业和企业在全球经济的绿色转型中发挥主导作用，共同努力开发具有全球影响的零排放技术，实现将全球升温控制在 1.5℃ 的目标。除技术解决方案和融资之外，高等教育和性别平等也是北欧应对气候变化的优势所在。凭借这些优势，北欧五国可深化其在气候行动方面的合作，并展示在国家、区域和全球层面应对气候变化的强大领导力。为实现"把升温控制在 1.5℃ 之内"这一目标，需要在土地、能源、工业、建筑、运输和城市领域展开快速和深远的改革。

2.2.5 德国：2038 年停止燃煤发电❶

2019 年 1 月 26 日，德国煤炭委员会（the German coal exit commission）首次公布了逐步淘汰燃煤发电的时间表：到 2022 年关闭共计 12.5GW 的煤电产量的燃煤电厂；到 2030 年关闭共计 25.6GW 的煤电产量的燃煤电厂；到 2038 年德国将关闭所有燃煤电厂。同时，政府将给予受影响区域的企业及消费者每年 20 亿欧元，总计 400 亿欧元的补偿。

煤炭委员会指出，德国全面禁煤，意味着未来几年批发电价将会上涨，同时发展再生能源，有助于抑制价格上涨。同时为保障德国的煤炭重镇顺利退出煤炭行业并实现转型，政府将为四大煤炭州提供补助，这场转型势必会为政府带来极大的经济代价。

一直以来，德国是欧洲最大的煤炭使用国，煤电占其全部电力供应的 40%。在德国政府的努力之下，2018 年，包括光伏、风电、水电和生物质能在内的可再生能源，已经取代煤电成为德国最主要的电力来源，占到总电力供应的 40%，其中风能行业的持续增长支撑了可再生能源的供电比例。这场煤炭淘汰的战役将成为加速德国能源市场转型的开始，也是能源转型迫切需要的动力。

2.3 实践动态：能源资源可持续发展

2.3.1 英国：燃煤电厂改烧生物燃料❷

自 2018 年年初以来，英国已经有 1000 小时不使用燃煤发电，超过了 2017 年的纪录。这一趋势意味着，燃煤发电比例在英国能源结构中比例正在下降，燃煤发电下降的速度远远快于预期。

随着各国淘汰、减少燃煤发电的政策相继出台，简单地拆除燃煤电厂并不明

---

❶ https：//mp. weixin. qq. com/s/Gjx-a _ d3uAknV-JWDrL11g

❷ https：//mp. weixin. qq. com/s/wrR-eFmJWYqbyRphIexYDA

智。作为欧洲最大的燃煤电厂，英国德拉克斯燃煤电厂计划到 2023 年完全停止使用煤炭发电，电厂以后将只消耗天然气和生物燃料（碾成粉末的木屑颗粒），为这些被淘汰的电厂提供了一条可借鉴之路。生物燃料是一种比煤炭更难以处理的物质，容易堵塞设备。和煤炭不同，生物燃料必须一直保持干燥，以免膨胀成无用混合物。它会慢慢氧化，易燃，必须经常检查成堆的生物燃料温度是否上升。为此，德拉克斯电厂花了 7 亿英镑进行能源转换，确保新的生物燃料可以得到处理。该发电厂还投资修建了 4 座圆球顶建筑，每座高 50 米，用于现场储存生物燃料。每天都有 16 列加盖货运火车运输来更多的木屑颗粒，以保证发电厂的燃料供应充足（图 1-2-8）。

图 1-2-8　德拉克斯燃煤电厂储存生物燃料的圆球顶建筑

该电厂不是世界上唯一的煤转生物燃料项目，但它是世界上规模最大的。目前，其煤炭发电能力和生物燃料发电能力均为 200 万 kW。它现在已有 4 个生物燃料发电机组，剩下的 2 个燃煤发电机组最终会改烧天然气。

2.3.2　瑞典：哈马碧湖城 2.0❶

瑞典的哈马碧生态城（Hammarby Sjöstad），位于瑞典首都斯德哥尔摩城区东南部，曾是一处废弃的工业区和港口、垃圾遍地、污水横流、土壤遭受严重工业废物污染。斯德哥尔摩市政府对其进行改造，使其成为经过高度规划的、功能复合的新型社区——一座高循环、低耗费、和自然环境和谐共存的社区。通过采用能源和资源循环利用，哈马碧生态城 50% 的能源可以自给自足，生活垃圾的再利用率达到了 95%。

经过 20 多年发展的哈马碧生态城，新时期"进化"为哈马碧湖城 2.0。"2020 愿景"核心是通过社区参与，建设智慧社区，维护和加强社区的生态环保特点，在建筑节能、新技术应用和环保生活方式等方面更上一层楼。从哈马碧

❶　https：//mp.weixin.qq.com/s/s28sA8FcSk9C8ENOwheToA

1.0 到哈马碧 2.0 是一个发展过程，在这一过程中，环保和提升资源效率的解决方案与公民对智慧和可持续的生活方式的参与度相结合，并以此创建一个具有创新力和亲近邻里关系的生活环境。从巴黎全球气候协议到地方城区建设实践，从污染严重的工业废弃工业区到智能和可持续城市生活实验基地，哈马碧湖城 2.0 是世界上引人注目的智慧可持续城市成功案例之一（图 1-2-9）。

图 1-2-9　哈马碧湖城一角

（图片来源：https：//www. sweco. se/en/our-offer/architecture/
Architecture-china/china-services/project-gallery/hamm arby-sjostad/）

2.3.3　新加坡：ABC 水计划❶

新加坡年降水量高达 2400mm，其中集水区占国土面积的 2/3，全岛河流共有 32 条。但由于地形限制，河流都颇为短小，缺少大型纵深河流，降水资源无法保存。大量的用水需求迫使新加坡 50％的水量依赖于境外输送。在此背景和需求的大环境下，新加坡公共事业局（PUB）联合水利局联合发起了"Active、Beautiful、Clean Waters Programs"，即 ABC 水计划。

（1）目标：旨在整合自然环境、水体资源和社区生活，实现：①提高城市集水区面积，用于补给城市用水；②整合排水沟、水渠、水库与周边环境的一体化，实现合理管理和清洁雨水；③紧密连接环境、水体和社区，创建"花园和水的城市"，改善生活质量。

（2）核心理念：①超越防洪保护、排水和供水功能，充分利用水域潜力；②整合自然环境、水体资源和社区生活。

（3）三大关键策略：①发展 ABC 水总体蓝图和落实项目的实施；②提升全

---

❶　https：//mp. weixin. qq. com/s/r2q3AjTlU7oCAQeP4Mk _ HQ

民对 ABC 水观念的认可；③鼓励个人、组织和私人企业的参与。

（4）ABC 水管理战略：①在城市源头对区域雨水实施控制；②在路径阶段建立城市雨水转输排放体系；③在雨水排放末端，则采用建立大型人工湿地等措施（图 1-2-10）。

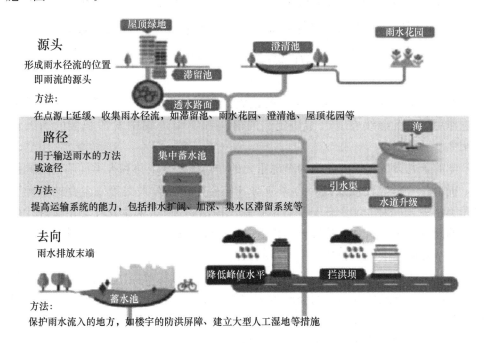

图 1-2-10　ABC 水管理战略示意图
（图片来源：https：//mp.weixin.qq.com/s/r2q3AjTlU7oCAQeP4Mk_HQ）

ABC 水计划的创新之处在于构建了一个自然环境、水体资源和社区生活一体化的可持续雨水管理系统。同时采用 ABC 水设计项目认证措施，通过认可和奖励接纳 ABC 水域理念并将其包括在开发区内的公共机构和私人开发商，在确保设计景观符合最低的设计标准的同时，推动 ABC 理念的传播和水、花园城市的建设。从 2007 年的项目启动至 2018 年 3 月已有 30 个项目完成并得到认证，计划于 2030 年实现 100 个 ABC 水计划项目。同时结合水资源再利用技术，缓解新加坡国内淡水资源紧缺的现状。

3 2018—2019 中国低碳生态城市发展

3 China Low-Carbon Eco-City Development in 2018—2019

2018 年，中国在《巴黎协定》的达成、签署和生效过程中都发挥了积极的促进作用，也将继续在《巴黎协定》的落实和实施进程中发挥积极的引领性作用❶。

党的十九大把气候变化列为全球重要的非传统安全威胁和人类面临的共同挑战，提出要"坚持环境友好，合作应对气候变化，保护人类赖以生存的家园"，建设美丽中国，为全球生态安全做出贡献。提出到 2050 年建成社会主义现代化强国的同时，实现与全球减排目标相适应的低碳经济发展路径，为全球生态文明和可持续发展提供中国智慧和中国经验。

因此，我国在发展经济和改善民生的过程中，对能源需求不断增长的同时，要求我们要走上绿色低碳的可持续发展路径，这与联合国 2030 年可持续发展目标以及巴黎协定应对气候变化的目标都高度契合。在新的背景下，我国正努力将绿色发展和生态文明建设成为"一带一路"建设的重点和亮点，并提供全球性公益产品，共同探讨应对气候变化国际合作的新型模式和成功经验。

3.1 政策指引：打好污染防治攻坚战

3.1.1 国家层面：加强生态文明建设

（1）全国两会：生态文明建设首提"四个一"❷

2019 年全国两会中提出的"四个一"强调了生态文明建设重要性。"四个一"指：在"五位一体"总体布局中生态文明建设是其中一位，在新时代坚持和发展中国特色社会主义基本方略中坚持人与自然和谐共生是其中一条基本方略，在新发展理念中绿色是其中一大理念，在三大攻坚战中污染防治是其中一大攻坚战。就当前推进生态文明建设和生态环境保护工作的过程中强调了"四个要"，

---

❶ https://mp.weixin.qq.com/s/oxHIBksGgB06Xc1VQInPwQ
❷ http://www.sohu.com/a/299528116_120029443

即要保持加强生态文明建设的战略定力，要探索以生态优先、绿色发展为导向的高质量发展新路子，要加大生态系统保护力度，要打好污染防治攻坚战。国家层面的四点新要求要求我国未来的发展前提是做好生态文明建设。

（2）全国生态环境保护大会：建设生态文明是根本大计❶

2018 年 5 月 18 日至 19 日，全国生态环境保护大会（第八次）在北京召开。此次会议加强了对于生态文明建设的意义表述程度，从十九大报告中的建设生态文明是中华民族永续发展的"千年大计"，上升为"根本大计"。同时，对于十八大以来的生态文明建设用 3 个词提出肯定：发生历史性、转折性、全局性变化，也指出当今生态环境质量持续好转，出现了稳中向好趋势，但成效并不稳固。会议对于生态文明建设的现实情况作出三个判断：目前正处于压力叠加、负重前行的关键期，已进入提供更多优质生态产品以满足人民日益增长的美好生活需求的攻坚期，也到了有条件有能力解决生态环境突出问题的窗口期。

对于新时代推进生态文明建设提出了六个原则，一是坚持人与自然和谐共生，二是绿水青山就是金山银山，三是良好生态环境是最普惠的民生福祉，四是山水林田湖草是生命共同体，五是用最严格制度最严密法治保护生态环境，六是共谋全球生态文明建设。对生态文明建设提出五点要求：要加快构建生态文明体系；要全面推动绿色发展；要把解决突出生态环境问题作为民生优先领域；要有效防范生态环境风险；要提高环境治理水平。同时，强调加快建立健全五个生态文明体系：以生态价值观念为准则的生态文化体系；以产业生态化和生态产业化为主体的生态经济体系；以改善生态环境质量为核心的目标责任体系；以治理体系和治理能力现代化为保障的生态文明制度体系；以生态系统良性循环和环境风险有效防控为重点的生态安全体系。

（3）国务院：关于全面加强生态环境保护坚决打好污染防治攻坚战的意见❷

2018 年 6 月，中共中央国务院印发《关于全面加强生态环境保护坚决打好污染防治攻坚战的意见》（以下简称《意见》），对全面加强生态环境保护、坚决打好污染防治攻坚战作出部署安排。明确了打好污染防治攻坚战的时间表、路线图、任务书，确定到 2020 年，要求生态环境质量总体改善，主要污染物排放总量大幅减少，环境风险得到有效管控，生态环境保护水平同全面建成小康社会目标相适应。

《意见》针对重点领域，抓住薄弱环节，明确要求打好三大保卫战（蓝天、碧水、净土保卫战）、七大标志性重大战役（打赢蓝天保卫战，打好柴油货车污染治理、水源地保护、黑臭水体治理、长江保护修复、渤海综合治理、农业农村污染治理攻坚战），着力解决一批群众反映强烈的突出生态环境问题，取得扎实

---

❶　https：//mp.weixin.qq.com/s/Bgh-Dji8bUU73r5oW＿7bFA

❷　http：//www.sohu.com/a/226441426＿115495

的成效。

（4）国务院：打赢蓝天保卫战三年行动计划❶

2018年6月，国务院印发《打赢蓝天保卫战三年行动计划》，明确了大气污染防治工作的总体思路、基本目标、主要任务和保障措施，提出了打赢蓝天保卫战的时间表和路线图❷。《行动计划》提出基本目标，到2020年，二氧化硫、氮氧化物排放总量分别比2015年下降15％以上；$PM_{2.5}$未达标地级及以上城市浓度比2015年下降18％以上，地级及以上城市空气质量优良天数比率达到80％，重度及以上污染天数比率比2015年下降25％以上。

《行动计划》提出六方面任务措施，并明确量化指标和完成时限。一是调整优化产业结构，推进产业绿色发展。二是加快调整能源结构，构建清洁低碳高效能源体系。三是积极调整运输结构，发展绿色交通体系。四是优化调整用地结构，推进面源污染治理。五是实施重大专项行动，大幅降低污染物排放。六是强化区域联防联控，有效应对重污染天气（图1-3-1）。

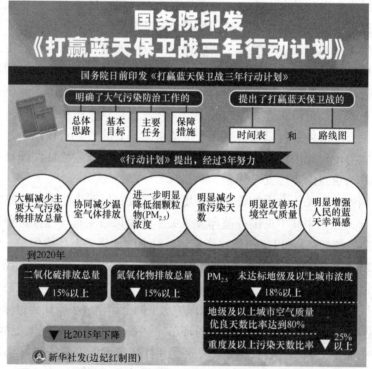

图1-3-1　《打赢蓝天保卫战三年行动计划》图解示意图

（图片来源：http：//www.gov.cn/xinwen/2018-07/03/content_5303289.htm）

---

❶　http：//www.gov.cn/zhengce/content/2018-07/03/content_5303158.htm

❷　http：//www.gov.cn/xin wen/2018-07/03/content_5303212.htm

（5）人大常委会：中华人民共和国土壤污染防治法❶

2018 年 8 月 31 日，第十三届全国人大常委会第五次会议审议通过《中华人民共和国土壤污染防治法》，自 2019 年 1 月 1 日起施行，标志着土壤污染防治制度体系基本建立。明确了土壤污染防治的基本原则，同时明确各级政府土壤污染防治的主体责任，确立了生态环境主管部门主管、其他部门配合的监管体制。建立土壤污染防治政府责任制度、土壤污染责任人制度、土壤环境信息共享机制、土壤污染状况调查和监测制度、土壤有毒有害物质的防控制度、土壤污染风险管控和修复制度、土壤污染防治基金制度等土壤污染风险管理制度。

从《土壤污染防治行动计划》到《土壤污染防治法》，更加有利于保护和改善生态环境，防治土壤污染，保障公众健康，推动土壤资源永续利用，推进生态文明建设，促进经济社会可持续发展。

（6）国务院办公厅："无废城市"建设试点工作方案❷

2018 年 12 月 29 日，国务院办公厅印发了《"无废城市"建设试点工作方案》（以下简称《方案》），《方案》指出，"无废城市"是以创新、协调、绿色、开放、共享的新发展理念为引领，通过推动形成绿色发展方式和生活方式，持续推进固体废物源头减量和资源化利用，最大限度减少填埋量，将固体废物环境影响降至最低的城市发展模式，也是一种先进的城市管理理念。开展"无废城市"建设试点是深入落实党中央、国务院决策部署的具体行动，是从城市整体层面深化固体废物综合管理改革和推动"无废社会"建设的有力抓手，是提升生态文明、建设美丽中国的重要举措❸。

《方案》提出，在全国范围内选择 10 个左右有条件、有基础、规模适当的城市，在全市域范围内开展"无废城市"建设试点。到 2020 年，系统构建"无废城市"建设指标体系，探索建立"无废城市"建设综合管理制度和技术体系，形成一批可复制、可推广的"无废城市"建设示范模式。该《方案》明确了六项重点任务：一是强化顶层设计引领，发挥政府宏观指导作用。二是实施工业绿色生产，推动大宗工业固体废物贮存处置总量趋零增长。三是推行农业绿色生产，促进主要农业废弃物全量利用。四是践行绿色生活方式，推动生活垃圾源头减量和资源化利用。五是提升风险防控能力，强化危险废物全面安全管控。六是激发市场主体活力，培育产业发展新模式。

为稳步推进"无废城市"建设试点工作，《方案》还提出了加强组织领导、加大资金支持、严格监管执法、强化宣传引导等保障措施。

---

❶　http：//www.gov.cn/xinwen/2018-08/31/content_5318231.htm

❷　http：//www.gov.cn/zhengce/content/2019-01/21/content_5359620.htm

❸　http：//www.gov.cn/xinwen/2019-01/21/content_5359705.htm

3.1.2　相关部委：协力共打污染防治攻坚战

（1）住房和城乡建设部、生态环境部：《城市黑臭水体治理攻坚战实施方案》❶

2018 年 9 月 30 日，住房和城乡建设部和生态环境部发布《关于印发城市黑臭水体治理攻坚战实施方案的通知》（建城〔2018〕104 号），是为进一步扎实推进城市黑臭水体治理工作，巩固近年来治理成果，加快改善城市水环境质量。

《通知》的主要目标是到 2018 年底，各直辖市、省会城市、计划单列市建成区黑臭水体消除比例高于 90%，基本实现长治久清。到 2019 年底，其他地级城市建成区黑臭水体消除比例显著提高，到 2020 年底达到 90% 以上。鼓励京津冀、长三角、珠三角区域城市建成区尽早全面消除黑臭水体。实施方案明确了"控源截污、内源治理、生态修复、活水保质"的技术路线和治理工程要求。强调严格考核问责，城市政府主要负责人是第一责任人，制定城市黑臭水体治理部门责任清单、考核办法，将考核结果作为领导干部综合考核评价、干部奖惩的重要依据，对于在城市黑臭水体治理中表现突出的单位和个人，给予表扬和奖励。

实施方案指出要强化监督检查，生态环境部与住房城乡建设部每年开展一次地级及以上城市黑臭水体整治环境保护专项行动，加强监管，按照排查、交办、核查、约谈、专项督察"五步法"，实行"拉条挂账，逐个销号"式管理。

（2）发改委：《关于培育发展现代化都市圈的指导意见》❷

2019 年 2 月 19 日，国家发展和改革委员会发布《关于培育发展现代化都市圈的指导意见》（以下简称《意见》），旨在加快培育发展现代化都市圈。《意见》指出，城市群是新型城镇化主体形态，是支撑全国经济增长、促进区域协调发展、参与国际竞争合作的重要平台。到 2022 年，都市圈同城化应取得明显进展，基础设施一体化程度大幅提高，梯次形成若干空间结构清晰、城市功能互补、要素流动有序、产业分工协调、交通往来顺畅、公共服务均衡、环境和谐宜居的现代化都市圈。到 2035 年，现代化都市圈格局更加成熟，形成若干具有全球影响力的都市圈。

《意见》强调，强化生态环境共保共治以推动都市圈生态环境协同共治、源头防治为重点，强化生态网络共建和环境联防联治，在一体化发展中实现生态环境质量同步提升，共建美丽都市圈是现代化都市圈建设的重点。

要在新时代背景下认识和把握都市圈规划，包括绿色发展、高质量发展、开放和协调发展，以及国家治理体系和治理能力现代化等新时代要求；指出后工业

---

❶　http：//www.mohurd.gov.cn/wjfb/201810/t20181015_237912.html
❷　https：//mp.weixin.qq.com/s/e2ANpdyMrw4FxzsSirwg6g

化时期，生产方式和生活方式发生重大变化，都市圈规划要坚持以人为中心，实现高品质生活；强调在全球化、信息化和网络化背景下，同城效应不断增强，都市圈规划要基于构建多中心、网络化、组团式、集约型的空间形态，超越地理空间行政边界，推动区域协调发展、推动乡村振兴战略实施；强调要基于我国国情，坚持节约优先、保护优先、绿色发展，要尊重地域差异，不能搞一刀切；指出要结合各级国土空间规划，推进都市圈规划，化解城市病问题，推动区域高质量发展；指出要进一步发挥各方积极性，建立和完善促进都市圈发展的国土空间规划指标体系、技术标准体系、法规政策体系和数字化协同平台。

（3）生态环境部、发改委：《长江保护修复攻坚战行动计划》❶

2018 年 12 月 31 日，生态环境部、国家发改委联合印发《长江保护修复攻坚战行动计划》，工作目标是通过攻坚，长江干流、主要支流及重点湖库的湿地生态功能得到有效保护，生态用水需求得到基本保障，生态环境风险得到有效遏制，生态环境质量持续改善。到 2020 年年底，长江流域水质优良（达到或优于Ⅲ类）的国控断面比例达到 85% 以上，丧失使用功能（劣于Ⅴ类）的国控断面比例低于 2%；长江经济带地级及以上城市建成区黑臭水体消除比例达 90% 以上，地级及以上城市集中式饮用水水源水质优良比例高于 97%。

行动计划的重点区域范围为沿江上海、江苏、浙江、安徽、江西、湖北、湖南、重庆、四川、云南、贵州 11 省市范围内，以长江干流、主要支流及重点湖库为重点开展保护修复行动。长江干流主要指四川省宜宾市至入海口江段；主要支流包含岷江、沱江、赤水河、嘉陵江、乌江、清江、湘江、汉江、赣江等河流；重点湖库包含洞庭湖、鄱阳湖、巢湖、太湖、滇池、丹江口、洱海等湖库。

提出八项主要任务：一是强化生态环境空间管控，严守生态保护红线。二是排查整治排污口，推进水陆统一监管。三是加强工业污染治理，有效防范生态环境风险。四是持续改善农村人居环境，遏制农业面源污染。五是补齐环境基础设施短板，保障饮用水水源水质安全。六是加强航运污染防治，防范船舶港口环境风险。七是优化水资源配置，有效保障生态用水需求。八是强化生态系统管护，严厉打击生态破坏行为。

此次《长江保护修复攻坚战行动计划》的发布，明确了长江保护的重点范围、主要问题、达到目标、任务手段、实施步骤、责任单位等详尽事宜，为各行各业在长江流域的项目开发明确了政策依据。

（4）生态环境部、农业农村部：农业农村污染治理攻坚战行动计划❷

2018 年 11 月 6 日，生态环境部、农业农村部联合印发《农业农村污染治理

---

❶ http：//www.mee.gov.cn/xxgk2018/xxgk/xxgk03/201901/t20190125_690887.html

❷ http：//www.moa.gov.cn/ztzl/xczx/zccs_24715/201811/t20181129_6164067.htm

攻坚战行动计划》，明确了农业农村污染治理的总体要求、行动目标、主要任务和保障措施，对农业农村污染治理攻坚战作出部署。本次的行动目标是要通过三年攻坚，乡村绿色发展加快推进，使农村生态环境明显好转，基本形成农业农村污染治理工作体制机制。通过治理农村生活垃圾和污水，实现村庄环境干净整洁有序。同时要求加大农村生活垃圾治理力度，统筹考虑生活垃圾和农业废弃物利用、处理，建立健全符合农村实际、方式多样的生活垃圾收运处置体系。

（5）工信部：坚决打好工业和通信业污染防治攻坚战三年行动计划

2018 年 7 月 23 日，工业和信息化部公布了《坚决打好工业和通信业污染防治攻坚战三年行动计划》，为全面推进工业绿色发展，促进工业和通信业高质量发展。行动计划提出，到 2020 年，规模以上企业单位工业增加值能耗比 2015 年下降 18%，单位工业增加值用水量比 2015 年下降 23%，绿色制造和高技术产业占比大幅提高，重点区域和重点流域重化工业比重明显下降，产业布局更加优化，结构更加合理，工业绿色发展整体水平显著提升，绿色发展推进机制基本形成。根据行动计划，实施长江经济带产业发展市场准入负面清单，明确禁止和限制发展的行业、生产工艺、产品目录。加快推动城镇人口密集区不符合安全和卫生防护距离的危险化学品生产企业搬迁改造。

3.1.3　地方层面：共享共建区域大发展

（1）粤港澳大湾区：发展规划纲要❶

2019 年 2 月 18 日，中共中央、国务院印发《粤港澳大湾区发展规划纲要》（以下简称《大湾区规划》）❷，粤港澳大湾区由"9+2"城市组成，包括广东 9 市（广州、佛山、肇庆、深圳、东莞、惠州、珠海、中山、江门）+2 个特别行政区（香港、澳门），在"一国两制、强市鼎足而立"的特殊背景下，《大湾区规划》是指导粤港澳大湾区当前和今后时期合作发展的纲领性文件，提出近期（2022 年）、远期（2035 年）的目标，同时强调香港、澳门、广州、深圳四大中心城市的发展定位（图 1-3-2）。

《大湾区规划》以绿色智慧节能低碳为发展目标之一，2022 年初步确立绿色智慧节能低碳的生产生活方式和城市建设运营模式，使得居民生活更加便利、更加幸福。2035 年，显著提高资源节约集约利用水平，生态环境得到有效保护，全面建成宜居宜业宜游的国际一流湾区。《大湾区规划》提出"牢固树立和践行绿水青山就是金山银山的理念，实行最严格的生态环境保护制度。坚持节约优先、保护优先、自然恢复为主的方针，以建设美丽湾区为引领，着力提升生态环

---

❶　https：//mp.weixin.qq.com/s/1Og7iZPBAogvte8GdIDseA
❷　http：//www.gov.cn/zhengce/2019-02/18/content_5366593.htm#1

图 1-3-2　粤港澳大湾区规划范围

（图片来源：https://mp.weixin.qq.com/s/1Og7iZPBAogvte8GdIDseA）

境质量，形成节约资源和保护环境的空间格局、产业结构、生产方式、生活方式，实现绿色低碳循环发展，使大湾区天更蓝、山更绿、水更清、环境更优美。"

《大湾区规划》从打造生态防护屏障、加强环境保护和治理、创新绿色低碳发展模式三个方面明确生态文明建设的实施措施，具体从生态空间、水环境、低碳、大气环境和垃圾五个方面进行分类，结合区域位置、发展特点、资源优势，提出保护海洋生态资源与修复等适宜性指标，同时，提出"推进低碳试点示范，实施近零碳排放区示范工程，加快低碳技术研发。推动开展绿色低碳发展评价，力争碳排放早日达峰，推广碳普惠制试点经验"等具有创新性措施。绿色生态体系规划十分全面，创新措施十分积极。

（2）长三角：区域一体化发展上升为国家战略❶

2019 年 3 月，政府工作报告中明确提出"将长三角区域一体化发展上升为国家战略，编制实施发展规划纲要，长江经济带发展要坚持上中下游协同，加强生态保护修复和综合交通运输体系建设，打造高质量发展经济带"，这都预示着长三角区域一体化发展进入到重大突破阶段。国家战略的地位确定，将从顶层设计上描绘长三角发展蓝图，为长三角区域各个领域的政策和机制协调，尤其是生态环境综合治理工作，带来更大助力。

2019 年 1 月，长三角一体化发展示范区的概念在上海"两会"上被提出，

❶　http://www.gov.cn/premier/2019-03/16/content_5374314.htm

并正积极规划中，其绿色发展规划已经先行启动研究。同时，沪苏浙三地交界的两区一县（上海市青浦区、江苏省苏州市吴江区、浙江省嘉兴市嘉善县）共同签署了生态环境综合治理合作框架协议，从区域发展协作、环境污染治理和环境安全防控三方面建立完善三地污染防治协作机制，切实维护三地环境运行安全。统一规划、统一标准、统一监督执法，既是长三角推进生态环境一体化的客观需要，也已经成为三省一市的共识。长三角区域将以长三角一体化发展上升为国家战略为契机，深度开展长江生态治理与保护等区域生态环境联合研究，共同破解共性环境问题；同时探索推进区域标准统一，在目前实践基础上尽可能向高标准看齐；加强区域流动源联合监管，改善区域交通结构。

（3）雄安新区：河北雄安新区总体规划❶

2019年1月2日，国务院发布《国务院关于河北雄安新区总体规划（2018—2035年）的批复》（国函〔2018〕159号），原则同意《河北雄安新区总体规划（2018—2035年）》（以下简称《总体规划》），《总体规划》共分为14章、58节，包括总体要求、承接北京非首都功能疏解、加强国土空间优化与管控、打造优美自然生态环境、推进城乡融合发展、塑造新区风貌、提供优质公共服务、构建快捷高效交通体系、建设绿色低碳之城、发展高端高新产业、打造创新发展之城、创建数字智能之城、构筑现代化城市安全体系、保障规划实施等内容。

《总体规划》确立了雄安新区近期和中长期建设目标，描绘了一幅蓝绿交织、清新明亮、水城共融的美好图景。到2022年，启动区基础设施基本建成、城区雏形初步显现，科技创新项目、高端高新产业加快落地，北京非首都功能疏解承接初见成效；起步区重大基础设施全面建设；部分特色小城镇和美丽乡村起步建设，新区城乡融合发展取得新成效，白洋淀"华北之肾"功能初步恢复。到2035年，基本建成绿色低碳、开放创新、信息智能、宜居宜业、具有较强竞争力和影响力、人与自然和谐共生的高水平社会主义现代化城市。城市功能趋于完善，新区交通网络便捷高效，现代化基础设施系统完备，创新体系基本形成，高端高新产业引领发展，优质公共服务体系基本形成，白洋淀生态环境和区域空气质量根本改善。有效承接北京非首都功能，对外开放水平和国际影响力不断提高，实现城市治理能力和社会管理现代化。"雄安质量"引领全国高质量发展作用明显，雄安新区成为现代化经济体系的新引擎。

（4）46重点城市：垃圾分类行业"立法年"❷

自2017年底，住房和城乡建设部发布《关于加快推进部分重点城市生活垃圾分类工作的通知》以来，截至2019年3月，46个重点城市除西藏日喀则以外，

---

❶ http：//www.gov.cn/zhengce/2019-01/17/content_5358579.htm

❷ http：//www.cn-hw.net/news/201903/21/63176.html

均以意见、实施方案或行动计划的形式对垃圾分类进行了"日程规划"。其中已有广州市、深圳市、长春市、苏州市、宜春市、银川市、泰安市、太原市、宁波市9个城市出台了专门的垃圾分类管理条例，20%的重点城市步入了"垃圾分类有法可依"时代。

2019年1月31日，上海市十五届人大二次会议表决通过《上海市生活垃圾管理条例》，于2019年7月1日实施。其中，《条例》中明确提出个人混合投放垃圾，今后最高可罚200元；单位混装混运，最高则可罚5万元。同时，上海党政机关内部办公场所不得使用一次性杯具，旅馆不得主动提供一次性日用品，餐馆、外卖不得主动提供一次性餐具，分类不当行为更将进入个人诚信档案。

除了立法之外，许多城市在模式创新上下功夫。宁波探索在垃圾分类工作推进的同时，采用经济刺激辅助垃圾分类的模式。尤其是在对非居民单位的生活垃圾和厨余垃圾收费标准的修订中，提出不同类别的垃圾差别收费；不同体量的垃圾差别化收费，以此鼓励对于餐厨垃圾单独进行分类。长沙则创新性地采用了"倒推模式"，通过丰富和保障末端资源化途径来刺激前端的分类（表1-3-1）。

46市垃圾分类法律法规详附录　　　　　　　　　表1-3-1

文件类型	城　　市
实施方案	合肥、福州、石家庄、邯郸、哈尔滨、武汉、宜昌、长沙、南昌、呼和浩特、济南、咸阳、成都、广元、拉萨、乌鲁木齐、杭州、北京、
管理办法	铜陵、厦门、兰州、南宁、贵阳、海口、郑州、南京、大连、西宁、青岛、西安、广元、昆明、上海、重庆
管理条例	广州、深圳、长春、宜春、银川、泰安、太原、宁波
意见	沈阳、天津
未出台相关法律法规	日喀则

（5）浙江：全面启动"未来社区"试点❶

2019年4月，浙江省政府对浙江未来社区建设工作进行了系统谋划部署，《浙江省未来建设试点工作方案》（浙政发〔2019〕8号）（以下简称《试点方案》）印发标志着浙江未来社区建设试点工作将全面启动。

《试点方案》提出浙江未来社区内涵就是以人民美好生活向往为中心，聚焦人本化、生态化、数字化三维价值坐标，以和睦共治、绿色集约、智慧共享为内涵特征，突出高品质生活主轴，构建以未来邻里、教育、健康、创业、建筑、交通、低碳、服务和治理九大场景创新为重点的集成系统，打造有归属感、舒适感和未来感的新型城市功能单元，促进人的全面发展和社会进步，打响浙江"两个

---

❶ http://www.gov.cn/xinwen/2019-03/31/content_5378499.htm

高水平"建设新名片。

具体举措包括通过推进"大疏大密"集约高效的 TOD 布局模式、打造绿色宜居空间与社区精神地标、搭建数字化全生命周期管理 CIM 平台等举措，从而打造"艺术与风貌交融"的未来建筑场景；通过创新车位共享停车管理机制、充电设施供给、车路协同探索、街道分级、慢行交通便利化设计、出行链一体化定制、智慧物流服务集成等手段，构建"5、10、30 分钟出行圈"的未来交通场景；以多能协同低碳能源系统、分类分级资源循环利用系统、互利共赢运营模式创新，构建"循环无废"的未来低碳场景等。

3.2 学术支持：坚持可持续创新之路

3.2.1 国际论坛：共商绿色低碳可持续发展

（1）第六届深圳国际低碳城论坛❶

2018 年 9 月 26 日，由国家发改委、科技部、广东省政府指导，深圳市政府主办的，主题为"坚持可持续创新之路，追求高质量绿色发展"的第六届深圳国际低碳城论坛在深圳召开（图 1-3-3）。与会嘉宾包括国家部委领导、国外政府官员、知名专家学者、国际组织代表、国内外知名企业家和媒体机构等，共同探讨论绿色低碳可持续发展的长远意义和推动作用。

图 1-3-3　第六届深圳国际低碳城论坛

（图片来源：https：//mp. weixin. qq. com/s/rRFIX＿zJgbvjJOvkdGHVOw）

---

❶　https：//mp. weixin. qq. com/s/rRFIX＿zJgbvjJOvkdGHVOw

论坛还举行了蓝天奖颁奖仪式，发布 2018 年度全球绿色低碳领域最具投资价值、先锋城市、卓越人物名单。同期开展了国际绿色低碳产业博览会，中国低碳技术的创新与发展、深圳十区（新区）的绿色低碳发展成就、历届"蓝天奖"获奖技术和企业集中亮相博览会。经过五年多的积累，深圳国际低碳城论坛正逐步成为传播绿色发展理念、展示高质量可持续发展成效的重要窗口，以及各方探讨前沿话题、分享智慧成果、开展务实合作的重要平台。

（2）2018 WEC-北京世界经济与环境大会❶

2018 年 9 月 22 日至 23 日，由北京市国际生态经济协会、清华大学环境科学与工程研究院主办的，2018WEC-北京世界经济与环境大会在北京举行（图 1-3-4）。大会主题为"一带一路：经济与环境同行；碧水蓝天：创新发展生产力"，探讨经济与环境的可持续发展问题。

图 1-3-4 大会主席团开幕式嘉宾合影

（图片来源：https://mp.weixin.qq.com/s/ngOF9DYKovqUpJDajd9ppQ）

世界经济与环境大会圆桌论坛围绕"构建生态经济引领我国绿色低碳发展变革之路"，"破解企业发展难题与现实困境——产业转型升级之痛"，"增强民间队作为'一带一路'发展的重要组成力量"三个议题展开探讨。

会议当天发布《推动世界绿色低碳发展变革构建全球生态援助体系——北京倡议书》，认为全世界实现碧水蓝天仍面临挑战，号召各国政府、企业、研究机构、社会组织和个人通过不懈努力，积极探索并实践出一条全人类的"一带一路，碧水蓝天"道路。同时提出推动世界绿色低碳发展变革，构建全球生态援助体系的主张。

---

❶ https：//mp.weixin.qq.com/s/ngOF9DYKovqUpJDajd9ppQ

（3）国际绿色建筑与建筑节能大会❶

2019 年 4 月 3 日至 4 日，由中国城市科学研究会、深圳市人民政府、中美绿色基金、中国城市科学研究会绿色建筑与节能专业委员会、中国城市科学研究会生态研究专业委员会主办的，第十五届国际绿色建筑与建筑节能大会暨新技术与产品博览会在深圳召开（图 1-3-5）。本次大会以"升级绿色建筑，助推绿色发展"为主题，邀请国内外绿色建筑行业相关领域 500 余位权威专家，通过 2 场全体大会和 54 场专题研讨论坛，围绕绿色建筑与建筑节能最新科技成果、发展趋势、技术创新、实践案例等进行学术研讨和经验交流。全面覆盖了"前期-设计评估、中期-建造施工、后期-评价运营"绿色建筑全生命周期，并通过 300 余家展位，吸引了 5000 多位国内外行业精英及与会代表共同参与探讨绿色建筑发展。

图 1-3-5　主论坛现场照片

（图片来源：https://mp.weixin.qq.com/s/ELxw2j6DH07g0R8at4_NTg）

绿色建筑大会已走过 15 年，当今，我国绿色建筑已全面开展，并纳入国家经济社会发展规划和能源资源、节能减排专项规划，成为国家生态文明建设和可持续发展战略的重要组成部分。绿色建筑的全面开展需要依靠市场的手段去推动，绿色金融引导资金流向绿色、低碳、环保领域，逐渐成为推动市场化经济转型升级的重要力量。完善并强化绿色建筑政策激励及保障体系建设，从城区级、地块级、建筑级等逐级引导落实绿色生态城区建设，实现绿色建筑的全面发展和升级，推动绿色城市的产业化发展。

3.2.2　城镇化会议：共推生态文明建设

（1）第十三届城市发展与规划大会❷

2018 年 7 月 26 日，由中国城市科学研究会、江苏省住房和城乡建设厅、苏

---

❶　https://mp.weixin.qq.com/s/ELxw2j6DH07g0R8at4_NTg

❷　https://mp.weixin.qq.com/s/bhIE02pCd1tXen_X2aYSkw

州市人民政府主办的，2018（第十三届）城市发展与规划大会在苏州召开，主题为"城市设计引领绿色发展与文化传承"（图 1-3-6）。

国家相关部委领导，国内外有关机构和单位代表，以及 300 余位规划界权威专家和 2700 名知名规划企业、设计院代表就当前城市发展规划问题进行深入探讨，对苏州城市设计、国际生态城市理论前沿与实践进展、生态宜居城市规划建设、中外城镇化发展进程比较、绿色交通与综合交通体系、智慧城市建设最新进展、城乡规划改革与城市转型发展、黑臭河道治理与水生态修复、历史文化名城（镇）的保护与发展、城市双修理论与实践、海绵城市规划与建设、"多规合一"与规划体系变革、城市老旧小区有机更新理论与实践、城镇（特色小镇）特色风貌塑造、绿色生态社区评价与发展、历史街区复兴研究及绿色、弹性、宜居城市、雄安等当前规划前沿议题进行专题学术研讨和专业解读，共同推进城市绿色发展，助力美丽新中国建设。

图 1-3-6   2018 年城市发展与规划大会

（图片来源：https：//mp. weixin. qq. com/s/bhIE02pCd1tXen _ X2aYSkw）

（2）中国生态文明论坛❶❷

2018 年 12 月 15 日至 16 日，由中国生态文明研究与促进会主办的，中国生态文明论坛年会在广西壮族自治区南宁市召开（图 1-3-7）。主题为"生态文明绿色发展——深入学习贯彻习近平生态文明思想建设天蓝、地绿、水清的美丽中国"。

生态环境部为山西芮城等 45 个第二批国家生态文明建设示范市县、北京延

❶   http：//www. cecrpa. org. cn/sxyw/gnzx/201812/t20181217 _ 684991. shtml

❷   https：//mp. weixin. qq. com/s/ihrDcjNr6n0LxP5sOR1S4w

庆等 16 个第二批"绿水青山就是金山银山"实践创新基地进行表彰授牌,以进一步深入学习宣传贯彻习近平生态文明思想,深化"绿水青山就是金山银山"科学内涵和实践探索,树立生态文明建设的标杆样板。该论坛举办了 14 个分论坛,其中生态示范创建与"两山"实践论坛、垃圾分类分论坛为首次举办。同时向社会发出《生态文明·南宁宣言》:继续公开向全社会发布《中国省域生态文明状况评价报告》,为各省生态文明建设政绩考核、落实责任、推进工作提供参考;发布"2018 美丽山水城市"名单,宣传关注城市的山水与生态文化保护。该论坛首次发布 2018 年度生态文明建设优秀论文和优秀调研报告,促进生态文明理论研究与成果交流。

图 1-3-7 中国生态文明论坛南宁年会

(图片来源: http://www.cecrpa.org.cn/sy_20828/zdtj/201901/t20190126_691095.shtml)

3.2.3 低碳生态城市会议:多专业共促低碳生态发展

(1) 2019 中国新兴智慧城市发展大会❶

2019 年 4 月 10 日至 12 日,由中国信息协会主办的,2019 中国新兴智慧城市发展大会暨中国国际绿色智慧城市博览会(简称:绿色智博会、GSCE)在雄安新区召开(图 1-3-8)。以"智慧科技,助力雄安"为主题,聚焦智慧城市建设以及数字化建设的未来,旨在将行业内最新技术、最新成果与雄安乃至全国的绿色智慧城市建设相结合,响应行业的前沿发展趋势,推动中国智慧城市建设快速发展,促进数字化、智能化领域的交流合作,同期举办的"新兴智慧城市建设发展大会"旨在为参会者分享产业新趋势、新动向,帮助智慧城市建设者紧抓时代发展脉搏,把握发展良机。同时,不同领域的参会者们重点围绕智慧城市趋势、

---

❶ https://mp.weixin.qq.com/s/uM7bjP8wwkDIOf5znGrpLA

推进路径、实践案例以及创新技术应用等层面进行了深入浅出的主题演讲，相互交流分享智慧城市建设的创新与实践成果。

图 1-3-8 2019 中国新兴智慧城市发展大会

(图片来源：https://mp. weixin. qq. com/s/uM7bjP8wwkDIOf5znGrpLA)

展会同期举办了"首届中国智慧城市建设诚信发展论坛""2019 量子信息与智慧城市创新发展论坛""数字经济构建雄安智慧未来论坛""雄安智慧能源与城市运营论坛"等活动。

（2）首届公园城市论坛❶

2019 年 4 月 22 日，由成都市人民政府主办的"首届公园城市论坛"在成都召开（图 1-3-9）。以"公园城市·未来之城——公园城市理论研究与路径探索"

图 1-3-9 首届公园城市论坛

(图片来源：https://mp. weixin. qq. com/s/XEhymmOzYiAkchijM0G6ow)

---

❶ https://mp. weixin. qq. com/s/XEhymmOzYiAkchijM0G6ow

为主题，国内外知名专家同堂探讨共同深化完善公园城市理论体系，探索形成新时代城市建设的新模式。首届公园城市论坛由开幕式与5个平行分论坛组成。此次论坛达成了《成都共识》：一是探寻新时代城市可持续发展道路；二是注重生态优先绿色发展理念引领；三是彰显以人为本城市人文关怀特质；四是构建大美公园城市时代价值标杆；五是塑造人城境业和谐统一城市形态；六是营建绿水青山秀美人居城市绿韵；七是感知多元包容开放创新城市文化；八是丰富现代时尚宜业宜居场景体验；九是倡导简约适度绿色低碳的生活方式；十是携手共创公园城市发展美好愿景。

（3）第一届"绿色长三角"论坛

2019年4月20日，为了深入贯彻落实习近平总书记关于推动长三角一体化发展上升为国家战略的重要指示精神，由长三角区域大气和水污染防治协作小组办公室主办的第一届"绿色长三角"论坛在上海召开（图1-3-10）。该论坛以"绿色引领，助力长三角一体化示范区高质量发展"为主题，组织相关政府代表和具有影响力的行业专家，以思想分享、主题对话、成果展示等形式，从科技、产业、制度创新等多角度探讨绿色发展的方向与内容，共同为推动长三角区域生态环境协作和一体化绿色发展献计献策。

图1-3-10 第一届"绿色长三角"论坛

（图片来源：https://www.huanbao-world.com/a/quanguo/shanghai/99689.html）

3.3 技术发展：生态城市热度逐年上升

关于生态城市、海绵城市、弹性城市、低碳城市的研究自2010年以来年度文献量逐年递增，在2018—2019年度日益丰富（图1-3-11）。

对于2018—2019年度国际生态城市研究热点，以Web of Science为信息源，

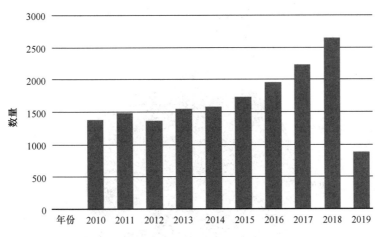

图 1-3-11　低碳生态城市（SCI 收录）发表相关文献数量图

（截至 2019 年 4 月）

检索到有效文献 2647 篇，发表的刊物较为集中，其中环境科学（Environmental Sciences）、环境研究（Environmental Studies）、绿色可持续科学技术（Green Sustainable Science Technology）、生态（Ecology）、城市研究（Urban Studies）、地理（Geography）等期刊所占的比例较大，见图 1-3-12。与 2017—2018 年度相比，环境科学所占比例提升了 6 个百分点。

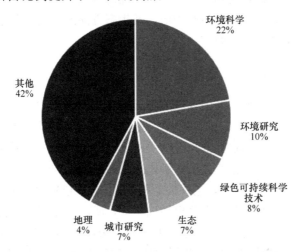

图 1-3-12　文献来源统计分析

这些文献全面客观分析生态城市领域的发展态势。通过检索结果可以看出，研究方向主要集中于环境科学、环境研究、绿色科学技术、生态学、地理学等。在对国家和地区的分析中，中国、美国、俄罗斯发表的相关文献占据前三名。其中，中国为 596 篇，比 2017—2018 年增加了 244 篇，占比为 23％。美国的相关文献为 262 篇，占比为 10％，发表文献数量次之的国家依次为俄罗斯、巴西、英国、德国、澳大利亚（图 1-3-13）。

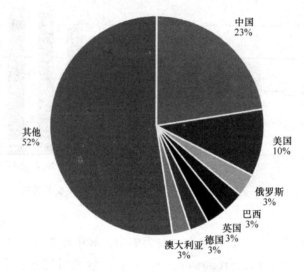

图 1-3-13 开展研究的国家和地区统计分析

综上所述，低碳生态城市的研究热度逐年上升。中国在生态城市方面的文献数量依然高居世界榜首，尤其是工业技术和经济领域对生态城市关注程度一直很高，市政设施、园林和建筑方面对于低碳及生态方面的热度不断上升，这些技术的研究有助于中国低碳生态城市的建设发展。

3.3.1 "公园城市"概念提出

2018 年 2 月，习近平总书记视察成都天府新区时强调"天府新区一定要规划好建设好，特别是要突出公园城市特点，把生态价值考虑进去，努力打造新的增长极，建设内陆开放经济高地"。2018 年 2 月，习近平总书记参加首都义务植树活动时，再次强调绿化祖国要坚持以人民为中心的发展思想，提出："一个城市的预期就是整个城市就是一个大公园，老百姓走出来就像在自己家里的花园一样。"

目前，成都市在新一轮城市总规划战略中，明确了美丽宜居公园城市"三步走"的发展目标：2025 年，加快建设美丽宜居公园城市，公园城市特点初步显现；2035 年，基本建成美丽宜居花园城市，开创生态文明引领城市发展的新模式；2050 年，全面建成美丽宜居公园城市，全方位形成人城境业高度和谐统一的大美城市形态。

以公园城市建设为总体目标，主要围绕以下几个方面展开美丽宜居公园城市建设：一是锚固自然生态本底，构建"山水田林城"公园城市总体格局；二是构建全域公园体系，塑造"城园相融"的公园城市大美形态；三是转变经济组织方式，形成人城境业和谐统一的公园城市发展模式；四是打造天府文化景观体系，彰显人文荟萃、特色鲜明的公园城市文化美丽；五是完善服务支撑体系，营造全民共享、高效便捷的公园城市宜居环境。

3.3.2 大数据与绿色基础设施

城市绿色基础设施作为城市公共空间的重要组成部分，对城市居民的日常生活具有重要影响，是城市生活中不可或缺的一部分。城市绿色基础设施，近年来得到了我国政府的极大重视和支持，如登山步道、城市绿道、中央公园、街头微型公园、街道绿化等。如何科学合理地对这类基础设施进行科学布局与类型选择，如何对已建设基础设施的使用情况和实施效果进行客观评价，成为学界业界特别关注的主题。

近年来出现的大数据，提供了从更微观、更全面、多维度、更实时地认识城市空间以及城市活动的机会。利用大数据来研究城市绿色基础设施，使研究者有机会客观认识绿色基础设施及其所承载的城市活动的实时和历史情况，不仅可以对设施的使用情况进行评价，还可以对设施的规划设计提供技术支持。这是对城市绿色基础设施这一领域以往偏向经验、定性研究的必要补充。

目前大数据与城市绿色基础设施这一方向的研究，涵盖了设施使用评价与设施规划设计支持两方面内容，所使用的数据涵盖了遥感大数据、APP大数据、共享单车大数据、兴趣点大数据以及街景大数据等。从人群热力图、健身活力度、绿视率、出行方式统计数据、居民就医行为等有效且多尺度的数据内容对城市绿地、城市街道健康服务功能、绿化品质等方面作出真实反馈，应用多源数据分析和判断，对建设更合理的绿色空间体系提供坚实的基础。

3.4 实践探索：生态环境工程实现提升

3.4.1 浙江省："千村示范、万村整治"工程❶

2018年9月27日，联合国环境规划署将年度"地球卫士奖"中的"激励与行动奖"颁给浙江"千村示范、万村整治"工程（图1-3-14）。在颁奖词中，联合国环境规划署认为"这一成功的生态恢复项目表明，让环境保护与经济发展同行，将产生变革性力量。"

早在2003年，面对农民群众不断富足的物质生活与人居环境需求之间的突出矛盾，浙江省提出要把"千万工程"作为推动农村全面小康建设的基础工程、

---

❶ https://mp.weixin.qq.com/s/oqfsyDTh6Oih8eUFV9M9TA

图 1-3-14 浙江全省农民代表在纽约联合国总部发表
"地球卫士奖"获奖感言

（图片来源：https://mp.weixin.qq.com/s/oqfsyDTh6Oih8eUFV9M9TA）

统筹城乡发展的龙头工程、优化农村环境的生态工程，整体推进农村建设，使全省农村面貌有一个根本性改变。十多年来，浙江省委、省政府深入实施"八八战略"，一张蓝图绘到底。2003—2007 年处于"示范引领"阶段，全省 1 万多个建制村率先推进农村道路硬化、垃圾收集、卫生改厕、河沟清淤、村庄绿化；2008—2012 年是"整体推进"阶段，主抓生活污水、畜禽粪便、化肥农药等面源污染整治和农房改造建设；2013—2015 年则进入"深化提升"阶段，启动农村生活污水治理攻坚、农村生活垃圾分类处理试点、历史文化村落保护利用工作，美丽乡村创建全面铺开。进入 2016 年以来，则为转型升级阶段，全力打造美丽乡村升级版，美丽乡村建设从一处美向一片美、一时美向持久美、外在美向内在美、环境美向发展美、形态美向制度美转型。

近几年在浙江乡村振兴政策的扶持下，22 种限制使用农药率先实现全区域退市，2014—2018 年全省农药、化肥使用量下跌了 25％。同时，实施新时代美丽乡村建设行动中，全域创建整体提升、美丽乡村建设迭代升级。2018 年浙江省新建或改造公厕 5.3 万座，农村公厕普及率达到 99.7％，基本实现全覆盖。农村生活垃圾集中收集处理也实现了全覆盖，全国美丽宜居示范村镇数量实现全国第一。在全面深化农村改革创新过程中，浙江省启动实施了 150 个全域土地综合整治与生态修复工程，整治和生态修复土地达到 408 万亩。

3.4.2 雄安新区：生态修复[1]

2019 年 01 月 02 日，国务院正式批复的《河北雄安新区总体规划（2018—

---

[1] http://www.china-up.com/weixin/2019/01/19/0a55cf3d87/

2035 年)》明确提出，将淀水林田草作为一个生命共同体，形成"一淀、三带、九片、多廊"的生态空间结构。而 2016 年以来，中国已开展了两批次 11 个山水林田湖草生态保护修复工程试点，2018 年第三批共 14 个国家试点工程的评审工作已经完成，其中就包括了雄安新区。

雄安新区从建设之初就秉承着生态优先、绿色发展的理念，按照构建"一淀、三带、九片、多廊"生态空间格局目标要求，着力为可持续发展奠定生态之基。一方面，加大对白洋淀的污染治理力度，做好白洋淀生态环境保护，另一方面，建设平原地区异龄、复层、混交的近自然"千年秀林"工程。建设工程中以营造常绿落叶混交的异龄复层近自然群落为主体，形成森林抚育与景观游憩相结合的复合生态绿色空间。目前，1 万亩"千年秀林"已傲立于万顷原野，呈现出葱郁、壮观的大地森林景观，成为展示雄安新区"蓝绿交织、清新明亮"生态环境的重要窗口。经过后期的疏移、管护，万亩森林将成为市民的共享生态福利空间。为建设好"千年秀林"，同期开发的雄安森林大数据系统包含了每棵树自己的身份档案，树木在出苗圃时登记二维码，即拥有了专属"身份证"。系统里集成了每棵苗木的树种、规格、产地、种植位置、生长信息、管护情况等，既可以加强过程管理，也便于后期管护。森林大数据系统对苗木进行全生命过程监控，同时规范造林建设管理，保证造林工程安全、质量和进度（图 1-3-15）。

图 1-3-15 雄安新区 9 号地块一区造林项目

（图片来源：http://www.china-up.com/weixin/2019/01/19/0a55cf3d87/）

未来，规划将通过构建衔接太行山脉—渤海湾、京南生态绿楔—拒马河—白洋淀生态廊道，提升区域生态安全保障。通过大规模植树造林，改善新区生态景观环境。通过就近、均匀分布的公园、林荫道建设，提供休憩运动空间。"千年秀林"也将成为新区组团之间的重要生态缓冲区和生态福利空间共享区，雄安新区将建设成为一座碧水、蓝天、森林交融互映的生态之城。

3.4.3 广东：推进建设万里碧道❶

2018 年，低碳生态在广东省政府层面成为热词，建筑、海绵城市、水治理和生态修复等领域，自然资源、住房城乡建设、水利等部门先后出台系列政策，其主要聚焦在多价值导向下的水治理、面向生态环境提升的生态修复这两方面。

从黑臭水体治理、"清四乱"、"五清"到让"广东河更美"大行动，水治理的视角逐步从单一要素的治理转向多要素的融合，更加强调将水系的生态、安全、环境、景观、文化统筹考虑，通过环境治理带动城市价值的提升。

2018 年 5 月，广东省委常委会召开会议，认真学习贯彻习近平生态文明思想，并提出高水平规划建设广东万里碧水清流的"碧道"，形成"绿道"和"碧道"交相呼应的生态廊道。2019 年广东省将抓紧开展万里碧道规划编制行动，在各地市推荐并开展试点的基础上，精心遴选并做好 10 个省级试点工作，确保2019 年全省各地建成 100 公里以上的碧道（图 1-3-16）。

图 1-3-16　佛山新城东平河碧道照片

（图片来源：https://mp.weixin.qq.com/s/-BWk8ZhpO66d9vg2ZU822g）

广东万里"碧道"将作为下一阶段推动河长制湖长制从"有名"到"有实"的最重要抓手，在南粤大地打造"水清岸绿、鱼翔浅底""水草丰美、白鹭成群"的生态廊道。广东省此前建设的绿道有不少是沿河而建，这也为广东进一步推进碧道建设打下较好的基础。

根据广东省规划，万里碧道建设是作为"五清"和"清四乱"专项行动、"让广东河更美大行动"之后，广东河湖治理的 3.0 版，并要求结合中小河流治

---

❶　https://mp.weixin.qq.com/s/-BWk8ZhpO66d9vg2ZU822g

理、城市黑臭水体治乱、"清四乱"、"五清"等专项工作，统筹考虑绿道网建设、南粤古驿道保护利用等工作，开展碧道试点建设。在省内各城市碧道试点工作中，水污染治理被放在首位——坚持保好水与治差水并重，全力消除城市黑臭水体和劣Ⅴ类水体，碧道建设试点的目标水质初定为不低于Ⅳ类。

绿道推动的是生态保护与人的享用相结合，古驿道是在绿道的基础上推动历史文化与人的享用相结合，碧道则是在绿道的基础上将水的治理跟人的享用相结合，从通过碧道建设使得治水成果能为人人共享。

4 挑战与趋势

4 Challenges and Trends

4.1 实 施 挑 战

过去一年，国际上围绕气候变化、环境保护的声音越来越多，气候行动进入了关键一年。中国作为其中的重要一员，在绿色低碳、节能减排、智慧可持续发展的道路上积极推进，贡献中国方案，在政策指引、学术支持、技术发展、实践探索各个方面发力。

中国目前已进入城市型国家。城市成为文化富集、"让生活更美好"的宜居家园、提升综合国力和参与全球竞争的重要载体、体制改革和转型发展的重要引擎。伴随着城镇化快速发展，中国也存在发展不平衡的现象，包括区域不平衡、结构不平衡、城乡不平衡等问题。一是区域不平衡，东、中、西发展格局逐步优化，但仍存在差距，"南北"差距在逐步扩大。二是结构不平衡，大城市经济活力显著增强，但出现过度集聚的问题，中小城市发育不足，发展面临困境。三是城乡不平衡，虽然城乡收入比逐步进入收敛阶段，但城乡居民收入的实际差距仍在扩大。随着城市生态问题的显现，城市生态、城市生态系统、城市生态保护、城市生态修复等应运而生。为此，我们要重新思考如何以生态理念来规划建设管理城市。

生态文明思想是十八大以来国家发展理念和体制的重大变革。党的十七大首次提出生态文明，十八大以来基于生态文明的空间规划体系改革路线图逐步明细。党的十八大以来，中央明确提出五位一体的总体布局，将生态文明建设纳入全面建成小康社会的目标之一，提出"创新、协调、绿色、开放、共享"五大发展理念，明确绿色发展、循环发展、低碳发展的方向，并对新型城镇化和城市规划建设管理明确了方向。中央城市工作会议深刻指出："必须认识、尊重、顺应城市发展规律，端正城市发展指导思想，切实做好城市工作。"根据《生态文明体制改革总体方案》建立空间规划体系的要求，2017年中央政治局第41次学习会上提出，加快生态功能保障体系、环境质量安全底线、自然资源利用上限等三大红线。

通过多家国际学术机构对我国城市发展现况的评估❶，在全球视野下的中国城市发展取得了新的进展。我国城市的全球城市排名不断提升，具有全球影响力的城市不断增多，但环境、宜居等方面的排名相对靠后，中国在城市可持续性方面与欧美城市仍有差距。因此，要重视城市发展的规律，坚持国际视野，在对外开放中，在更大的范围内整合经济要素和发展资源，优势互补，互利共赢，贯彻落实"一带一路"倡议，推动建立人类命运共同体。

与此同时，人口问题是研究新时代城市问题的关键。人口规模方面，中国人口预计在 2029 年达到峰值；城镇化发展方面，全国城镇化的任务预计将在 2050 年基本完成。决定人口增减的主因，不是自然增长，而是经济、上升空间、教育、安全、便利等问题。在老龄化方面，未富先老的中国，应对老龄化要比日本等"先富后老"的发达国家更加困难。此外，对全国人口红利、区域人口分布以及人口的受教育水平应认真分析和探讨，同时要应对东北、西北、西南等地的一些区县城市人口收缩的问题。加快城市生态系统建设，结合城市资源优化配置的提升要求，坚持公共交通优先发展和引导绿色出行，实现城市的可持续运行，也是当今社会的迫切需求。

4.2 发 展 趋 势❷

新时代城市发展的愿景，应是实现绿色发展、创新驱动、链接全球；满足人民群众对美好生活的向往，实现美丽宜居、彰显特色、包容共享。未来城市的低碳生态发展有以下几点建议：

一是要因地制宜制定城市发展战略。首先，我们要充分考虑城市所在区域的发展差异性，包括区域不平衡、结构不平衡、城乡不平衡。我国在中东西部差异依然存在的同时，南北差异也在扩大，人口持续往南部地区流动。大城市经济活力显著增强，但出现过度集聚问题，与此同时，中小城市发育不足，发展面临困境。此外，城乡发展依旧不均衡，虽然城乡收入比逐步进入收敛阶段，但城乡居民收入的实际差距仍在扩大。

二是要认识到城市所在区域的脆弱性和不确定性。气候脆弱性：我国升温幅度高于全球平均水平，是全球的 2 倍，东北、西北地区是全球的 4 倍。区域性干旱正在加剧的同时，南部地区 20 多省市雨季出现局部受灾。自然脆弱性：资源空间分异的基本格局没有变，但是城镇化使人口与财富在城市的聚集，引起自然

---

❶ 日本城市战略研究所的全球城市实力指数、英国大拉堡大学的全球化与世界城市（Gawc）网络研究、美国科尔尼管理咨询公司 2017 年城市指数、自然和建设资产设计和荷兰咨询机构 ARCADIS（凯迪思）研究 2016 年可持续城市排名等。

❷ 根据汪光焘《对未来城市绿色发展的思考》中国城市百人论坛 2019 年年会，北京演讲稿整理。

灾害损失的变化。例如台风影响我们的次数和结果是人死亡在减少，经济损失在加大。作为一个中等收入国家，与贫穷或富裕国家相比，我国遭受的自然灾害造成的损害比例最大。社会脆弱性：公共卫生、社会安全，再加上非传统安全事件，已经是我们当前比较主要的矛盾。未来低碳城市必须走韧性发展的道路。

三是以生态环境承载能力的动态平衡探索发展路径。首先，要以城市生态系统理念评估城市生态环境。即要把城市看成一个城市生态系统，而不是孤立的地块。这种系统的建立是以自身对自然生态系统认识，改变自然生态系统，建立适应人们生活、就业、休憩和交通需求，又对自然生态系统干扰影响最小的城市生态系统方案。包括土地利用和水生态系统关系、节能和能源利用与大气污染的关系、物流和垃圾处理的关系等等。其次，要开展城市空间公共资源总量发展模式的研究。通过全生命周期管理、空间功能和使用方式的调整，确保公共资源的高效配置和相对稳定。

四是研究人口素质结构制定区域性产业政策和产业布局。首先，要研究城市人口流动的一般性规律。据新闻报告，有关机构研究发现，我国633个城市中五分之二都在流失人口，出现一批"收缩城市"。未富先老的问题也相当突出，这些问题都应得到研究人员的关注。其次，要加强对城市创新发展与人口素质的研究。统计显示，即使在经济发达的长江下游经济区、江苏省，其人口素质差距依旧很大，直接影响到城市的发展。再者，要探索建立产业与就业岗位统计分析制度。我们要改变以往规划编制中简单依靠预测人口总量确定城市发展规模的模式，坚持以人为核心的城镇化，聚焦城市发展中存在的空间不均衡、机会不均衡、资源不均衡，研究就业机会、公共服务、空间连接、人口覆盖之间相互关系，强化就业岗位和产业与人口素质的关系，实现高速度向高效率发展转变。

五是生态文明思想下的五位一体发展模式。首先，要从只见物不见人转向见物见人，从服务小康转向更加富裕，推进未来城市发展建设，建设"物理空间-信息空间"融合的数字城市，实践精细化治理。实际上是要把物理空间和信息空间融合，建立城市数据库，用大数据、云计算的方式推进未来城市的绿色发展。其次，在整个运行模式里，要以制度善治为基础、以人文引导为灵魂、以市场推动为动力、以技术革新为保障，实现"政府-人文-市场-技术"融合，高质量配置公共资源，提高城市运行效益。

附：46市垃圾分类法律法规整理

省份	城市	文件名称	文件类型	颁布时间
安徽省	合肥市	《合肥市生活垃圾分类工作实施方案》	实施方案	03/30/2019
	铜陵市	《铜陵市生活垃圾分类管理办法》	管理办法	06/26/2018

省份	城市	文件名称	文件类型	颁布时间
福建省	福州市	《福州市生活垃圾分类和减量工作三年行动计划与实施方案（2018—2020 年）》	实施方案	08/10/2018
	厦门市	《厦门经济特区生活垃圾分类管理办法》	管理办法	08/25/2017
甘肃省	兰州市	《兰州市城市生活垃圾管理办法》	管理办法	12/06/2018
广东省	广州市	《广州市生活垃圾分类管理条例》	管理条例	12/06/2018
	深圳市	《深圳经济特区生活垃圾分类投放规定（草案）》	管理条例	02/14/2019
广西壮族自治区	南宁市	《南宁市生活垃圾分类管理办法（征求意见稿）》	管理办法	05/30/2018
贵州省	贵阳市	《贵阳市城镇生活垃圾分类管理办法》	管理办法	11/21/2018
海南省	海口市	《海口市生活垃圾分类管理办法》	管理办法	08/02/2018
河北省	石家庄市	《石家庄市生活垃圾分类工作实施方案》	实施方案	12/26/2017
	邯郸市	《邯郸市生活垃圾分类工作实施方案（2018—2020 年）》	实施方案	01/05/2018
河南省	郑州市	《郑州市生活垃圾分类管理办法（讨论稿）》	管理办法	03/15/2018
黑龙江省	哈尔滨市	《哈尔滨市生活垃圾分类工作方案（试行）》	实施方案	03/30/2018
湖北省	武汉市	《武汉市生活垃圾分类实施方案》	实施方案	12/19/2018
	宜昌市	《宜昌市生活垃圾分类三年行动方案（2018—2020 年）》	实施方案	04/27/3018
湖南省	长沙市	《长沙市生活垃圾分类制度实施方案》	实施方案	12/22/2017
吉林省	长春市	《长春市生活垃圾分类管理条例（草案）》	管理条例	11/04/2018
江苏省	南京市	《南京市生活垃圾分类管理办法》	管理办法	04/05/2013
江西省	南昌市	《南昌市城市生活垃圾分类制度工作实施方案》	实施方案	12/14/2017
	宜春市	《宜春市生活垃圾分类管理条例》	管理条例	11/02/2018
辽宁省	沈阳市	《沈阳市人民政府办公厅关于加快推进生活垃圾分类工作的实施意见》	意见	03/01/2018
	大连市	《大连市城市生活垃圾分类管理办法》	管理办法	02/11/2019
内蒙古自治区	呼和浩特市	《呼和浩特市生活垃圾分类收运处理工作实施方案（试行）》	实施方案	08/21/2018
宁夏回族自治区	银川市	《银川市城市生活垃圾分类管理条例》	管理条例	08/19/2016
青海省	西宁市	《西宁市城市生活垃圾分类管理办法》	管理办法	04/17/2018

续表

省份	城市	文件名称	文件类型	颁布时间
山东省	济南市	《济南市生活垃圾分类工作总体方案（2018—2020 年）》	实施方案	03/28/2018
	泰安市	《泰安市生活垃圾分类管理条例（草案征求意见稿）》	管理条例	10/09/2018
	青岛市	《青岛市城市生活垃圾分类管理办法（征求意见稿）》	管理办法	03/12/2019
山西省	太原市	《太原市生活垃圾分类管理条例》	管理条例	12/11/2018
陕西省	西安市	《西安市生活垃圾分类管理办法（草案征求意见稿）》	管理办法	09/13/2018
	咸阳市	《咸阳市城市生活垃圾分类工作实施方案（2018—2020 年）》	实施方案	03/26/2018
四川省	成都市	《成都市生活垃圾分类实施方案（2018—2020 年）》	实施方案	04/20/2018
	广元市	《广元市城市生活垃圾分类工作实施方案》	实施方案	02/12/2018
	德阳市	《德阳市生活垃圾分类管理办法》	管理办法	12/24/2018
西藏自治区	拉萨市	《拉萨市生活垃圾分类和处理试点工作实施方案》	实施方案	04/16/2018
	日喀则市	暂无		
新疆维吾尔自治区	乌鲁木齐市	《乌鲁木齐市生活垃圾分类工作实施方案（2018—2020 年）》	实施方案	06/21/2018
云南省	昆明市	《昆明市城市生活垃圾分类管理办法（征求意见稿）》	管理办法	04/10/2018
浙江省	杭州市	《杭州市生活垃圾分类管理条例》	实施方案	07/30/2015
	宁波市	《宁波市生活垃圾分类管理条例》	管理条例	02/16/2019
北京市		《北京市生活垃圾分类治理行动计划（2017—2020 年）》	实施方案	11/13/2017
上海市		《上海市促进生活垃圾分类减量办法》	管理办法	04/10/2014
天津市		《关于我市生活垃圾分类管理实施意见》	意见	12/25/2017
重庆市		《重庆市生活垃圾分类管理办法》	管理办法	12/04/2017

第 二 篇 | 认识与思考

　　为应对全球气候变化、资源能源紧缺、生态恶化等环境与发展之间的挑战，人们开始寻求引领城市的转型发展。新时期下的城市发展需要掌握新趋势，探寻新规律，结合传统与现代，把握城市高质量发展。

　　本章以高质量城市转型发展为背景，首先围绕着"重建城市与自然、历史的共生关系"的主题，梳理了生态文明观念的转型，主要包括生物的多样性、系统的共生性、内部的自适应性以及文明的背景性四个内容，而未来城市的发展和建设主要是基于"天人合一、天人交融、天人共享"的理念进行转型。而后阐明了未来城市发展下的逆城镇化、老龄化、心理健康疾病多发等城市化总体趋势及健康城市建设的历史使命，并提出了初步应对措施。对于"韧性城市"建设，系统梳理识别了城市发展的五大不确定性，并且基于"韧性城市理论模型"得出韧性城市建设过程中的三大层面包括结构韧性、过程韧性和系统韧性。通过解读复杂适应系统，有效应对城市发展面临的不确定性，借助规划主体性、多样性、自治性、冗余、慢变量管理和标识的六大要素，将城市改造为"韧性城市"，提高城市发展持续性和城市发展宜居性。

　　从补齐短板到重点突破，从城市发展进程的总结与未来城镇化发展的思考方面，点明城市高质量发展的理论演进、实践进程和未来方向。对我国而言，低碳生态城市是发展新方向，应不断探索、建设以生态文明为纲、宜居人文为本、智慧精准为辅的高质量城市，用于实践。

Chapter II | Perspectives and Thoughts

The traditional cities have developed through extensive acquisition, processing, consumption and waste of natural resources, on the basis of the construction of industrial civilization. For dealing with the challenges between environment and development, including global climate change, resource and energy shortage, and ecological deterioration, human now adhere to the low-carbon direction, promote and popularize low-carbon and green buildings, and seek for the transformation of urban development. For the urban development in this new era, we must know the new trend, seek for new law, combine the tradition with modernity, and achieve the high-quality development of cities.

Being set in the transformation of high quality city development, this chapter first takes the "recovery of the mutual existence of the city and the nature and history" as the theme, explores the transformation of the ecological civilization concepts, includes four parts: biodiversity, symbiosis, internal adaptability, and civilization background; and points out that the development and construction of future city would largely depend on the concept of "unity of nature and human, harmony between nature and human, and sharing by both nature and human". Then, it describes the overall trend of urbanization, such as reverse urbanization, aging, frequent occurrence of mental health diseases, and the historical mission of construction of healthy cities in the future urban development and proposes the corresponding preliminary countermeasures. With respect to the construction of "resilient cities", it systemically teases out the five uncertainties in urban development, and concludes three aspects of construction of resilient city, including structure resilience, process resilience and system resilience, according to the "theoretical mode of resilient city". By understanding the complicated adaptive system, it can effectively deal with the uncertainty of urban development; depending on six elements of planning subjectivity, diversity, autonomy, redundancy, slow variable management and identification, it would transform the city into a "resilient city", so as to improve the sustainability of urban development and livability of urban development.

By strengthening the weak points and making breakthroughs on key points, summarizing urban development process and considering the future urbanization development, it points out the theoretical evolution, practical process and future direction of high-quality urban development. China sees the new direction of green buildings, low-carbon eco-city and resilient city, it will construct the high quality cities with ecological civilization as its key link, the livability as its basis, and the smart and the precision as its auxiliary "wings", make endless exploration for practice.

1 生态文明时代需要观念的转型❶

1 Concept transformation is required in the era of ecological civilization

人类工业文明向生态文明的转变，源于近 300 年的工业文明对地球生态带来的不断破坏、矿产资源无序开发，大气碳排放加剧等问题显现。人类的文明需要转型，转型时间越早、越快，转型观念和理论越发展越完善，人类后代、地球永续发展的可能性越大。中国近 40 年工业文明获得了巨大的成就，同时也给转型带来沉重的包袱。即使在现今的生态文明建设背景下，生态文明转型在进入实施阶段可能被旧的工业文明的思路所束缚。因此生态文明的转型是曲折的、艰难的、长期的，需要聚集并广泛吸收国际专家学者观点，并进行反复讨论、提炼、总结和实践。中国的发展建设因工业文明而兴、以工业文明而名，对工业文明的依赖和旧发展观念的根深蒂固，导致生态文明执行难以转型。生态文明的观念需要碰撞、需要争论，需要在讨论中进一步地提炼、澄清和转型。

1.1 生物多样性

生态文明首先强调的生物多样性，这是生态文明和生态建设的基础，也是可持续发展的基础。对任意生态系统而言，生物种类越丰富，意味着该系统具有长期的活力和稳定性，具有系统韧性和自我调节能力，意味着该系统对灾害的抵抗力和自身恢复力都比较强，也意味着这个系统是具有可持续发展能力的。可持续发展是建立在生物多样性的基础上长期的永续的发展，而工业文明发展带来的是短期高效的发展而对生态带来了负面效应，使得生物单一化、生物多样性遭到破坏。生态系统常常呈现脆弱性，难以经受外来的灾害和内发的扰动的考验，从而表现出缺乏对内外变化的抵抗力。

以生态学经验为例，作为工业化先行的德国在 170 年前其决策者认为挪威冷杉成长速度较快，是较好的树种。因此德国对本地具有生物多样性的黑森林进行砍伐，并由大量的挪威冷杉予以替代。然而，结果是第一代挪威冷杉种植速度快，在其快速成长过程中将土壤营养物质快速吸收光，随着第二代、第三代树种

---

❶ 仇保兴. 生态文明时代需要观念的转型. 中国长白山国际生态会议开幕式主题演讲. 2018，09.

的出现，营养物质的逐渐减少，原有的富饶之地成了贫瘠之地。因此，德国不得不重新引进德国本地的物种来进行多样化的生态修复。

因此长期来看，生物单一性带来的是巨大的损失，而人们往往无法意识到生物多样性是生态文明非常重要的理念。孔子在2000多年前曾说过，"君子应和而不同，小人同而不和"，社会系统和生态系统都遵循同样的"多样性"的规律。

1.2　生态系统共生性

十九大提出"山水林田湖草、城市组合共生，休戚与共，缺一不可"。共生性意味着所有健康的、有活力的生态系统由不同的生态群落相互套嵌而构成，他们之间相互融合、相互依存、互惠共生，缺少任意子系统，系统整体将会遭受到破坏，因此全系统以有机的、交互的形式构建。

现代绿色发展，基于自然基底，减少过度开发，完善保护措施，借助自然自身修复能力即可以很好地实现绿色发展目标。中国农业、农田、农村自身按照古代生态文明，依照"来自于土地、回到土地里"的理念将改变传统耕作模式，减少化肥、农药使用，减少美国式的大机械肆意索取田野营养，使黑土地变黄土地，黄土地变成沙地。传统农村依傍自然发展，自身本就为半绿色，如果引进生态农业、引进有机农业，农村农业将变得更加绿色起来。

相较于农村绿色发展，城市绿色发展相对困难。现代城市按照工业文明思路，挑战自然，继而创造出仅供人类可居住的地方。然而从人类的历史上来看，有的城市兴起，有的却没落衰败。发掘历史文化遗产的痕迹，表明曾经兴盛的城市由于缺乏对自然的尊重，过度采伐、水土流失等不顺应自然发展的天灾人祸导致了城市的没落。城市作为人类最庞大的构造物，需要学习在山水林田中间扮演谦卑的、共生的、互助的、共享的角色，这是艰难的选择也是历史经验得来的必然选择。工业文明推动了人定胜天，挑战和改造自然的思想，希望把自然改造成适应人类居住和经济的倍增器。工业文明常常忽视人与生物的共生性，将其视为相互对立与竞争的关系。依照如此短见的发展思路，破坏自然而缩短人类社会可持续力的现象在历史中经常出现。

党中央提出的生态文明建设是可持续发展的魂，这要求我们重新传承中华古代文明。古代文明认为天、地、人是并列关系，天人合一得以共生，因此要求我们尊重自然，尊重自然的天生的运行规律。而这种自然观需要在现代的生态文明建设中得到弘扬，使生态系统内生的共生性、共享性能够进一步地表达，使城市发展建设的许多难题能用绿色发展来解决。

1.3 生态系统自适应性

生态系统中的生物个体，无论大小，无论宏观或微观的单元，都有对环境有自主的感受能力和自适应性，都能对环境的变化作出判断，都能总结出对应的对策。人类依照环境做出响应，得到个体认为最为合理、最合适的应对方案，这种来自人为主观的对策往往被自身忽视。生态系统的宏观持续决定这些无数个个体自适应性的行为、能力和对环境的正确判断。由下而上涌现出来的生命力，才能真正决定生态系统演变的方向。良好的生态系统是需要基于分布式与自组织式的个体及其行为构建延续的。

而工业文明发展恰恰容易忽视系统个体的感受和学习能力，认为系统结构才是最重要的，认为自上而下的"顶层设计"是决定一切的，认为世界是设计出来的，认为人可以胜天、可以定天、可以改天。而且当时人们又常常短浅的认为，这些微小的个体是单一的、被动的、静止的、完全由强大的外力所摆布的，这些都是错误观点。由于这样的想法，我们自然就认为"越大越集中越好"，"大洋怪"建筑和工程遍地而起。实际上，大规模、中心控制常常跟个体的自适应性是对抗的，对个体的自适应性是摧残的，这就造成我们的生态系统基于发展目标设计，是不可持续的。而对于自然进行统一化的改造，其生物多样性、丰富性与自适应性修复将变得不符合对应本地生态的延续。而人们没有认识到这一点，总是企图用一种理想的模式来改造和统一管理生态系统。其实我们对生态系统复杂性和自然本身的规律认识是不足的，对系统中不同个体的 DNA、个体的行为、个体对环境的反应机制也并不是完全掌握，因此需要以更为谦卑的心态面对生态，适应生态，与之共生。

1.4 文明背景性

东西方文明在远古时期对于自然的敬畏具有一致性，两者的本质是背景文明。然而进入中世纪之后，尤其是工业文明以后东西方出现了分裂。中国古代的城市、建筑关注周边环境（包括山、水、林、田、湖等）与城镇或建筑之间的关系；而西方文明关注点到点的思维，关注建筑的逻辑，城市建筑选址和城市建设，也直奔主题以达成为目标。

因此，生态文明建设需要寻找东方文明合理的内涵，尽管中国的高速工业文明经历四十余年，取得巨大成功，但同时也慢慢出现忽视背景、忽视历史的不良倾向：将主题与目标、与手段对立起来，将目标与手段颠倒过来，习惯于点到点的思维，而忽视了背景。简单将南方适应的模式运用到北方。忽视背景和真实的复杂的生态环境，导致过程中经常出现抓小丢大。中国古代文明强调天人合一、天人交融、天人共享，人生活于背景之中，其大背景即为大自然。离开了大自然，人们很难独立生存，人类缺乏如此的能力，但是人们却常常充满着工业文明衍化出的幻想。回溯世界文明历史，不难得出：成也是工业文明，如果不转变思路的话，败也是工业文明，所以在迈入生态文明后，人们的思想需要转型。生态文明是一种人类崭新的思想模式，是人类文明进入了人类世界后的一种新的世界观，是全球可持续发展的最核心、不可替代的理念。而生态文明作为一种观念和理论并没有完全成熟，仍然处在丰富发展的过程中，需要不断讨论、提炼。

拆旧建新、模仿西方建筑是过去一段时间中国城镇化快速发展过程中出现的城市建设现象，部分历史古城、名城被新建仿古建筑、仿西方建筑所替代，在这个过程中，城市留给人们的建筑文化遗产未能得到有效的保留与保护，城市逐渐趋于"千城一面"。而这种"拆真名城，建假古董"的"千城一面"现象在很大程度上违背了对城市文化遗产保护的四大原则：全真性、整体性、可鉴别性、可持续性。如何在现代生态城市建设与发展中即避免重蹈覆辙又总结创新，从自然观、建筑和自然的美学、城镇选址、建筑与空间布局、园林文化等五个方面来看，中国和西方古代文明和建筑文化的差异对城市发展有不同的影响。因此，现代绿色发展和生态城市规划，必须要汲取中国传统文化原始生态文明的养料，学习源于自然回到自然的"天人合一"理念，摈弃西方现代主义对城市规划的种种不良影响。同时，我们面临重建人类—城市—自然的共生关系，原始的生态文明跟现代的低碳技术结合在一起，能够超越工业文明，创造出一种新的能够与自然和谐相处的建筑模式。建立这样一种人类—城市—历史文化的共生关系，就应该以科学的态度对历史敬畏，向历史学习，以包容、传承、创新、开放的心态来弘扬民族、地域文化中间的精华，创新是永恒的追求。

2 城市发展新趋势与新使命

2 New development trend and new citizen of cities

2.1 城镇化下半场的趋势与应对[●]

城镇化是现代化的必由之路，是推动经济社会发展的强大引擎。中国改革开放 40 多年，经历了世界历史上规模最大、速度最快的城镇化进程。中国城镇化的上半场取得了决定性胜利，但是下半场任务仍然艰巨。城市是所有社会问题、经济问题的实质所在，也是解决这些问题的"钥匙"。

基于国际城镇化发展的研究，并结合中国城镇化面临的现实条件，我国城镇化下半场具有六大趋势：

趋势一：逆城镇化要求振兴乡村建设和发展中心城市群。世界城市发展往往呈现"S"形曲线，即"诺瑟姆曲线"。对于"诺瑟姆曲线"，城镇化峰值第一拐点在城镇化率达到 20%～30%时逐步往上，当城镇化率达到 70%之后出现第二拐点，此后城镇化率将缓步趋于平缓。"诺瑟姆曲线"是基于美国城市化历程总结而出，对于北美国家，人口组成大部分为新住民，原住民占比较少，国家农村人口仅占不到 5%，这些被称为新大陆国家的城镇化率在"诺瑟姆曲线"出现第二拐点后攀升至 85%以上。而中国作为农耕文明历史最悠久的旧大陆国家，其发展曲线具有不同特点，其第二拐点出现相对较早，城镇化峰值出现于 65%～70%之间。中国近年来农村进入城市的人口逐年减少，且 55 岁以上的农民工返乡的数量快速增长，逆城镇化的现象普遍存在。在此趋势之下，乡村振兴处于极好时机，乡村势必成为宜游、宜老、宜业、宜小生产大舞台。此外，国家对于大湾区和城市群积极规划，完善单一城市无法解决或解决困难的如生态共治、环境共保、基础设施共建和资源共享等问题。同时，支柱产业共树、产业链共塑，此类问题均需在城市群、大湾区等大尺度的规划中进行城市之间的协调。目前中国城镇化发展的重点为质量，现在提出要助推国家中心城市的发展，国家中心城市承担着在全球化进程中提升国际地位的任务，在全球能够参与到高等资源竞争的

[●] http：//sike. news. cn/statics/sike/posts/2018/10/219538258. html

行列中去，同时带动区域经济持续发展。

趋势二：机动化加剧郊区化动力。机动化即小汽车进入家庭，随着家庭拥有汽车比率提升，人们在空间移动的自由度将会逐步上升，机动化率如果达到30％以上，此时郊区化现象开始出现。中国国家高速公路、高铁的里程已经达到了全球第一，城乡人口流动大大增强，城市间的人口流动也较以往大大地加速。在这种情况下，高铁、高速公路引导人们跨区域进行流动成了普遍现象。同时，超大规模城市的高房价、高生活成本也推动了一部分人移居到小城市和乡村去。因此，只有采取有效的措施，才能避免过度郊区化现象的出现：首先，应着重于特大城市有机疏散，建设卫星城，防止扁平化、美国式郊区化现象蔓延；其次，农村集体用地应受到规划和用地性质的双重管制，农村建设用地应有序地、有数量限制地进入城市的土地市场；最后，城乡紧凑式的改造发展，城市、乡镇，包括村庄作为一种人类聚居区的模式应通过空间紧凑式的改造来节约用地，实现土地减量化发展。

趋势三：老龄化快速来临要求相应保障同步建设。按照联合国的标准，65岁以上老人占总人口的比重为7％时即可以定义为老龄化社会。按照该标准，中国在2000年时已经步入老龄化社会，而且通过趋势的推演，预计在2027年进入深度老龄社会，此时65岁的老年人口占比会超过15％。法国老龄化的进程为115年，瑞士经历85年，英国经历80年，美国经历60年，中国仅通过20余年的时间就完成了老龄化进程，其老龄化的发展极其快速。因此，对于未来老龄化城市的到来，需要通过合理的措施为城市健康运行提供保障：一、倡导居家养老，对城市社区进行适老化改造，如老旧建筑加装电梯；二、城镇和乡村公共服务设施适应老龄化，车站、码头、机场迎合高龄老人需求；三、乡村养老成为普遍现象，加速普及基于5G的远程医疗服务；四、老龄化社会带来银发产业或者银发消费，相关产业快速发展。

趋势四：城市人口增减分化。长三角城市群、珠三角城市群以及京津冀城市群是中国目前最大的三个城市群，根据城市大数据分析，三大城市群的人口将会持续增加，同时，中国也出现近两百个城市人口持续减少的情况。根据国际规律，东京的人口持续增长超过50年，巴黎人口持续增长超过了120年，纽约人口持续增长超过了200年，所以大都市区人口的持续增长在城市化峰值后仍然会加快、会持续。在这种情况下，首先，超大城市要规划都市圈，而且需要建设周边卫星城，卫星城需要以宜居城市、低碳城市的建设为重点；其次，造就一大批三四线城市的再次复兴，使高铁沿线的小城镇成为适宜养老和旅游的聚点；第三，资源枯竭型城市改造成为巨大市场，因为任何国民经济的可持续发展都要在城市群拉力与区域均衡发展之间找到一个合适的对策。

趋势五：住房需求逐渐减少。根据国际货币基金组织咨询报告，以法国、日本为代表的发达国家，经过城镇化率峰值之后，人均住房面积约为 35～40 平方米。中国绝大多数省份的抽样调查表明，人均住房面积已经达到该数值，因此意味着中国众多三四线城市的住房空置率将会逐步上升，许多地方当前已经出现的空城、鬼城现象将会加剧。同时，也意味着一线城市随着人口的增长，房价上涨的压力巨大。因此，需要通过适当的措施减少其不利影响：首先，采用集中发展高标准的、节能的绿色建筑对策，通过绿色建筑来降低建筑能耗；其次，对城市的老旧住宅小区进行加固、适老、节水、节能系统改造。据估算，中国现有的城市建筑面积超过了 400 亿平方米，其中至少有 100 亿平方米是需要加固、适老、加电梯、节能、节水改造的；最后，当中国跃过城镇化率峰值后，巨大的建材生产能力，城市建设能力，建筑施工能力，将随着"一带一路"倡议的推进而展开。

趋势六：碳排放峰值将会提前。微软创始人比尔·盖茨曾在 2015 年提出，中国在 2011—2013 年间消耗的水泥，超过美国在整个 20 世纪全部水泥用量。此外，近年来中国每年碳排放的总量逐年增多。出现此类问题一方面因为中国上半场的城镇化处在高峰期，为了满足每年大量移居城市的农民的居住要求，建筑建造总量占全世界将近一半，另一方面中国不同于美国以大量砍伐树木建造木头房子为主的建造方式，中国利用水泥钢筋满足人们对居住的需要。更重要的，统计数据显示，从工业革命到 1950 年，发达国家排放的二氧化碳量占全球累计排放量的 95%；从 1950 年到 2000 年，发达国家碳排放量占 77%。而中国，包括其他的发展中国家占有的碳累计排放量比例较少，所以碳排放积累比例更大者将需要承担更大的责任应是一个不争的事实。因此，建立针对性的策略尤为必要：首先，建筑碳排放与交通碳排放是在工业碳排放减少之后排放总量最大的排放类型，同时两者排放量也是持续增长。世界发展规律表明，城市交通的排放和建筑的排放将会达到总碳排放的 35% 和 33%，而产业的排放会逐渐缩小到 30% 之内，因此以绿色建筑和绿色交通来应对气候变化最为有效；其次，通过在线监测，我们可以实时掌握建筑能耗。在线显示后，通过碳税市场进行交换和减排的奖励；再次，在应对气候变化上，应该所有发展中国家和发达国家建成应对气候变化的共同体，共同为人类未来创造一个更好的地球；最后，城市的生态、绿色改造将是一个长期的战略。根据联合国的统计，由于 75% 人为的温室气体排放来自于城市，只有将绿色城市建设真正落实下去，地球、乡村、自然、环境才会更加绿色。

基于以上的城市化发展趋势，我们要做到以下几点：发展高质量城市群以应对城镇化下半场出现的问题与挑战，如加速推进粤港澳大湾区建设，迎接全球化的挑战；更多地使用智慧城市技术如 5G、人工智能、智慧城市、无人驾驶等突破性新技术，促使城市更加绿色、更加宜居；通过城乡的生态修复、人居环境修补、产业的修缮，使经济可持续、平稳发展；通过国家中心城市建设，发挥体制和文化优势，在全球化进程中更多地聚集高等资源。

2.2 现代城市发展的三大新使命[1]

在新时代下，满足人们日益增长的美好生活的需求是未来城市的目标新时代下人们重新思考健康城市。

现代城市规划学来源于三个方面：第一来源于对传染病的恐惧和卫生防疫的成就；第二来源于对环境保护的追求；第三来源于城市美化运动。主要是由于人对传染病的恐惧和持久的治理实践活动引导和发展的。现代工业文明推动的城市化起源于英国，城市化很大程度促进了人类从分散居住状态转变为集中居住，人与人之间交往的密度、频度呈几何级数的增加，导致人们遇到前所未有的问题传染病的流行。

回溯欧洲历史，起源于中世纪的黑死病使得三分之一居住城市的人失去生命，而英国的城市史曾经记录，生活在 18 世纪农村的人口平均寿命比生活在城市的平均寿命几乎高出一倍。正因为如此，城市学家霍华德在 120 年前编写了《明日的田园城市》，他在书中提出田园城市的新构想，也就是使城市与田园交织在一起，从而减少因人口密度过高引发的疾病流行，这是人类通向明天繁荣的和平之路，该书因此成为现代城市规划学的奠基之作。正因为如此，人类历史上第一部城市规划法即 1990 英国制定的《住房与城市规划诸法》，就是为了解决城市中市民的健康问题而诞生的。从政府职能上看，英国的卫生部主管了城市规划设计约 50 年，即 1.0 版健康城市。所以，现代城市规划学起源和城市化初期进程中最大的障碍曾经是市民健康问题，这是 100 多年前的历史教训。市民健康对于城市、对于人类文明发展是命运之战，人类付出了沉重的代价，但也取得了阶段性成功。但在随后的 100 多年间城市化的高速发展中，在市民健康对城市发展的重要性的基础上，新时代下人们重新思考健康城市，到达城市化的第二个阶段，即人类 2.0 版健康城市。新版的健康城市对城市规划师提出了三大新使命：

第一，新型的传染病正在考验现代城市。当前众多城市正在变得无比巨大，城市人口规模超过千万人口密度极大，此阶段任何对于小规模城市、分散化居住作用甚微的传染病毒、细菌将会变得非常危险；加上恐怖主义，如果使用现代技术人工合成的生命，可能带来相比任何已知的传染性病菌和病毒更加危险的影响，而这一危险的挑战将有可能迅速到来。

2003 年出现的 SARS 疾病暴发曾使中国众多城市陷于瘫痪，并对国民经济

和民众日常生活造成了难以估量的影响。从城市规划角度来看：香港、广州和深圳三个城市的人口规模相差较小，但死亡人数却相差巨大。香港与广州死于SARS疾病的人数较为接近，但作为香港与广州之间的城市——深圳市，其因病死亡人数约为香港或者广州1/10。初步的研究结果显示香港城市建筑密度很高，居住组团中通风和日照都不足，人口密度非常高，容积率往往高于8以上；广州城市空间结构几乎为单一组团，人口密度也很高；而深圳市由九个组团构成空间结构，组团之间相互隔离，居住组团中的人口密度相对较低，通风和日照条件较好，这可能是其SARS疾病死亡人数相对较低的主要原因之一。因此，城市的空间形态在一定程度上会决定一个城市在面对疾病来袭时的不同命运。住区分隔、人口密度、通风日照、街道绿地等100多年前1.0版健康城市的规划控制要素，在现代化城市中依然非常重要。

第二，我国城市人口急剧老龄化。由于城市优质的医疗条件，老年人口居住于城市的比例较高。现阶段，我国慢性病将会成为城市甚至国家的主要社会负担。美国现阶段的长期致命性问题之一即因慢性病引发的政府过度负债：其由慢性病引发的社会医疗的开支位列世界第一，且每年呈两位数增长，2017年总量超过万亿美元，超出教育与国防等开支总和，因此这是一个长期的、不断增长的债务炸弹。中国人口是美国的五倍左右，未来中国如果按照美国走粗放式的医疗保障之路，将来形成的"债务炸弹"可能会是美国的五倍，因此需要利用建设健康城市以此减轻因为老龄化和慢性病带来的债务危机。利用基于微循环的、中国古代中医疗法的、低成本的社区医疗体系，以最低的成本、最自然的医疗方式和最少的自然资源的消耗，来应对爆炸性的慢性病的挑战和保障市民的健康。如果健康的城市能够缓解慢性病的影响，那么对经济的健康发展、对社会的公平改善、对民众幸福指数的提高以及老龄化社会的应对均是益处良多。

第三，人类社会心理疾病的涌现。人类在18世纪前叶，因病死亡数最多的疾病主要为肺结核；进入工业文明时代后的20世纪后叶，癌症与心血管疾病成了城市居民新的主要疾病。随着新的免疫疗法等新技术的发明，此类病症正在逐渐为人类破解。但是人类文明发展随之而来的第三波疾病是心理疾病，对此目前还缺乏有效的手段去解决这一新挑战。如今现代化的通信网络创造了全新的虚拟世界，涌现出许多前所未有的诱惑，使人类潜意识中不健康的因素被激发出来，并会成百倍的放大。此外，人类在现实生活中高密度聚集且缺乏健康的交往，会导致心理疾病的大爆发，将会带来很多社会问题。如果未来健康城市的建设不能应对这些问题，那就可能会进入衰败的陷阱。现代化意味着充满风险和危机，而我们面临的这些新风险和新危机是人类历史上非外来而是基于人类自身心理的变化"内生"出来的，这种内在的心理疾病大爆炸对现代城市将是毁灭性的。值得警惕的是，现在少数发达国家中城市已经出现了这种危机的萌芽。

面对健康城市建设的三大历史使命，要求我们必须使现代城市规划学的起源城市健康问题，重新回归到城市规划学的议程中。健康城市应该成为现代城市研究的一个不可或缺的紧迫性课题。我们必须以健康的城市组成健康的社会。城市是一个国家最为基础、本质的社会细胞，只有城市是健康的，这个国家的国民体系和经济体系才有可能是健康的。这样，2.0版的现代健康城市学就诞生了，研究健康城市的团队也会不断地扩大、不同学科背景的研究者将再次携起手来、共同应对三大历史使命。

3 复杂适应理论韧性城市设计原则[1]

3 Complex and adaptivity theory based design principle of resilient city

3.1 面向城市发展不确定性的工具

当前城市面临的不确定性正在爆炸性地增加，这给城市规划管理、对城市技术实施带来巨大冲击，传统的经验估算和预案设计已经失灵，建设"韧性城市"是应对愈加复杂的黑天鹅式风险的必然选择。

随着城市进一步发展，城市规划、城市设计和运行都面临着非常复杂的问题，而且面临着越来越多的不确定性。有些不确定性可以选择回避和容忍，但有些不确定性需要创造新的弹性来进行应对。因此，认识不确定性、适应不确定性已经成为当前城市规划和设计的科学发展的重要方向。

以"韧性城市"为工具，城市规划和城市设计将会更加科学发展、更符合未来城市规划以及更符合以人民为中心的发展需求。习近平总书记曾表示"无论城市规划、建设还是管理，都应该把安全放在第一位；如果城市不安全，一切归零。"现代化的城市建设面临的问题是越来越多，气候变化、环境危机、极端气候、全球经济动荡等都影响了以人民为中心的新型城镇化，促使城市面临发展转型。

国际上最活跃的 48 个三角洲风险评估图（图 2-3-1）反映了当前这些三角洲面临的不确定性程度。在谈韧性城市设计原则之前，需要充分了解当前城市发展正面临的不确定性具体有哪些。

（1）极端气候变化影响

在近几年的新闻报道中，"百年未遇"、"有气象记录以来未遇"这样的语言频繁出现，这足以说明我国部分地区近几年来出现的诸多极端气候。这种气候不确定性的频发给城市规划管理、城市基础设施带来了巨大的冲击，使很多传统的应对方法和工具已经无法准确应对和预估这种情况。

（2）城市的高机动性

城市现代化意味着交通工具高速化、普及化，这些变化在给人们带来便利的

---

[1] 仇保兴. 复杂适应理论韧性城市设计原则. 第十三届城市发展与规划大会开幕式，苏州，2018.06。

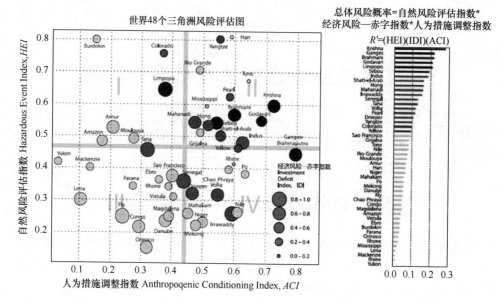

图 2-3-1   世界 48 个三角洲风险评估图

同时，无形中也带来了高危险性。例如，由"无人驾驶"掀起的新型交通革命，这其中自然隐藏着不小的脆弱性，假设街道上的车辆被黑客控制，那用于方便人们出行的车辆这时就成了一个个失控的汽油炮弹，充满着安全隐患。

（3）新技术的快速涌现的脆弱性

人工智能、物联网、人工合成生命等这些具有颠覆性的新技术，是城市脆弱性产生的源头，所谓的"万物互联"在某种程度上也是危险互联。新事物爆炸性地出现也意味着这其中隐藏着爆炸性的脆弱性。

（4）快速发展及高度国际化

城市越现代化、越进步，越可能遇到难以预料的不确定性风险。快速发展和高度国际化将使中国城市面临着快速机动化、网络化、时空被高度压缩等问题。随着这些问题的出现，经济社会的全球化带来消费、原料、供应链、资本和能源供应等方面的波动，金融危机造成的全球化威胁、气候难民、宗教冲突都会造成人口大规模的迁移，这些都使现代城市面临脆弱性。

（5）多主体的复杂性

城市主体在快速的变化，除了农民进城还有大量的外国移民、高科技的移民以及城乡之间的和大中小城市之间的移民，这些移民随着交通工具的迅速发展使城市人口规模变得难以预测，因此会对城市规划建设及运行管理造成一定的冲击。伴随着人口迁移和聚集，将会出现建筑物密度增多、产业结构调整、区域影响力增强等现象，这将导致灾害要素变多以及承载载体密度的增大，这一系列变化将会给城市带来更多、更复杂的公共安全新问题。

塔勒布在他的名著《黑天鹅》中写道："黑天鹅总是在人们料想不到的地方飞出来"。正如现在快速发展的现代城市，不确定性使城市无法预知到危险的降临。应对不确定性的传统方法就是把不确定性框定，制定相对应的预案，但是即使做到了这些，也很难应对当今城市突飞猛涨的不确定性，很难应对城市黑天鹅事件的后果。因此，在这种时代背景下，"韧性城市"即成为应对"黑天鹅"式风险的必然选择。"韧性城市"的定义是在吸收来自未来的社会、经济、技术系统和基础设施各方面的冲击和压力下，仍能维持其基本功能、结构、系统和特征的城市。在风险到来时，这种城市形态会自动的调整以对风险表现出一定的抵抗力，使城市具有很强的恢复力和转型力（图 2-3-2）。

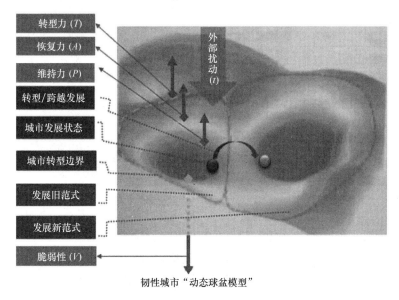

图 2-3-2　韧性城市"动态球盆模型"

根据"韧性城市理论模型"，一个城市的弹性与系统的坚持力、恢复力、转型力成正比，与外界的扰动因素和系统脆性因素成反比。因此，在整个韧性城市的实际建设过程中"韧性"主要体现在结构韧性、过程韧性和系统韧性这三个层面（图 2-3-3）。

结构韧性可以区分为技术韧性、经济韧性、社会韧性和政府韧性。而作为城市规划者、城市设计者，重点应该关注的是技术韧性，即城市生命线的韧性，是指城市的通讯、能源、供排水、交通、防洪和防疫等生命线基础设施要有足够的韧性，以应对不测风险。

过程韧性则被认为是一个城市系统在面对黑天鹅式灾害时具有维持、恢复和转型的三个阶段，每个阶段体现一种系统在自适应应对能力，即第一阶段的维持力、第二阶段的恢复力和第三阶段的转型力。

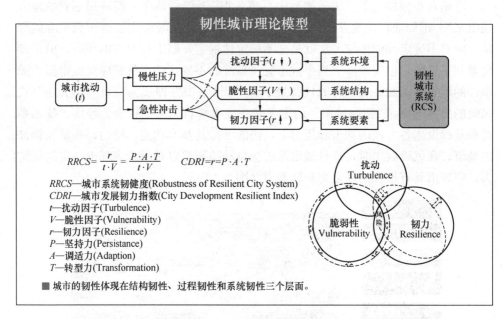

图 2-3-3　韧性城市理论模型

维持力也就是这个系统自身的平衡能力。即当城市遇到一般的干扰灾害时，城市各方面能维持正常运行。

恢复力即当城市遇到较大的灾害时，某些基础设施收到破坏，城市系统部分功能暂时缺失，但却能够在短时间内得到恢复。

转型力是指每一次大的冲击、每一次风险的出现都是在为城市找出脆弱点，而当这些脆弱点得到修复后，往往城市的各方面能力都能得到进一步提升，从而使城市更具弹性。

系统韧性即是把城市看作一个活着的有机体，它能够感知到城市中发生的变化，感知到城市的风险来源于何方，感知到大大小小不确定性的因素，并进行系统性的运算，将感知到的东西收集后进行计算，这样使城市具有智慧，并能够根据这些信息计算结果及时发布指令，使城市相关的机构甚至每一个细胞行动起来，共同抵御、缓冲并减小这些不确定性因素带来的影响。

在每一次的感知—运算—执行—反馈的过程中，都是城市对不确定性的应对积累经验的过程，使城市变得越来越智慧，成为一个名副其实的智慧有机体，城市的系统韧性也在这个过程中变得更强大。

3.2 基于韧性城市的设计方法和原则

复杂适应系统（CAS）作为第三代系统论，是指系统每个主体都会对外界干扰做出自适应反应，而且各种异质的自适应主体相互之间也会发生复杂作用，造就系统的演化路径和结构。

第二代系统论的"新三论"指突变论、协同论和耗散结构论，相较于第一代系统论"老三论"（指的是信息论、控制论和一般系统论），第二代系统论带来了对"突变"的全新认识。但"老三论"跟"新三论"都有一个共同特点，它描述整个系统的结构、系统的各个节点是怎么发生作用的。但是很少描述系统的每个节点、每个主体对环境进行自发性的适应和它们本身具有的深度学习能力以及能够主动观察世界进行自我协同调节的能力。

第三代系统论CAS的提出弥补了前两代未提及的缺陷。CAS强调了主体对外部世界进行主动认知和自我调节后产生的系统的变革、系统的演进和系统的发展的过程，强调系统演变和进化的关键在于个体自适应能力与环境相互影响、相互作用，更强调随机因素在进化中的关键作用。

基于CAS理论，韧性城市规划其实包含如下要素：主体性、多样性、自治性、冗余、慢变量管理和标识。

（1）主体性

现代城市系统的主体包含多个层次和多个方面：市民、家庭、企业、社会机构，城市政府；城市建筑、社区、城区、城市甚至城市群。各类主体在环境变化时表现出应对、学习、转型、再成长等方面的能力，这些是系统的韧性之源。这些主体在应对外界干扰时适当行动，对自我适应作出反应，现代城市这个有机体的健康就有了保障。

《城市弹性与地域重建》一书的作者，日本专家林良嗣、铃木康弘曾明确提出："只要提升居民个人的素质即可决定减灾的成败……在灾害现场，要求人们在不确定信息的基础上开展合理的避难行动。"

例如，可以将城市与"微农场"结合，利用城市部分建筑或空地搭建一个个农场餐厅，充分利用新的现代化技术在单位面积内将农产品产量提高五倍到十倍甚至更高，这样一种自给自足，还能起到调节气候的充满韧性的新模式，既能满足城市有机体的韧性需要，还能在此基础上保证城市主体的绿色健康。

（2）多样性

任何一个生态系统中所具有的物种越多系统越具有韧性，抗干扰能力就越强，这就是生态学的启示。同样道理，城市基础设施的管理也需要多个控制中心，因此当城市基础设施设计采用的是分布式的管理方式去中心化，利用多个并列式的管理模块来改造城市的生命线（如城市管网、交通道路等），城市的生命线将会变得更加坚韧。

未来的城市交通发展方向将是并联的、可选择的弹性城市交通。例如，把交通方案设计成能够包含多种交通方式的并联模式，包括自行车、汽车及步行等方式，所有的交通工具都可以进行自由畅通地出行并到达目的地，整个城市交通也就变得非常弹性，人们可以在多种出行方式中自由选择。

除了微交通，城市的多样性还需要微连廊。例如，在为新城市建立一个架空层，一层平时作为自行车道和步行街道，当洪水来临的时候，一层虽然被淹，但二层的通道仍然畅通，城市的功能不会因为一场洪水的到来而发生改变。由于微连廊的作用，这个新城市的整体结构即变得十分安全。这种微连廊的设计与应用，是城市能够与洪水与自然和谐相处的新模式。

（3）自治性

城市内部不同大小的单元在应对灾害的过程中具有自救或互救的能力，能依靠自身的能力应对或减少风险。例如，四合院可视为一个基本单元，如果四合院中某间房子着火，人们可以跑到天井避险。几个四合院组成一个弄堂或街坊，一家遭灾全体救助。北方低洼地区四合院都有双重高门槛，就具有自治阻洪功能。再例如，日本不少城市中，每一个居民家里都备有"救急包"，附近的街区公园有"应急站"，城市还设立若干大型"应急中心"，因此城市即使被迫与外界隔离也能在一个相对安全的时间内最大限度的维持城市内部生命和基本功能的运作。这一系列方法和设施的实施建设使城市具有了一个强大的"自治性"能力。这种就近、迅速响应的自治性机制一般能将众多的小灾险消除在萌芽状态。

提起自治性，不得不提到城市的防洪堤。在很多城市里，防洪堤的建设只有一味地加高再加高。但是城市每年遇到的洪水又不固定，偶尔会出现两百年一遇或一百年一遇的洪水。这种一味加高的方式不但没有提高资源使用效率反而降低了其使用效率。而升降式的防洪墙的出现高效解决了这个问题，它在平常可作为道路石板，栏杆设计成平原地方老建筑的门槛高，当收到洪水预报时，可将这些防洪用的石板吊起来，巧妙地将防洪堤提高了 1.5 米。在荷兰，基于这种思路还设计出了可自动升降的防洪体，应用一些轻型的材料结构利用水的浮力防洪堤能自动升起，该技术的成本相对较高，目前只是应用在一些城市景观上。

（4）冗余

城市是一个复杂系统，由于现代主流经济学过分地追求系统的运行效率，在一定程度上使城市有了"剑走偏锋"式的脆弱性，这类系统为了追求效率而失去了城市本该具有的抵抗力。

任何一类城市基础设施、城市的结构都必然存在一些无用之用的部分，当系统遇到风险时，往往这些无用之用部分反而会成为此刻效率最高的结构。荷兰阿姆斯特丹市建有浮动的水上建筑，该市大部分区域是低于海平面的，如果千年一遇的暴风来袭，海水倒灌，该市一部分建筑可"水涨屋高"浮起来后，人们在里面会很安全。再例如，当家庭里装个微中水装置时，人们可以把平时洗澡的水、洗衣服的水自主的收集、自动的消毒，再输送至抽水马桶来满足这部分的用水，这样节水效率能达到 35％并且此装置的成本很低。另外，在屋顶上设计草坪，在停车场设计下渗式的出水口等这些都是成本低廉但节水效率极高的方式，这些都是提升城市水资源韧性的可借鉴措施。

除利用建筑立面进行中水回用，还可设计多级用水、多级回用、多级循环的用水排水机制。将污水厂进行分布式管理，污水厂之间互联互通，如此而已即使一个污水厂出问题，其他污水厂也可以进行临时替代，大大降低城市因不确定性风险带来的影响。因此，城市给排水系统会变得更加坚韧。

（5）慢变量管理

现在许多城市的脆弱性是"温水煮青蛙"造成的，在潜移默化、不知不觉的过程中人们的风险意识都习以为常地弱化了。

为此，这就需要借助现代科技对这些人类日常不易察觉的慢变量进行搜集、整理、计算。利用智慧系统的微计量，通过累积性计算和临界点分析使其察觉到风险的来临，学会管理灰犀牛式的缓慢来临的风险因子和外在的渐变影响因素带来的临界突变式灾难。

此类慢变量风险突出表现在房地产市场和地下燃气管网老化等方面。2014年台湾高雄市发生因燃气管网泄露引发的爆炸事件，整条街路面都被掀起，民众死伤惨重，城市也因此陷入混乱。此案例对我们的警示是燃气管网的陈旧老化是个"慢变量"，人们难以警觉，但未来可以在城市建设中增加智慧系统的预警进行慢变量管理和警告。

（6）标识

标识在复杂系统中的意义在于提供了主体在灾变环境中搜索和接受信息的具体解决办法。它能够在复杂的灾害系统过程中迅速区分和找到不同主体的特征，给予高效的相互选择，从而减少因系统整体性和个体性矛盾引发的行动错位和信息混乱。

随着标识在系统里的运用逐渐成熟，系统主体的能动性增强，在灾害发生时，系统主体能准确辨别什么是脆弱的风险的，或安全的避灾的，因此，城市整体抗灾能力将会增强。

例如，微识别在城市中的应用不光能够识别出对应的人，还能够结合数据库识别出危险分子并进行系统的跟踪，保障城市安全。随着 5G 时代的到来，标识在信息化的帮助下能够为城市建立起一个无形的调控系统，这对城市安全是巨大的保障。

　　在未来，基于这个理论可以构建一个理想城市"铁三角"目标模型，即一个城市发展必须权衡安全弹性、活力宜居和绿色微循环，这三者缺一不可。由此，现代城市的绿色宜居、经济活力和城市安全这三个要素在弹性城市框架得以统一。

第 三 篇 | 方法与技术

　　我国的社会经济发展已经出现了"新常态"，低碳生态城市规划建设也在"新常态"下迎来了升级的挑战和变革的机遇。新常态下的新型城镇化已由过去片面追求城市规模扩大、空间扩张，改变为以提升城市文化、公共服务，加强城市基础设施建设，治理污染、拥堵等内涵为中心，以人为本的城镇化。

　　在新的环境下，城市的人口、经济、金融等，都在以"流"的形式被重塑，不断突破人们对城市的认知，新型城镇化的建设目标要求持续发展已有城市规划技术，探索创新的城市建设工具与方法，解决城市发展过程中伴随的资源短缺、环境污染、交通拥堵、安全隐患等"城市病"问题。当前，随着低碳生态城市内涵的不断丰富与深化，低碳生态城市建设的技术方向不仅仅局限于减排技术和生态保护技术的提升，更需要结合智慧城市、海绵城市、韧性城市等多类型城市的建设技术指南，从生态、经济、社会多角度综合打造高质量城市，通过体系规划、信息主导、改革创新，推进新一代信息技术与城市现代化深度融合、迭代演进，实现城市治理高效有序、数据开放共融共享、经济发展绿色开源、网络空间安全。

　　在此背景下，建立集成的、全面的低碳生态城市技术体系是未来一段时间中国低碳生态城市发展的方向与目标。本篇通过对国内外低碳生态城市的理论、目标、模式和实践过程的梳理总结，厘清推进国内外低碳生态城市建设进程的关键性和创新性技术，重点关注城市与人、水资源、能源、生态环境的相互关系和协同关系中涉及的低碳生态城市规划技术，从整体上介绍城市水-能源-粮食协同需求研究、城市生态环境和街区生态环境诊断治理等技术方法对低碳生态城市建设可能做出的贡献，在更加具体的要素维度上介绍河流生态保护控制规划方法、可再生能源发展消纳制度和城市道路绿视率自动化计算方法等，为低碳生态城市在各重要子领域的建设提供技术支撑。

Chapter Ⅲ | Methodology and Techniques

Now, the society and economy in China is developing under a New Normal, and the planning and construction of low-carbon eco-city are also facing the updated challenges and opportunity of reform under the New Normal. Amidst the New Normal, the new urbanization has changed; it ever only pursued the increase of city size and expansion of space, now it focuses on promoting the urban culture and public services, intensifying the urban infrastructure construction, and controlling pollution and congestion, under the people-oriented principle.

In the new environment, the urban population, economy and finance, among others, are being reshaped in the form of "flow", the people's perception on city is continuously renewed; in the construction of the new urbanization, it sets the target as sustainably developing the existing urban planning technology, exploring the innovative tools and methods for urban construction, solving the "city disease" of the urban development, such as resource shortage, environment pollution, traffic congestion, safety problem and so forth. At present, as the low-carbon eco-city is getting a rich and deepen intension, the technical direction of its construction is not only confined to promote the techniques for emissions reduction and ecological protection, but rather combines the technical guidance for construction of various cities such as smart city, sponge city, and resilient city, builds high quality city comprehensively in the aspects of ecology, economy and society, drives the new generation of information technology to deeply integrate with the urban modernization and iteratively evolve, and realizes the efficient and orderly urban management, data opening and sharing, green source of economic development, and the cyberspace security through the information system planning, information leading, reform and innovation.

In this context, the establishment of integrated and comprehensive technology system for low-carbon eco-city would be the development direction and target of low-carbon eco-city in China for some time to come. By investigating and summarizing the theory, goal, mode and practice process of domestic and foreign low-carbon ecological cities, this chapter clarifies the key and innovative techniques which accelerate the construction of domestic and foreign low-carbon ecological cities, focuses on the planning techniques for low-carbon eco-city involved in the interaction and collaborative relation among city and human, water resource, energy resource and ecological environment, comprehensively introduces the potential contribution to the construction of low-carbon eco-city made by the study on collaborative demands on water, energy and food in cities, the ecological environment diagnosis and management in cities and streets, and the technical method of livable city simulation, describes the planning method for protection and control of river ecology, the development and consumption system of renewable energy source and the automatic calculation method of green looking ratio of urban roads with a more specific elements and dimensions, and gives the technical support for the construction of low-carbon eco-cities in each important sub-field.

1 绿色城市发展理论初探[1]

1 Primary study of green city development theory

当前正处在工业化、城镇化、信息化和全球化时代。从全球范围来看，工业文明将全世界带入了前所未有的物质创造时代，但同时也带来了史无前例的生态赤字、环境透支和人类生存质量的变化[2]。这种不计生态代价的发展模式让人类社会饱受自酿的苦果。恩格斯在《自然辩证法》中指出："我们不要过分陶醉于人类对自然的胜利。对于每一次这样的胜利，自然界都对我们进行了报复。"从中国国情来看，改革开放以来的中国创造了经济持续高速增长的奇迹，但也同样面临着资源约束趋紧、环境污染严重、生态系统退化的严峻形势。资源快速消耗和劳动力成本提升导致外延式、粗放式的发展模式不可持续。回看城市发展的演进，贯穿始终存在着这样的一条线索：技术突破解放了生产力，盲目乐观的行动又带来了事与愿违的结果，尝到苦果之后人们开始从过去的经验教训中寻求解决方案，并在技术与人文之间、发展与保护之间寻求蜿蜒前行的荆棘之路[3]。审视内外部形势，以"粗放、外延、低效、高耗"为特征的传统城市发展方式已走到尽头，我们已经到达新旧动力转换的临界点。走入中国特色社会主义新时代、新征程，要求中国必须提出绿色引领的新型城市发展理论与实践之课题。

1.1 国际绿色生态城市模式及启示

1.1.1 西方理论与实践溯源

19 世纪末埃比尼泽·霍华德[4]（Ebenezer Howard）提出田园城市范式，其构想兼有城市和乡村优点的理想城市；1962 年，美国学者蕾切尔·卡尔逊[5]（Rachel Carson）在其《寂静的春天》一书中揭示了生态环境破坏的严重后果；

---

[1] 李迅，董珂，谭静，许阳. 绿色城市理论与实践探索［J］. 城市发展研究，2018，v.25；No.203（07）：13-23.

[2] 柯布西耶. 明日之城市［M］. 中国建筑工业出版社，2009

[3] Jacobs Jane. 美国大城市的死与生［M］. 译林出版社，2005.

[4] 埃比尼泽·霍华德. 明日的田园城市［M］. 商务印书馆，2011.

[5] 蕾切尔·卡逊. 寂静的春天［M］. 北京理工大学出版社，2015.

1972 年，欧洲罗马俱乐部发表《增长的极限》❶，突出强调了地球的有限性和当前开发速度的不可持续性。1972 年，《只有一个地球》❷ 一书呼吁各国人民重视维护人类赖以生存的地球；1972 年联合国教科文组织（UNESCO）制定"人与生物圈（MAB）"计划，第一次提出"生态城市（eco-city）"概念❸；1987 年世界环境与发展委员会（WCED）在《我们共同的未来》报告中提出"可持续发展"概念❹。从此世界各国对其理论进行了不断的探索，并在实践方面做出了持续的努力。国外生态城市建设内涵涵盖生态教育、生态技术的运用等各个方面，且在城市-城区-园区-社区等不同尺度上均进行了探索和实践。西方绿色生态城市实践包括：综合性绿色生态城市，如美国波特兰市、伯克利市，德国弗莱堡市、埃朗根市等；生态技术集中示范区，如阿拉伯联合酋长国的马斯达尔城等；生态社区，如瑞典斯德哥尔摩市的哈马比社区、丹麦 Beder 镇的太阳风社区、西班牙的巴利阿里群岛 ParcBIT 社区、英国伦敦的贝丁顿零碳社区等；以及绿色交通、绿色能源、绿色建筑、社会人文、环境保护与治理、废弃物处理、水资源管理和智慧基础设施建设等特定领域的实践。国际生态城市建设目前已形成三种模式，即理念根植、社区尺度的生态技术集成的欧洲模式；规划引导、城市尺度的综合生态提升的美国模式；自上而下、资源节约的城市生态转型的日韩模式❺。在规划尺度上，欧洲生态城市以适宜的小尺度进行生态城市建设；美国和日韩则多为较大的城市尺度上进行的生态开发建设；在目标体系上，欧洲多为从某一方面出发集中解决城市突出问题，美国多从整体规划角度，全面进行生态城市改造提升；日韩则以构建低碳社会，建立循环经济体系为目标；在物质空间规划上，欧洲生态城市建设涵盖广泛，主要包括能源系统、水资源系统、垃圾系统、公共交通系统等子系统，且在能源利用方面处于全球领先水平；美国由于城市蔓延的诟病，更加注重城市增长边界的控制；日韩国家则强调紧凑空间结构、能源利用和公共交通体系；在推动力量上，欧美国家通常是政府起引导和推动作用，民间组织（Non-Governmental Organization，NGO）参与度高，而日韩采取自上而下的模式，政府起到主导作用（图 3-1-1）。

1.1.2 中国理论与实践溯源

中国古代虽然没有系统的城市规划理论体系，但是绿色生态的营城思想一直

---

❶ 丹尼斯·米都斯，梅多斯等. 增长的极限：罗马俱乐部关于人类困境的报告［M］. 吉林人民出版社，1997.

❷ 芭芭拉·沃德，勒内·杜博斯等. 只有一个地球：对一个小小行星的关怀和维护［M］. 石油工业出版社，1981.

❸ 拉普拉斯. 宇宙体系论［M］. 商务印书馆，2012.

❹ 沙里宁. 城市它的发展衰败与未来［M］. 中国建筑工业出版社，1986.

❺ 狄更斯（C. Dickens）. 双城记［M］. 广东人民出版社，1984.

丹麦自行车高速路建设

瑞典哈默比资源能源系统

瑞典马尔默"Bo01"社区太阳能

弗莱堡沃邦社区隔热建筑

英国贝丁顿零能耗社区玻璃房

法国蒙彼利埃

美国伯克利绿色雨水基础设施

波特兰城市增长边界

日本富山市城市结构

日本千叶新城小尺度街区

韩国东滩2期新城

阿联酋马斯达尔

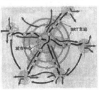
巴西库里蒂巴BRT走廊

图 3-1-1　国外生态城市建设案例示意

贯穿在典著和实践之中（图 3-1-2）。《易经》中"天人合一"的自然观赋予"天"以"人道"，将天、地、人作为一个统一的整体，体现人与自然统一的原则；《道德经》中"人法地，地法天，天法道，道法自然"的认识论和方法论，揭示了万事万物的运行法则都是遵守自然规律；《管子·仲马篇》提出了一整套因地制宜、顺应自然的城市选址与规划布局思想："因天材，就地利，故城廓不必中规矩，道路不必中准绳"；吴国大夫伍子胥在营建阖闾城时提出了"相土尝水，象天法地"

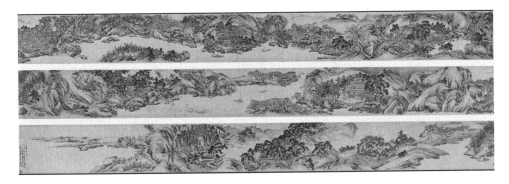

图 3-1-2　体现人与自然和谐共生的中国人居意境❶

---

❶　资料来源：唐·王维，《辋川图》。

的规划思想，在顺应自然过程中进行因势利导、改造和利用。正如仇保兴博士总结："在中国传统文化中充满着敬天、顺天、法天和同天的原始生态意识"，这些"原始生态文明理念为低碳生态城市建设奠定了良好的基础"（城科会❶，2015）。1972 年，中国加入"人与生物圈计划"；20 世纪 80 年代，中国生态学、地理学及城市规划等领域学者迅速跟进国际城市生态领域研究，开始了相关学术理论探讨；2002 年，第五届国际生态城市讨论会发布了《关于生态城市建设的深圳宣言》，提出生态城市建设的 5 个层面和 9 个行动❷。

1.1.3 中央精神和部门行动

应对日益紧迫的资源环境问题，党中央从十六大以来逐步明确和深化了生态文明建设的基本思路。党的十八大将生态文明建设写入党章，十八届五中全会将"绿色"作为五大发展理念之一，十九大更是将"建设生态文明、推进绿色发展"作为"新时代坚持和发展中国特色社会主义的基本方略"之一，成为习近平新时代中国特色社会主义理论的重要组成部分，形成了生态文明的中国方案。1992年起，中央政府各部委采用"试点"模式推动绿色生态城市实践。住建部、发改委、环保部、交通部、科技部分别推动了具有绿色城市特征的试点和实践，具体见表 3-1-1。

各部委关于绿色城市的实践和探索 表 3-1-1

主管部门	具有绿色生态城市性质的城市评选活动
住建部	园林城市（1992）、国家生态园林城市（2004）
	宜居城市（2005）
	绿色建筑（2006）
	低碳生态试点城（镇）（2011）
	智慧城市（2012）
	绿色生态城区（2013）
	海绵城市（2015）
	城市双修（2015）
	宜居小镇、宜居生态示范镇（2015）

❶ 中国城市科学研究会. 中国低碳生活城市发展报告 2015 [M]. 中国建筑工业出版社，2015.
❷ 吴良镛. 从"有机更新"走向新的"有机秩序"：北京旧城居住区整治途径（二）[J]. 建筑学报，1991（2）：7-13.

主管部门	具有绿色生态城市性质的城市评选活动
国家发改委	低碳省区和低碳城市试点（2010）
	碳排放交易试点（2011）
	低碳社区试点（2014）
	循环经济示范城市（县）（2015）
	产城融合示范区（2016）
环保部	生态示范区（1995）
	生态县、生态市、生态省（2006）
	生态文明建设试点（2008）
	生态文明建设示范区（2014）
交通部	"公交都市"建设示范工程（2012）
科技部	可持续发展议程创新示范区（2018）
部委联合试点	发改委、环保部、科技部、工信部、财政部、商务部、统计局联合展开循环经济试点（2005）
	住建部、财政部、发改委联合评选绿色低碳重点小城镇（2011）
	发改委和环保司联合发起"酷中国"活动倡导个人低碳行动（2011）
	发改委、工信部、科技部和住建部联合推出智慧城市试点
	国家发改委、财政部、国土部、水利部、农业部和林业局等六部委联合推动生态文明先行示范区建设（2013）
	发改委、工信部联合开展国家低碳工业园区试点工作（2013）
	国家能源局、财政部、国土部和住建部部联合促进地热能开发利用（2013）
	财政部、住建部、水利部展开海绵城市建设试点城市评审工作（2015）

1.1.4　中国传统生态哲学思想的复兴

习总书记对于绿色生态发展有着高屋建瓴的见解和阐释，集中体现以下两个理论："两山"理念，即"绿水青山就是金山银山"，深刻阐明了"经济强、百姓富"与"生态优、环境好"的对立统一关系，发展和保护不再成为"哈姆雷特之问"的"两难"悖论，而成为达到共同目标的统一路径；"生命共同体"理论，即"山水林天湖草是一个生命共同体"，强调人类必须尊重自然、顺应自然、保护自然，将自然当作一个复杂、有机的生态系统来看待，尊重"环境伦理"。习总书记的两个理论，是对中国古代"天人合一"、"道法自然"等传统生态哲学的最好注解，秉持了遵从生态法则的大逻辑，包含了敬畏自然、尊重自然、保护自然的生态理念，蕴藏着主体与客体环境协调发展、和谐共生的哲学精髓。全球的人类文明史是循环演进的。东方农业文明体现了技术水平不足的情况下被动顺应自然的智慧；西方工业文明推动了近现代生产力的快速发展；时至今日，人类有必要从东方文明中汲取营养，重新唤醒和复兴中国哲学精髓，在此基础上建立生态文明。纵观中外对比，中国理论已形成了以整体观和共生观为基本出发点、涉及各个领域的理论体系，对于当前全球和中国发展面临的问题具有重要的指导意义❶。新时代需要新理论进行指导，中国应当以中国传统哲学为基础，以整体认知、和谐共生、人文关怀为核心要义，建立能够解决当前问题和实现未来愿景的理论自信，并借鉴和吸收西方哲学的理性精神和科学思维，寻求面向未来的中国解决方案。中西方理论体系的差异总结于表 3-1-2 中。

中西方理论体系的差异 　　　　　　　　　　　　　　　　表 3-1-2

	西方理论	中国理论
哲学观点	还原论	整体论
哲学代表学说	原子论（德谟克利特）	道生一、一生二、二生三、三生万物（老子）
生态观点	竞争、优胜劣汰	协同、和谐共生
生态代表学说	进化论（达尔文）	生命共同体、命运共同体
规划、建筑观点	功能分区，建筑模式语言	规划、建筑、园林三位一体
规划、建筑代表学说	现代主义运动	人居环境科学

1.2　我国绿色城市理论及目标

1.2.1　绿色城市的理论基础

（1）第三代系统论。城市空间是一个复杂、开放的巨系统。步入生态文明的新时代，我们应采用有机、非线性的第三代"复杂适应系统论"的方法研究城市空间。复杂适应系统（Complex Adaptive Systems）实现了人类在了解自然和自身方面的认知飞跃。其核心思想是"适应性创造复杂性"，即系统中的"成员"能够与其他主体进行相互作用，持续地"学习"和"积累经验"，改变自身的结构和行为方式，进而主导系统进行演变（约翰·H·霍兰，1995❷）。由适应性主体相互作用、共同演化并层层涌现出来的复杂适应系统具有"不确定性、不可预测性、非线性"的特点。采用整体和局部共同决定系统的方法，以及"去中心化"的思维（圣塔菲研究所 SFI❸），是复杂性研究的方法和路径。正视城市的复杂性，把城市当成一个复杂自适应系统来研究，尊重城市中存在的隐秩序，有助

---

❶ 周干峙. 中国城市传统理念初析［J］. 城市规划，1997（6）：4-5.

❷ 约翰·H·霍兰，周晓牧等. 隐秩序：适应性造就复杂性［M］. 上海科技教育出版社，2011.

❸ 彼得·霍尔等. 城市和区域规划［M］. 中国建筑工业出版社，2014.

于探索一个能够解决现实问题的较为统一和全面的认识框架（仇保兴，2010）。

（2）生态学。生态学是研究生物体与其周围环境（包括非生物环境和生物环境）相互关系的科学。将生态学原理引入城市空间，体现了研究重心从城市本身转变为城市与周边环境的关系。20世纪初，P. Geddes在《城市开发》❶（1904）、《进化中的城市❷》（1915）中提出人类社会只有和周围自然环境在供求关系上取得平衡，才能保持持续活力；1971年麦克哈格❸（Ian L. McHarg）出版专著《设计结合自然》，将人与自然的和谐共存作为其核心主题，提出了先底后图的设计模式；20世纪80年代，我国的马世俊、王如松❹等中国生态学家提出了社会-经济-自然复合生态系统（social-economic-natural complex ecosystem）理论，指出可持续发展问题的实质是以人为主体的生命与其栖息劳作环境、物质生产环境及社会文化环境间的协调发展❺。

（3）生物学。生物学是研究生物的结构、功能、发生和发展的规律，以及生物与周围环境关系的科学。雷·库兹韦尔❻（Ray Kurzweil）认为，"如果非生物体在做出情绪反应时完全令人信服，对于这些非生物体，我会接受它们是有意识的'人'，我预测这个社会也会达成共识，接受它们。"如果将人类个体行为比作细胞层面的简单运动，那么城乡巨系统就呈现出生命体层面的复杂行为，我们将之比拟为"巨生命体"，与一般意义的生命体相似，城乡这个"巨生命体"具备学习、反馈、免疫、适应、修复、再生等能力，需要通过分布式神经网络实现对动态变化的主动感知、海量计算和智慧决策，从而实现对外部环境变化的适应，实现各大系统的协同耦合和自组织运转，实现与周边环境的物质和能量交换，实现与其他生命体的功能分工和要素互补。现代生物学的发展对有机体和外部环境的关系认识突破了传统的"刺激-反应"模型，而形成了"刺激-主体-反应"的模型，更加强调主体的地位和能动性，有助于深入探究现象之后的内在发生机制，对于城市研究的启发在于突出强调主体和过程的研究方法（朱勍❼，2011）。

---

❶　P·Geddes. City development：a study of parks，gardens，and culture-institutes：a report to the Carnegie Dunfermline Trust [J]. Journal of Yulin Teachers College，1904.

❷　P·Geddes. Cities in evolution：an introduction to the town planning movement and to the study of civics [J]. Social Theories of the City，1915，4（3）：236-237.

❸　伊恩·伦诺克斯·麦克哈格. 设计结合自然 [M]. 天津大学出版社，2006.

❹　马世俊，王如松. 社会-经济-自然复合生态系统 [J]. 生态学报，1984，4（1）：3-11

❺　郑红霞，王毅，黄宝荣. 绿色发展评价指标体系研究综述 [J]. 工业技术经济，2013（2）：142-152.

❻　Suazervilla，Urban growth and manufacturing change in the United States-Mexico borderlands：A conceptual framework and an empirical analysis [J]. Annals of Regional Science，1985，19（3）：54-108.

❼　朱勍. 城市生命力 [M]. 中国建筑工业出版社，2011.

1.2.2 绿色城市的研究范畴

（1）要素范畴。狭义的自然生态强调保护自然生态环境；广义的复合生态强调经济系统、社会系统与自然系统的互动良性发展。在复杂、开放的巨系统中，资本、物质、能量、信息等要素的流动性决定了不能以狭义的概念看待绿色生态，因为"狭义"的边界无法"封闭"：广义的复合生态行为贡献可以"等价交换"为狭义的自然生态行为贡献；复合生态行为消耗亦可以"等价交换"为自然生态行为消耗。所以，系统的"开放性"决定了生态的"复合性"，应当从广义的复合生态角度认识和理解绿色城市理论。

（2）时间范畴。绿色城市的研究目标不仅是为了描绘绿色城市的终极状态，而更加重视城市的绿色化发展过程，注重发展过程中政府的公共政策导向、公民的生活方式和行为准则以及城市工作者秉承的价值导向和技术指南。

1.2.3 绿色城市的内涵定义

（1）相关概念比较。和绿色城市相类似的概念包括生态城市、低碳城市、循环城市、智慧城市、宜居城市，以及强调某一专项领域的公交都市、海绵城市、韧性城市等。这些概念可分为两类：一类是目标型的，如生态城市、宜居城市，都是描述一个综合、全面的"理想境界"；一类是路径型的，如低碳城市、循环城市、智慧城市，都是实现"理想境界"的手段和方法。绿色城市的目标与生态城市、宜居城市相比更为综合，涉及自然、社会、经济、文化、制度等方面；绿色城市的路径主要强调"生态低冲击、资源低消耗、环境低影响"，这些又与低碳城市、循环城市的概念有交集❶。更为重要的是，"绿色"一词代表着"主体"根据"客体"变化主动适应、使主体自身趋向"绿色化"的含义。正如辩证唯物主义所强调的：认识的本质是在实践基础上主体对客体的能动反映。这正是辩证唯物主义与机械唯物主义的本质区别。

（2）绿色城市定义。综上所述，本文对绿色城市做如下定义：绿色城市是在城市这个载体上实现经济建设、政治建设、文化建设、社会建设、生态文明建设"五位一体"的发展方式，推进人与自然、社会、经济和谐共存的可持续发展模式，实现"生产空间集约高效、生活空间宜居适度、生态空间山清水秀"的发展范式（图3-1-3）。绿色城市就是调动自然、社会、经济等"全要素"，在城镇、农业和生态"全空间"，实现过去、现在、未来"全过程"绿色化发展的实践活动。关于人和自然的关系，与以往"人在自然之外"或"人在自然之上"的观点不同，绿色城市强调"人在自然之中"，对自然秉持谦逊的态度；关于人和社会

---

❶ 王清勤，叶凌. 我国绿色建筑与绿色生态城区标准规范概况[J]. 工程建设标准化，2015(7)：94-97.

的关系，与以利益和礼仪为基础强制形成的"小康"社会不同，绿色城市向往以道德为基础自觉形成的"大同"社会；关于人和经济的关系，与以往经济发展以来资源环境消耗的发展模式不同，绿色城市要求经济发展与资源环境消耗脱钩。（OECD，2002；诸大建❶，2005）

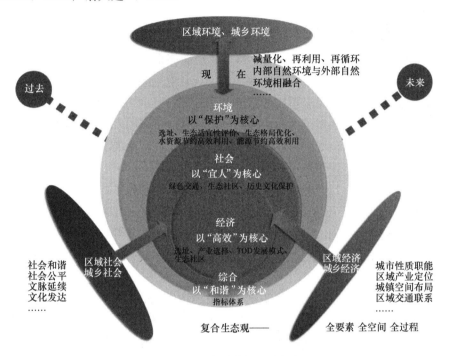

图 3-1-3　绿色城市的理论框架

1.2.4　绿色城市的空间层次

正如细胞、组织、器官、系统逐层构成人体这个复杂系统一样，绿色城市这个复杂巨系统也有其内部的空间层次。第一层次是"绿色建筑"，它是城市的"细胞"，也是城市的最基本空间单元；第二层次是"生态社区"，按照功能可细分为生态居住社区、生态大学园区、生态创新社区、生态工业园区等；第三层次是"生态城区/城市"，它是城市的"器官"，是不同功能生态社区的组合；第四层次是"绿色城乡空间"，它覆盖全域城乡空间，旨在协同城市与乡村发展，建设成相互依存、相互促进的共同体。

---

❶　诸大建. C模式：自然资本约束条件下的中国发展［A］. 中国循环经济发展论坛年会［C］，2005.

1.2.5 绿色城市的系统框架

绿色城市的系统框架可通过绿色城市的目标体系、技术体系、标准体系和示范体系建构。

1.2.6 绿色城市的发展原则

(1)"四因"制宜。所谓绿色生态,就是能够很好地协调主体(城乡)与客体(宏观环境)之间的关系。不同地区的宏观自然生态和社会文化环境迥异,决定了各城市主体应采取完全不同的适应客体策略;不同地区的经济基础和城镇化阶段迥异,也决定了各城市主体应采取适应当地经济条件和发展阶段的"先进适用技术",而不是不可承受的"奢侈技术"。所以,"因时制宜、因地制宜、因人制宜、因财制宜"是绿色发展的基本准则。

(2)自然做功。绿色城市要顺应自然。顺应自然不是被动受制于自然,而是按照自然规律顺势而为,通过有限度地改造自然,让自然的能量尽最大可能地为人类造福(即"让自然做功"),实现人与自然和谐相处。譬如海绵城市建设的要义就是正确且充分利用"自然力",实现"自然存积、自然渗透、自然净化"。

(3)协同互促。以协同替代竞争是未来经济模式的重要特征,也是绿色城市的重要原则。核心内容是通过城乡(区域)之间要素的充分流动和城乡(区域)各自特色的充分彰显,引导城乡(区域)功能的合理分工、城乡基本公共服务均等化、城乡景观风貌的差异化,最终实现城乡空间的互利共赢。

(4)包容和谐。包容和谐既是生物圈、社会圈内维护公平的诉求,也是提高生物圈、社会圈生存延续能力的"基因"。这就要求绿色城市既要在自然生态领域保护生物的多样性,又要在社会生态领域维护社会的多元性。

(5)高效循环。高效循环体现了集约节约利用资源的价值取向。高效体现在城市土地、水、能源的集约利用,以及城市公共设施、基础设施建设与周边土地开发之间的关系;循环应更多强调"微循环",因地制宜地选择合适的工程技术手段,倡导分散、就近、有机化、生态化的处理方式,补充小型化设施,推动各公用设施由功能分离向综合利用转变等,加强微降解、微能源、微冲击、微交通、微绿地、微调控等城市微循环体系的建设(仇保兴,❶ 2016)。

(6)安全健康。为了应对未来的不确定性危机,城市应提高"韧性",建立具有多样性、适应性、可再生能力、自主与协作并存等特点的物质、经济、社会

---

❶ 仇保兴. 未来城市需重建"微循环"系统 [N]. 中国科学报,2016-06-13(4).

和自然的系统（戴维·R·戈德沙尔克❶，2015），从"减缓"和"适应"两个方面应对气候变化，突出前瞻性的风险评估和灾害预防，制定兼具系统性和灵活性的应急预案；应当从弱势群体的安全舒适角度考虑，建设儿童、老年、残疾人友好型城市；城市空间应当为市民提供舒适、友好、清洁、健康的工作和生活环境。

（7）最终方向：永续发展。坚持上述绿色发展的六条原则，最终目的是实现城市可持续发展，它兼顾了城镇、农业、生态空间的保护与发展，兼顾了自然、社会、经济的协同，兼顾了当代人与后代人的发展诉求。

1.2.7 绿色城市发展目标

绿色城市应以"城市空间巨生命体"的持续、健康、协同为标准，实现城镇、农业、生态全空间的协同发展，自然、社会、经济全要素的均衡发展，过去、现在、未来全时段的公平发展，按照复合生态的要求，建设"共荣、共治、共兴、共享、共生"的理想社会（图3-1-4）。"共荣"指经济建设，目标是实现城市经济繁荣和全民富裕；"共治"指政治建设，目标是实现政府、市场、社会的多元共治；"共兴"指文化建设，目标是实现中华民族传统文化的传承和复兴；"共享"指社会建设，目标是实现人人共享发展机会、公共资源和福利保障；"共生"指生态文明建设，目标是构建人与山水

图 3-1-4　绿色城市的目标

林田湖草的"生命共同体"，维系人和自然之间唇齿相依的共生关系。

1.2.8 绿色城市量化指标

基于我国绿色城市的理念、目标，对标国际绿色发展愿景和标准，结合既有城乡建设领域出台的一系列指标体系和标准，应建立涉及"自然、社会、经济、文化、治理"等五大领域的城乡绿色发展指标体系，兼顾重点与全局、特色与共性、约束与引导、实施与愿景，使其成为城乡长远发展的战略纲领、近期实施的行动计划、规划评估的基本依据、政绩考核的重要参考、"城市体检"的核心指标，如表 3-1-3 所示。

---

❶　戴维·R·戈德沙尔克. 城市减灾：创建韧性城市［J］. 国际城市规划，2015(2)：22-29.

雄安新区规划指标 表 3-1-3

分项		指标	2035 年
创新智能	1	全社会研究与试验发展经费支出占地区生产总值比重（%）	6
	2	基础研究经费占研究与试验发展经费比重（%）	18
	3	万人发明专利拥有量（件）	100
	4	科技进步贡献率（%）	80
	5	公共教育投入占地区生产总值比重（%）	≥5
	6	数字经济占城市地区生产总值比重（%）	≥80
	7	大数据在城市精细化治理和应急管理中的贡献率（%）	≥90
	8	基础设施智慧化水平（%）	≥90
	9	高速宽带标准	高速宽带无线通信全覆盖、千兆入户、万兆入企
绿色生态	10	蓝绿空间占比（%）	≥70
	11	森林覆盖率（%）	40
	12	耕地保护面积占新区总面积比例（%）	18
	13	永久基本农田保护面积占新区总面积比例（%）	≥10
	14	起步区城市绿化覆盖率（%）	≥50
	15	起步区人均城市公园面积（平方米）	≥20
	16	起步区公园 300 米服务半径覆盖率（%）	100
	17	起步区骨干绿道总长度（公里）	300
	18	重要水功能区水质达标率（%）	≥95
	19	雨水年径流总量控制率（%）	≥85
	20	供水保障率（%）	≥97
	21	污水收集处理率（%）	≥99
	22	污水资源化再生利用率（%）	≥99
	23	新建民用建筑的绿色建筑达标率（%）	100
	24	细颗粒物（PM$_{2.5}$）年均浓度（微克/立方米）	大气环境质量得到根本改善
	25	生活垃圾无害化处理率（%）	100
	26	城市生活垃圾回收资源利用率（%）	＞45
幸福宜居	27	15 分钟社区生活圈覆盖率（%）	100
	28	人均公共文化服务设施建筑面积（平方米）	0.8
	29	人均公共体育用地面积（平方米）	0.8
	30	平均受教育年限（年）	13.5
	31	千人医疗卫生机构床位数（张）	7.0
	32	规划建设区人口密度（人/平方公里）	≤10000

分项		指标	2035 年
幸福宜居	33	起步区路网密度（公里/平方公里）	10～15
	34	起步区绿色交通出行比例（%）	≥90
	35	起步区公共交通占机动化出行比例（%）	≥80
	36	起步区公共交通站点服务半径（米）	≤300
	37	起步区市政道路公交服务覆盖率（%）	100
	38	人均应急避难场所面积（平方米）	2～3

1.3　我国绿色城市技术体系

　　绿色城市的技术方法是一个庞大的"工具包"，包括了规划理念、方法、技术和工程建设技术。应当强调的是，如果不分对象地把这些技术方法用到每个具体实践中去，这种做法就是"伪绿色"的。必须尊重绿色发展的原则规律，特别是遵循"四因制宜"的原则，方能实现真正的"绿色"。这就好比技术体系是个"中药铺"，只有顺天地之道（认识、尊重、顺应城市发展规律）、针对具体的病人（特定的城市）给出良方，才是名医（好的规划师），这才是绿色发展的真正内涵（图 3-1-5 和表 3-1-4）。绿色城市的技术方法包括以下内容：

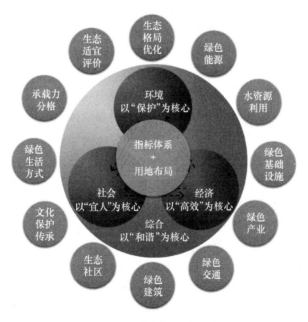

图 3-1-5　绿色城市的技术集成

（1）建立绿色发展引领的规划建设指标体系。以"复合生态观"为基础，持续、健康、协同为导向，对标国际绿色发展愿景和标准，建立涉及自然、社会、经济、文化、治理等五大领域的规划建设指标体系，兼顾重点与全局、特色与共性、约束与引导、实施与愿景。

（2）空间适宜性分析和综合承载力测算。在全域范围内，按照"人与山水林田湖是一个生命共同体"的理念，在保障生态、农业、城镇活动永续发展和协同共生的前提下，通过限制性要素叠加分析，划分城镇、农业、生态三类空间，划定生态保护红线、永久基本农田和城镇开发边界三条控制线，并依此确定规划期内适度、合理的城镇发展规模。

（3）实现城镇、乡村协同发展。摒弃过去"城镇吞噬乡村、乡村供养城镇"的单向物质流动模式，按照系统协同原则，发挥各自的资源禀赋优势，实现人流、物流、资金流、信息流的双向流动，再现中国传统文化中"诗意栖居"的人居境界。涉及的关键技术包括：优化从区域到城市的自然生态格局。推进自然生态保护、修复和建设，建构从区域到城市的结构完整、通道连续、生物多样、功能丰富的自然生态格局，实现"生态空间山清水秀"。建设面向公众开放、容纳多元活动的公共绿地和开敞空间，并与非机动车交通系统实现有机衔接。

（4）推进用地布局优化和城市修补。实现"生产空间集约高效、生活空间宜居适度"。依据自然地理条件和居民平均出行时间确定合理的城市组团尺度，引导一定地域范围内的职住平衡。鼓励城市建设用地功能的平面、立体混合，鼓励紧凑、适度高密度的开发，在城市中心区建设复合、多元的活力空间。将城市中的闲置、低效建设用地看作可再利用的资源，实现多元主体参与的城市更新。

（5）弘扬历史和现代文化。全面推进城市设计和历史文化名城、名镇、名村保护工作，倡导用渐进式、微创式的方法来实现旧城的保护与更新，传承中华文化、延续城市文脉、彰显场所精神，处理好传统和现代、继承与发展的关系。乡村规划应致力于发展由"地缘、血缘、业缘和情缘"构成的新乡村文化，提升本土文化自信，增强乡村凝聚力❶。

（6）建设绿色化的公共设施和公用设施。应对人口结构和市民需求的变化，改进公共服务设施配置内容和标准，建立等级清晰、分布均好的公益性公共服务设施体系，推进公共服务设施的开放共享，与公共交通站点布局的耦合。推进"微降解、微净化、微中水、微能源、微冲击、微交通、微更新、微绿地、微农场、微医疗、微调控"等绿色理念、技术、措施在传统市政基础设施规划建设中的应用。

---

❶ 克里斯托弗·亚历山大等. 城市并非树形，从现代向后现代的路上［M］. 北京：中国建筑工业出版社，2007.

（7）提倡绿色交通。采用高效率、高舒适、低能耗、低污染的交通方式，完成人流、物流的运输活动。配合以紧凑、混合的建设用地布局减少出行总需求。提高绿色出行（长距离公共交通＋短距离非机动车交通）占全方式出行的比例。划定交通政策分区，在城市中心区落实"小街区、密路网"的理念。

（8）建设可持续水系统。按照"节流优先、治污为本、多渠道开源"的城市水资源开发利用策略，逐步降低城市人均水耗。协同水系统在灌溉、供水、防洪、生态、景观、文化、旅游、交通等方面的综合功能。推广低影响开发建设模式，构建海绵城市建设综合治理体系，发挥渗、滞、蓄、净、用、排的综合功能。

（9）建设绿色能源系统。提高全社会用能效率，遏制能源消费总量过快增长。优化能源结构，推进工业节能、建筑节能和交通节能。

（10）推进固体废物资源化利用。提高生产、生活中的资源循环利用效率。推进矿产资源的综合开发利用、产业"三废"综合利用、再生资源回收利用。推进垃圾分类，加强生活废弃物、建材废弃物和电子废弃物的无害化处理和资源化利用。

（11）治理环境污染。坚持区域联防联控，以源头减量控制为核心，推进大气、水、土壤、声等污染防治工作。建立产业负面清单，淘汰高耗能、高污染的落后产能，推行清洁生产。

（12）提升城乡安全韧性。在不改变自身基本状况的前提下，提升对外部干扰、冲击或不确定性因素的抵抗、吸收、适应和恢复能力。推进抗震、防洪、消防、人防等不同灾种防灾规划的系统整合、城乡联动，提高城乡整体韧性发展能力。从减缓和适应两个方面超前应对气候变化对城乡发展带来的挑战，制定碳减排的目标和措施，提高城乡提高应对气候变化、抵御极端气候能力，提升城市应对突发公共卫生事件和城市社会安全事件的能力。

（13）建设智慧城市。通过城市物联网基础设施建设强化智慧感知，通过大数据采集和大算法生产强化智慧分析，通过城市大脑强化智慧决策。建立空间规划管理信息平台，实现对自然生态、人文历史等公共资源的刚性管控和城市建设用地的高效、集约利用。

（14）建设绿色社区。建设"细胞—邻里—片区"的分级空间组织和设施配套体系，鼓励在社区内部创造就业机会，实现职住就近平衡。提供多样化的舒适住宅，实现"从住有所居到住优所居"。建构蓝绿交织、活力共享的公共空间网络，丰富邻里交往空间。

（15）推进绿色生产方式、鼓励绿色生活方式。实施清洁生产。发展循环经济，实现生产过程的"减量化、再利用、再循环"。通过突破式创新实现经济发展与资源环境消耗脱钩。逐步建立生态文明下的生活价值观、质量观、幸福观。

从追求物质层面的富足，到追求精神层面的充实；从渴望对生活物品的占有，到实现大部分生活物品的共享；从以铺张浪费为豪，到以简朴节约为荣；从对公共环境卫生的漠视，到人人关注、维护公共环境卫生，共建清洁美丽家园。

（16）推进体制机制创新。按照《生态文明体制改革总体方案》的要求，健全各项制度和体系，如表 3-1-4 所示。制定绿色城乡规划建设的行业标准。建立规划评估、督查中的绿色生态考核机制。建立绿色发展教育与宣传机制。

绿色城市各领域的关键技术 表 3-1-4

序号	领域	关键技术
1	建立绿色发展引领的规划建设指标体系	对标国际 ISSO 标准 专家打分法
2	空间适宜性分析和综合承载力测算	碳足迹、资源承载力分析、建设适宜性评价
3	实现城镇、乡村协同发展	景观生态学、利益分析方法
4	优化从区域到城市的自然生态格局	生物多样性、绿色基础设施
5	推进用地布局优化和城市修补	城市密度研究、土地混合利用、街区尺度研究、公共服务配置、棕地修复
6	弘扬历史和现代文化	历史文化遗产保护技术、空间信息技术
7	建设绿色化的公共设施和公用设施	微循环、物联网技术、远程服务
8	提倡绿色交通	交通预测、公交先导、慢行系统、无人驾驶、共享交通、智慧大脑
9	建设可持续水系统	海绵城市、中水回用
10	建设绿色能源系统	能源需求预测、可再生能源利用、分布式能源、被动式建筑节能技术、智能电网技术
11	推进固体废物资源化利用	垃圾减量化、垃圾收运系统、垃圾无害化处理、垃圾资源化利用
12	治理环境污染	区域联防联控、产业负面清单、清洁生产
13	提升城乡安全韧性	风险评估、风险管理、智能应急反应系统、公共参与
14	建设智慧城市	无线城区、数字城区、智慧城区
15	建设绿色社区	社区能源和资源、社区环境、社区交通、社区服务设施
16	推进绿色生产方式，鼓励绿色生活方式	低碳经济、循环经济、生态价值认同、绿色行动指南
17	体制机制创新	评估考核机制、绿色宣传教育

1.4 我国绿色城市标准及示范

1.4.1 绿色城市的标准体系

欧美等发达国家在绿色建筑、生态社区层次上已经形成了"相关推动政策＋

评价体系"的框架，如美国的 LEED（绿色建筑评估体系 LEED、社区规划与发展评估体系 LEED-ND）、英国的 BREEAM（绿色建筑评估体系 BREEAM、社区版本 BREEAM Communities）、日本的 CASBEE（建筑物综合环境性能评价体系 CASBEE、社区评估体系 CASBEE-UD）和德国的可持续建筑评价体系 DGNB，对我国具有重要的借鉴价值。目前，我国的导则标准可分为"绿色建筑、生态社区、生态城区"三个层次，以及"规划设计、建设施工、运营管理和评价评估"四个阶段。其中，生态城区-城市层面，具有绿色城市属性的技术导则、评价体系已经比较丰富，具体如表 3-1-5 所示。

各部委发布的与绿色城市有关的导则标准　　　　　　表 3-1-5

发布机构	导则标准名称	颁布时间
住建部	宜居城市科学评价标准	2007
	国家园林城市评价体系	2010
	国家生态园林城市分级考核标准	2012
	低碳生态城市评价指标体系	2015
	绿色生态城区专项规划技术导则（征求意见稿）	2015.5
	城市生态建设环境绩效评估导则	2015.11
	绿色生态城区评价标准（国家标准）（送审稿）	2015.12
	生态城市规划技术导则（征求意见稿）	2015.12
发改委	国家循环经济示范城市建设评价内容	2014
	低碳城市评价指标体系	2016
环保部	生态县（含县级市）建设指标	2007
	生态市（含低级行政区）建设指标	2007
交通部	公交都市考核评价指标体系	2013
部委联合	循环经济评价指标体系	2007
	绿色低碳重点小城镇建设评价指标（试行）	2011
	国家智慧城市（区、镇）试点指标体系	2012
	海绵城市建设绩效评价与考核指标（试行）	2015
机构	绿色生态城区规划编制技术导则（报批稿）	2012
	绿色智慧城镇开发导则	2013
	可持续城市开发导则	2016

1.4.2　绿色城市的示范体系

住建部最早的示范工作，是将低碳生态城镇试点工作和绿色生态城区示范整合，统称为"绿色生态示范城区"，并且在 2012 年至 2014 年批准设立 3 批次 19

93

个绿色生态示范城区，如中新天津生态城、唐山市唐山湾生态城、无锡市太湖新城、深圳市光明新区等，均为新区新建项目。此后，地方城市积极参与国家级生态绿色示范区评选，对绿色生态城区建设进行了有益的尝试和探索，截至2017年，形成综合性生态城区近140多项。此外，2011年，建设部等部委联合印发了《绿色低碳重点小城镇建设评价指标（试行）》，启动绿色低碳重点小城镇试点工作；2018年，科技部在深圳、桂林、太原设立国家可持续发展议程创新示范区。

目前，我国示范城市的分布还需要进一步优化和平衡，构建东中西、大中小、新建与改造、城市与农村、南方与北方全方位覆盖的绿色城市示范体系；此外，我国幅员辽阔、地形复杂的特点决定了我国绿色生态发展模式的多样化，示范城市需要因地制宜，分类探索❶。

1.5 总 结

绿色城市发展需要系统规划，重点突破，设计好发展的目标、技术、政策体系；绿色城市发展必须强调因地制宜，采用适宜技术，体现本土化、地域性；绿色城市发展需要理论支撑，实践探索，平台搭建、互动交流；绿色城市发展更需要中外借鉴，开放合作，共同缔造。

绿色城市的提出是基于新时代国家转型发展的需要，顺应了十九大以来国家提出的经济高质量发展和生态文明建设的趋势，体现了对中国特色的道路、理论、制度和文化自信。绿色城市理论的提出并非要破旧立新，而是要在继承既有城市发展理论精髓的基础上，顺应时代的要求不断发展，和包括人居环境学理论、生态城市理论等在内的其他城市发展理论之间建立互补、包容、开放、并蓄的关系。绿色城市虽名为"城市"，但在空间上覆盖城乡全域，应当在绿色引领之下走出城乡融合发展之路。

生态文明、绿色发展是对工业文明、灰色发展的深刻变革和扬弃，是汲取农耕文明精粹、协调人与自然关系的新型发展理念，是人类文明的又一次提升和飞跃。绿色发展不再是各地城乡规划的可选项，而将成为城乡可持续发展的必由之路。我们期待以本文为起点，推进绿色发展引领下城市全面转型和高质量发展，推动城市规划内容、理念、方法、技术等方面的全面改革和创新。

---

❶ 徐振强. 我国城市生态文明建设的绿色化顶层设计——兼论省级以上地方政府发展绿色生态示范城区的政策特征与深化建议 [J]. 建设科技，2015（07）：14-20.

2 城市水-能源-粮食协同需求
特征方法学研究[1]

2 Study on feature methodology of collaborative demands on water, energy and food in cities

　　水、能源和粮食是人类赖以生存的基本条件，三者关系密切而复杂，任何要素的扰动不仅影响国家安全，而且影响经济的安全稳定。2011年1月，世界经济论坛发布了《全球风险报告》，提出"水-能源-粮食风险群"的概念[2]。在全球气候变化的大背景下，水、能源和粮食三者之间形成了一种相互影响、相互制约并极具敏感性和脆弱性的安全纽带，三者的协同与有效利用，不仅可以缓解资源危机，也可促进协调城市内部发展及管理的政策协同。

　　水-能源-粮食协同的本质是综合考量三者之间的相互关系，解决当前面临的资源问题，从而提高综合管理能力，实现经济社会的可持续发展[3]。开展中国的水-能源-粮食协同需求的区域特征分类，可初步判断不同生态位城市的资源关系特征。在平衡不同资源使用者目标与利益的同时，支持向可持续发展转变[4]。因此，本文通过定量分析各区域之间的要素流动和区域特征，对中国各省份的水、能源与粮食的资源禀赋、供需关系特征进行划分，为制定相关战略规划与政策提供参考依据。

　　❶　赖玉珮. 深圳市建筑科学研究院股份有限公司.《北京规划建设》2019年01期.

　　❷　Bartos M D, Chester M V. The conservation nexus: valuing interdependent water and energy savings in Arizona [J]. Environmental Science & Technology, 2014, 48 (4): 2139-49.

　　❸　Alqattan N, Ross M, Sunol A K. A multi-period mixed integer linear programming model for water and energy supply planning in Kuwait [J]. Clean Technologies and Environmental Policy, 2015, 17 (2): 485-499.

　　❹　Ackerman F, Fisher J. Is there a water-energy nexus in electricity generation? Long-term scenarios for the western United States [J]. Energy Policy, 2013, 59(8): 235-241.

2.1　城市水-能源-粮食协同框架

2.1.1　单要素分析指标

研究从资源禀赋、供需关系以及时间变化三个维度[1]，对我国 31 个地区水、能源与粮食的单要素供需特征展开分析，进而对各地区的水-能源-粮食协同发展特征进行评估，具体选取指标如表 3-2-1 所示。

水、能源与粮食区域特征分析单要素指标　　　表 3-2-1

要素	资源禀赋	供需关系	时间变化
数据年份	2014 年	2014 年	2005—2014 年
水	人均水资源量	水资源供需比	水资源供需比增幅
能源	一次能源供需比	二次能源供需比	能耗总量增幅
粮食	人均耕地面积	粮食供需比	人均耕地面积增幅

表 3-2-1 中的"供需比"[2] 表示各项指标供应量与消费量之间的比值，表征各要素的供需关系。其中，水资源供需比为人均可利用水资源量与人均用水量之比，主要通过《中国统计年鉴 2015》《中国环境统计年鉴 2015》中相关数据计算而得。一次、二次能源供需比主要运用《中国能源统计年鉴 2015》中各地区（西藏地区无数据）能源平衡表相关数据换算得到。粮食供需比为各地区粮食总产量与粮食消费总量之比值，其中粮食消费总量包含居民口粮、饲料用粮、种子用粮与工业用量四个部分，主要运用《中国农村统计年鉴 2015》等统计资料中各地区人均粮食消费量、畜产品产量、播种面积以及农产品加工产量相关数据估算而得。

2.1.2　多要素关系特征及相关算法

采用近似 K-median 算法并结合人工干预识别方法，根据水资源供需比[3]、一次能源供需比、二次能源供需比、粮食供需比对各地区的水、能源与粮食供需

---

[1]　Halbe J, Pahlwostl C, Lange M A, et al. Governance of transitions towards sustainable development-the water-energy-food nexus in Cyprus [J]. Water International, 2015, 40 (5-6)：877-894.

[2]　Hoff H. Understanding the Nexus. Background Paper for the Bonn 2011 Conference：The Water Energy and Food Security Nexus [R]. Stockholm：Stockholm Environment Institute, 2011.

[3]　Hussey K. The energy-water nexus：managing the links between energy and water for a sustainable future [J]. Ecology &. Society, 2012, 17 (1)：293-303.

关系特征进行提取并分类❶。其中，近似 K-median 算法步骤为❷：

第一步，选择 k 个初始向量 Q_1、Q_2……Q_k 分别代表 k 个类；

第二步，根据如下差异度函数 $d(X,Y)$ 将各数据对象分配到离它最近的初始值所代表的类中；

$$d(X,Y) = \sum_{j=1}^{n} \delta(x_j, y_j)$$

其中，
$$\delta(x_j, y_j) = 0, \ (x_j = y_j)$$
$$\delta(x_j, y_j) = 1, \ (x_j \neq y_j)$$

第三步，求取各类新的近似中值 Q_1、Q_2……Q_k，并计算相应的目标函数 E；

$$E = \sum_{l=1}^{k} \sum_{c_l} d(X_i, Q_l)$$

其中，$Q_l = [q_{l1}, q_{l2}, \cdots\cdots, q_{lm}]$ 是能够代表聚类 l 的数据中值；

第四步，重复上述步骤中的第二步和第三步，直至相邻两次目标函数值的变化小于某一预知 ξ 为止。

相对于其他分类方法，近似 K-median 算法的优点是聚类中心直观易于解释，聚类过程不会出现空聚类，算法复杂度也比较低。

2.2 城市水-能源-粮食协同需求特征结果

2.2.1 中国大陆（内地）水资源禀赋与供需关系区域特征

中国大陆（内地）人均水资源量少，空间分布也不合理❸。参照联合国教科文组织对水资源稀缺程度的分级标准，将中国大陆（内地）31 个地区按人均水资源量分为五个层次的水资源稀缺水平，并将 2014 年水资源供需比和 2005—2014 年供需比增幅这两个指标，作为水资源供需关系的两个评估维度❹，得到结果如图 3-2-1 所示。

---

❶ 赵荣钦，李志萍，韩宇平，等. 区域"水-土-能-碳"耦合作用机制分析 [J]. 地理学报，2016，(09)：1613-1628.

❷ Zhang X，Vesselinov V V. Integrated modeling approach for optimal management of water, energy and food security nexus [J]. Advances in Water Resources，2016，101：1-10.

❸ Li F.，Zhen L.，Huang H Q，et al. Socio - Economic Impacts of a Wetland Restoration Program in China's Poyang Lake Region. Vulnerability of Land Systems in Asia [M]. John Wiley & Sons，Ltd，2014：261-276.

❹ 项潇智，贾绍凤. 中国能源产业的现状需水估算与趋势分析 [J]. 自然资源学报，2016，1(31)：115-122.

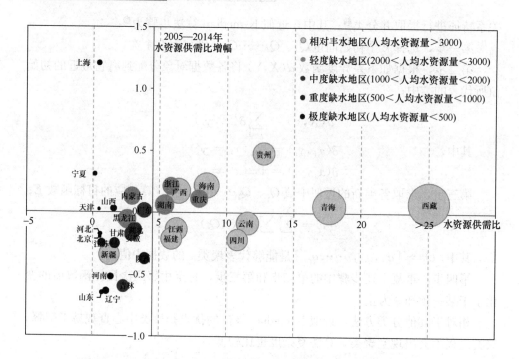

图 3-2-1　2014 年中国大陆（内地）31 个地区的水资源禀赋与供需关系❶

可以发现，极度缺水地区的水资源供需矛盾最为突出。宁夏的水资源供需压力最大，水资源供需比仅为 0.14，已经严重超出当地的水资源负荷能力。人均水资源量最低的三个直辖市上海、天津、北京，上海的供需压力在过去十年大幅缓解，供需比值已由 2005 年的 0.2 提升至 0.45；相比而言北京的水资源供需压力则进一步增强，供需比降低了 19%。同样为极度缺水地区的山东与辽宁，近十年水资源供需比值降幅为 31 个地区中最高，降低了 65%，意味着供需矛盾在进一步激化。

值得关注的是，部分供需关系异常的地区❷，须尽早关注水资源特征的变化，做出发展战略调整。相对丰水地区一般供需比值高于全国平均值，且十年来降幅不超过 20%，甚至比值上升，而新疆地区的水资源供需比值却在十年内降低了 34%，降低至 1.25，甚至超过了极度缺水的河南、山西等省。轻度/中度缺水地区一般供需比不低于 2.5，且十年以来比值降幅不超过 20%，甚至比值上升，而吉林地区的比值却在十年内降低了 60%，增幅仅次于极度缺水的山东与辽宁。重度缺水地区的供需比一般不低于 1，而江苏地区的比值却仅为 0.68，不及山东、辽宁、山西与河南等极度缺水地区。

❶ 注：图中圆圈大小与 2014 年的人均水资源量成正比。
❷ Pereira-Cardenal S J, Mo B, Gjelsvik A, et al. Joint optimization of regional water-power systems
[J]. Advances in Water Resources, 2016, 92: 200-207.

2.2.2　中国大陆（内地）能源禀赋与供需关系区域特征

一次能源供需比反映了资源禀赋差异，二次能源供需比衡量了能源要素的供需关系❶。本研究以各地区的一次能源供需比与二次能源供需比作为评估的两个维度❷，对中国大陆（内地）各地区的能源禀赋与供需关系特征进行分析，绘制能源供需类型图（图 3-2-2）。

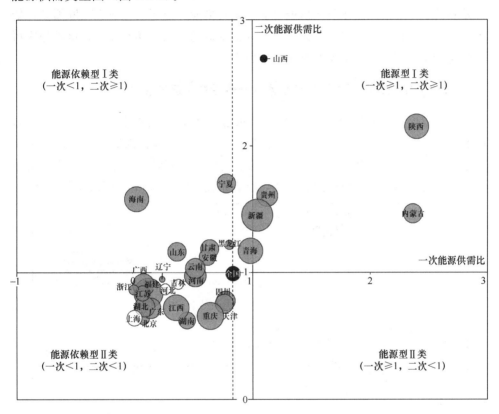

图 3-2-2　2014 年中国大陆（内地）31 个地区的能源供需关系分析（西藏数据缺失）❸

中国大陆（内地）56.7％的地区一次、二次能源都需要外部供给（即图 2 中的能源依赖型Ⅱ类），长三角的浙江、上海与江苏一次能源供需比分别仅有 0、0.5％、7.2％，是我国一次能源对外依赖性最高的地区。目前，只有上海、河北与吉林地区的总能耗在 2014 年出现了下降，其他地区的总能耗仍不同程度地增

---

❶　Scott C A，Pierce S A，Pasqualetti M J，et al. Policy and institutional dimensions of the water-energy nexus［J］. Energy Policy，2011，39（10）：6622-6630.

❷　李芬，毛洪伟，赖玉珮. 城市碳排放清单评估研究及案例分析［J］. 城市发展研究，2013，20（1）.

❸　注：圆形大小代表 2014 年该地区总能耗的增幅，无填充色圆形代表 2014 年总能耗下降。

长，福建、重庆、江西等省份能耗总量增幅明显。

青海、黑龙江、宁夏、甘肃、安徽、云南、山东、海南 8 个能源依赖型Ⅰ类地区的能源转换产业发展水平较高，对一次能源依赖度较高，二次能源基本自给自足并出现相对过剩，第二产业用能比例高，能源对经济发展的作用突出。

陕西、内蒙古、贵州、山西、新疆 5 个能源型Ⅰ类地区的一次能源储量丰富，能源开采、加工转换工业在经济中居于主导地位。该类地区开采的一次能源还需要供应能源依赖型Ⅰ类地区的能源加工转换业，能耗总量仍在不断增长，能源调出的过程也将能源勘探开采消耗的虚拟水输送出去。相对而言，该类地区可持续发展能力较差，对资源与环境压力较大。

2.2.3 中国大陆（内地）粮食禀赋与供需关系区域特征

我国人均耕地面积为 0.1 公顷/人，远低于世界平均水平（0.23 公顷/人），从地域分布来看，2014 年仅有位于北部的黑龙江、吉林、内蒙古的人均耕地面积超过世界平均水平❶。为研究各地区的粮食供需关系特征，本研究从人均耕地面积与粮食供需比两个维度进行分析，绘制粮食供需类型图（图 3-2-3）。

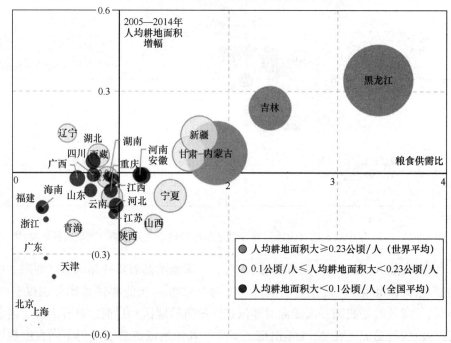

图 3-2-3 2014 年中国大陆（内地）31 个地区的耕地特征与粮食供需关系分析❷

❶ 牛亮云，侯博，吴林海. 基于灰关联熵的中国农业能源投入与粮食产出关系研究［J］. 财贸研究，2012（2）：45-53.
❷ 注：圆形大小与 2014 年该地区人均耕地面积成正比。

随着城镇化水平的提升，2005—2014 年北京、上海、天津、福建、广东、浙江等地区人均耕地面积显著下降，人均耕地面积相对稀缺，粮食供求风险较大，主要依靠其他省份甚至通过进口供给❶，其中北京、上海、福建的粮食供需比不超过 0.3，粮食缺口较大。相比之下，同等人均耕地面积的河南、安徽，粮食供需比约为 1.2。

耕地面积相对充裕，但位于我国中西部的西藏、青海、云南、贵州等地区，受地理条件的限制，粮食生产能力薄弱，仍需外省粮食供应。其中，青海地区的人均年耕地面积在 2005—2014 年显著下降。

粮食生产区域越来越向水资源短缺的黑龙江、吉林、内蒙古、新疆等北方地区集中，这些地区 2005—2014 年人均耕地面积增长明显，耕地面积相对充裕，粮食产量远高于自身需求，成为粮食输出大省，其中黑龙江、吉林甚至成为粮食净出口地区。这种粮食种植格局的变化，使得北方地区水资源短缺问题更加严重，水与粮食的空间协同需求更为突出。

2.2.4 中国大陆（内地）能源-水-粮食协同发展需求的区域特征

我国能源、水资源、耕地资源在地理空间分布上呈现不公平、不匹配的情况（图 3-2-4），客观上加重了水资源负荷及能源和粮食生产的压力。在协调三者压力的过程中，将不可避免对其他资源要素的协同影响，如煤炭生产和火力发电数量和规模的扩大受制于日益紧缺的水资源供应，这种数量与规模的扩大也对农业生产用水带来压力；能源在区域间的输入输出，在一定程度上改变了能源空间分布不公平的情况，却也带来了水资源危机的空间转移，因为能源转移也伴随着这部分能源生产消耗水资源的流动❷。

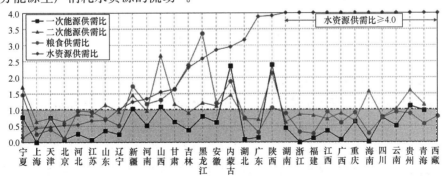

图 3-2-4 中国大陆（内地）31 个地区的水、能源和粮食供需关系比较图

❶ 孙世坤，王玉宝，刘静，吴普特. 中国主要粮食作物的生产水足迹量化及评价 [J]. 水利学报，2016，(09)：1115-1124.

❷ 武红，谷树忠，关兴良，鲁莎莎. 中国化石能源消费碳排放与经济增长关系研究 [J]. 自然资源学报，2013，(03)：381-390.

运用近似 K-median 算法并结合人工干预识别方法，根据 2014 年水资源供需比、一次能源供需比、二次能源供需比、粮食供需比对各地区的水、能源与粮食供需关系特征进行提取并分类，用 Y、N 表征各对应资源要素的供需特征，其中 Y 表征该资源要素供给充足，N 表征该资源要素对外依赖。各地区对应的水-能源-粮食特征可分为 5 大类❶。

（1）NNN-全要素依赖型：上海、北京、天津的水资源、能源以及粮食自给能力均较弱，对其他地区的依赖程度较高。

（2）YNN-水资源潜力型：该类地区水资源相对丰富，一次能源对外依赖度高，能源产业加工有一定基础但还不够自用。其中，广东、浙江、福建等地粮食自给率不足 50%，该类地区生态环境压力相对较小；湖北、广西与四川等地区的粮食自给能力稍强，却也需要外部能源与粮食的支撑；湖南、重庆、江西与云南能维持基本的粮食供需平衡。

（3）NYY/NYN-能源压力型：该类地区能源加工产业相对发达，能源加工产量超出当地的能源需求，对当地水资源产生较大压力，应重点关注随着能源调出时转移的虚拟水，以及能源加工生产过程中对水环境的影响。此类地区主要是宁夏、新疆、山西、内蒙古、陕西、黑龙江等地区。

（4）NNY/NYY-粮食压力型：该类地区农业相对发达，粮食生产超出当地的消费需求，为粮食主产地，对当地水资源产生较大压力，要关注随着粮食调出时转移的虚拟水。此类地区主要指宁夏、新疆、吉林、黑龙江、内蒙古等地区。

（5）YYN-粮食依赖型：该类地区水资源相对丰富，对其他地区粮食依存度高，能源加工产业占经济比重较大，可能已对农业用水造成挤占，要关注能源生产过程中对水资源与水环境的影响，如海南、贵州等地区。

2.3　结　论

我国能源、水资源、耕地资源在地理空间分布上呈现不公平、不匹配的情况，客观上加重了水资源负荷，以及能源和粮食生产的压力。运用近似 K-median 算法并结合人工干预识别方法，根据 2014 年水、能源与粮食供需比对各地区的水、能源与粮食供需关系特征进行提取并分类，各地区对应的水-能源-粮食特征可分为 5 大类：全要素依赖型、水资源潜力型、能源压力型、粮食压力型与粮食依赖型。其中，上海、北京、天津作为全要素依赖型地区，水资源、能源以及粮食自给能力均较弱，对其他地区的依赖程度较高。水资源自给型地区中，广

❶　原艳梅，林振山，徐志华. 基于人口、经济的我国能源可持续发展的动力学研究 [J]. 自然资源学报，2009，（05）：791-798.

东、浙江、福建等地粮食自给率不足 50％，生态环境相对良好；湖北、广西、重庆与四川等地区的粮食自给能力稍强，仍需要外部能源与粮食的支撑；湖南、江西能维持基本的粮食供需平衡。宁夏、新疆、山西、陕西等能源生产型地区能源加工产业相对发达，能源加工产量超出当地的能源需求，对当地水资源产生较大压力。吉林、黑龙江、内蒙古等粮食生产型地区农业相对发达，粮食生产超出当地的消费需求，为粮食主产地，对当地水资源产生较大压力。海南、贵州等粮食依赖型地区水资源相对丰富，对其他地区粮食依存度高，能源加工产业占经济比重较大，可能已对农业用水造成挤占，须关注能源生产过程对于水资源、水环境的影响。

3 城市生态环境治理的工作方案研究[❶]

3 Solution of ecological environment management in cities

3.1 生态环境综合治理相关规划

（1）中共中央、国务院关于加快推进生态文明建设的意见

生态文明思想是十八大以来国家发展理念和体制的重大变革。党的十七大首提生态文明，十八大以来基于生态文明的空间规划体系改革路线图逐步明细。生态文明建设主要目标是：到 2020 年，资源节约型和环境友好型社会建设取得重大进展，主体功能区布局基本形成，经济发展质量和效益显著提高，生态文明主流价值观在全社会得到推行，生态文明建设水平与全面建成小康社会目标相适应。中央明确提出五位一体的总体布局，将生态文明建设纳入全面建成小康社会的目标之一，提出"创新、协调、绿色、开放、共享"五大发展理念，明确绿色发展、循环发展、低碳发展的方向，并对新型城镇化和环境治理明确了方向。

（2）国务院：《关于健全生态保护补偿机制的意见》

为进一步健全生态保护补偿机制，加快推进生态文明建设，国务院印发了《关于健全生态保护补偿机制的意见》，目标任务为：到 2020 年，实现森林、草原、湿地、荒漠、海洋、水流、耕地等重点领域和禁止开发区域、重点生态功能区等重要区域生态保护补偿全覆盖，补偿水平与经济社会发展状况相适应，跨地区、跨流域补偿试点示范取得明显进展，多元化补偿机制初步建立，基本建立符合我国国情的生态保护补偿制度体系，促进形成绿色生产方式和生活方式。

（3）国务院：《"十三五"生态环境保护规划》

国务院常务会议于 2016 年 11 月通过《"十三五"生态环境保护规划》（以下简称《规划》），为美丽中国建设画出清晰的路线图。《规划》确定，"十三五"环保工作的总体思路和目标追求是：以改善环境质量为核心，以解决生态环境领域突出问题为重点，全力打好补齐生态环境短板攻坚战和持久战，确保到 2020 年

---

❶　根据 2019 年，深圳市建筑科学研究院股份有限公司的湖北省某市城市生态环境治理项目成果整理而得。

实现生态环境质量总体改善目标，为人民群众提供更多优质生态产品。基本原则包括：坚持绿色发展、标本兼治；质量核心、系统施治；空间管控、分类防治；改革创新、强化法治；履职尽责、社会共治。《规划》提出 12 项约束性指标，主要包括地级及以上城市空气质量优良天数、细颗粒物未达标地级及以上城市浓度、地表水质量达到或好于三类水体比例、地表水质量劣 V 类水体比例、森林覆盖率、森林蓄积量、受污染耕地安全利用率、污染地块安全利用率、化学需氧量排放总量、氨氮排放总量、二氧化硫排放总量、氮氧化物排放总量。

（4）湖北生态省建设规划纲要（2014—2030）

《湖北生态省建设规划纲要（2014—2030）》（以下简称《纲要》）由湖北省环境保护厅发布，是推进湖北省生态文明建设的指南。纲要提出从 2014 至 2030 年，力争用 17 年左右的时间，使湖北在转变经济发展方式上走在全国前列，经济社会发展的生态化水平显著提升，生态文明意识显著增强，全省生态环境质量总体稳定并逐步改善，保障人民群众在"天蓝、地绿、水清"的环境中生产生活，基本建成空间布局合理、经济生态高效、城乡环境宜居、资源节约利用、绿色生活普及、生态制度健全的"美丽中国示范区"。为了实现这一目标，《纲要》提出"保底线、强基础、抓重点、补短板、树亮点、依法制"的总体思路，结合国家要求和湖北实际设计了 35 项具体指标，涉及制度建设、国土空间开发、绿色经济等方面，彰显湖北特色。

3.1.1　大气环境治理相关计划

自 2013 年国务院发布《大气污染防治行动计划》以来，为应对日益严峻的大气环境污染问题，我国政府先后出台了专门针对大气污染的防治计划、实施方案及具体的细则共计 12 项，牵头部门以环保局为主，人民政府、发改委、农业局、林业局等局办各方协调支持。在任务目标方面，主要对空气质量优良率、大气污染物浓度及污染排放总量提出要求。具体治理措施包括关停和整改电力、化工、水泥等高耗能产业，推动新能源的开发、强化机动车污染防治、加强扬尘等面源污染治理等，涵盖产业、能源、交通、污染控制等多个方面。

（1）国务院：《大气污染防治行动计划》

国务院 2013 年发布《大气污染防治行动计划》（以下简称《行动计划》），是当前和今后一个时期内全国大气污染防治工作的行动指南。《行动计划》提出，经过五年努力，使全国空气质量总体改善，重污染天气较大幅度减少；京津冀、长三角、珠三角等区域空气质量明显好转。力争再用五年或更长时间，逐步消除重污染天气，全国空气质量明显改善。具体指标是：到 2017 年，全国地级及以上城市可吸入颗粒物浓度比 2012 年下降 10％以上，优良天数逐年提高；京津冀、长三角、珠三角等区域细颗粒物浓度分别下降 25％、20％、15％左右，其中北京市细颗粒物年均浓度控制在 60 微克/立方米左右。

为实现以上目标，《行动计划》确定了十项具体措施：一是加大综合治理力度，减少多污染物排放。二是调整优化产业结构，推动经济转型升级。三是加快企业技术改造，提高科技创新能力。四是加快调整能源结构，增加清洁能源供应。五是严格投资项目节能环保准入，提高准入门槛，优化产业空间布局，严格限制在生态脆弱或环境敏感地区建设"两高"行业项目。六是发挥市场机制作用，完善环境经济政策。七是健全法律法规体系，严格依法监督管理。八是建立区域协作机制，统筹区域环境治理。九是建立监测预警应急体系，制定完善并及时启动应急预案，妥善应对重污染天气。十是明确各方责任，动员全民参与，共同改善空气质量。

（2）湖北省人民政府关于贯彻落实国务院大气污染防治行动计划的实施意见（鄂政发［2014］6 号）

2014 年 1 月，为贯彻落实《国务院关于印发大气污染防治行动计划的通知》（国发〔2013〕37 号），进一步加强大气污染防治工作，不断改善全省大气环境质量，结合湖北省实际，湖北省人民政府办公厅以鄂政发［2014］6 号文发布了《省人民政府关于贯彻落实国务院大气污染防治行动计划的实施意见》。

总体要求到 2017 年，全省城市环境空气质量总体得到改善，重污染天气大幅减少。力争到 2022 年，基本消除重污染天气，全省空气质量明显改善，地级及以上城市空气质量基本达到或优于国家空气质量二级标准。具体而言，要求到 2017 年，全省可吸入颗粒物年均浓度较 2012 年下降 12%，其中几个城市可吸入颗粒物年均浓度较 2012 年下降 18%。

为达成上述目标，省政府制定了具体的治理方法和措施：推进产业结构调整，切实转变经济发展方式加强科技研发，提升产业发展水平，深化工业污染治理，大力推进污染减排工作，强化机动车污染防治，加速黄标车淘汰进程；加强扬尘控制，深化面源污染治理等，涵盖了行业、交通、能源等方面。

3.1.2 水环境治理相关规划

（1）国务院：《水污染防治行动计划》

2015 年 4 月国务院印发《水污染防治行动计划》（以下简称《行动计划》），提出水污染防治的总体目标：到 2020 年，全国水环境质量得到阶段性改善，污染严重水体较大幅度减少，饮用水安全保障水平持续提升，地下水超采得到严格控制，地下水污染加剧趋势得到初步遏制，近岸海域环境质量稳中趋好，京津冀、长三角、珠三角等区域水生态环境状况有所好转。到 2030 年，力争全国水环境质量总体改善，水生态系统功能初步恢复。到 21 世纪中叶，生态环境质量全面改善，生态系统实现良性循环。为实现以上目标，《行动计划》确定了十项具体措施：全面控制污染物排放、推动经济结构转型升级、着力节约保护水资源、强化科技支撑、充分发挥市场机制作用、严格环境执法监管、切实加强水环境管理、全力保障水生态环境安全、明确和落实各方责任、强化公众参与和社会监督。

此后，国务院及各大部委发布一系列水污染防治的相关配套文件，如国务院发布《关于推进水污染防治领域政府和社会资本合作的实施意见》，要求充分发挥市场机制作用，鼓励和引导社会资本参与水污染防治项目建设和运营。2015年6月环保部、水利部印发《关于加强农村饮用水水源保护工作的指导意见》，对城乡居民饮用水安全保障水平提出更高要求。同年8月，住建部、环保部印发《关于印发城市黑臭水体整治工作指南》，指导地方各级人民政府组织开展城市黑臭水体整治工作，提升人居环境质量，有效改善城市生态环境。2015年10月，科技部、环境保护部、住房城乡建设部、水利部、海洋局等部门联合组织实施国家水安全创新工程，并编制了《国家水安全创新工程实施方案》（2015—2020年）。

（2）国务院：《实行最严格水资源管理制度考核办法》

为推进实行最严格水资源管理制度，确保实现水资源开发利用和节约保护的主要目标，2013年1月，国务院办公厅以国办发〔2013〕2号公开印发《实行最严格水资源管理制度考核办法》（以下简称《办法》），对各省、自治区、直辖市用水总量、水质、控制率等进行控制。

《办法》明确规定湖北省用水总量控制目标为2015年315.51亿立方米；2020年365.91亿立方米；2030年368.91亿立方米；用水效率目标为2015年，万元工业增加值用水量比2010年下降35%，农田灌溉水有效利用系数0.496。重要江河湖泊水功能区水质达标率控制目标为2015年78%；2020年85%；2030年95%。

（3）湖北省人民政府：《湖北省水污染防治行动计划工作方案》

为全面贯彻落实国务院《水污染防治行动计划》，加大水污染防治力度，持续改善水环境质量，保障水生态安全，推进生态文明建设，结合湖北省实际情况，省人民政府于2016年1月关于印发《湖北省水污染防治行动计划工作方案》。2014年10月湖北省人民政府印发了《省人民政府关于进一步加强城镇生活污水处理工作的意见》。湖北强化水环境质量目标考核问责，2015年6月，湖北省政府出台了《跨界断面水质考核办法（试行）》（鄂政办发〔2015〕43号），全面启动跨市界地表水断面的水质目标考核，由省环保厅每月对跨界断面水质进行监测并按月通报，年度考核不合格的将实施区域限批。2016年1月，省环委会印发了《省环委会办公室关于加快落实〈湖北省水污染防治行动计划工作方案〉有关事项的函》。

主要指标：到 2020 年，全省地表水水质优良（达到或优于Ⅲ类）比例总体达到 88.6%，丧失使用功能（劣于Ⅴ类）的水体断面比例控制在 6.1% 以内，县级及以上城市集中式饮用水水源水质达标率达到 100%，地级及以上城市建成区黑臭水体均控制在 10% 以内，地下水质量考核点位水质级别保持稳定。

3.1.3 土壤环境治理相关规划

（1）国务院：土壤污染防治行动计划

国务院 2016 年发布《土壤污染防治行动计划》，是当前和今后一个时期全国土壤污染防治工作的行动指南。《行动计划》提出，经过五年努力，使全国土壤污染加重趋势得到初步遏制，土壤环境质量总体保持稳定，农用地和建设用地土壤环境安全得到基本保障，土壤环境风险得到基本管控。力争再用十年，全国土壤环境质量稳中向好，农用地和建设用地土壤环境安全得到有效保障，土壤环境风险得到全面管控。到 2050 年，土壤环境质量全面改善，生态系统实现良性循环。主要指标是：到 2020 年，受污染耕地安全利用率达到 90% 左右，污染地块安全利用率达到 90% 以上。到 2030 年，受污染耕地安全利用率达到 95% 以上，污染地块安全利用率达到 95% 以上。

为实现以上目标，《行动计划》确定了十项具体措施：开展土壤污染调查，掌握土壤环境质量状况；推进土壤污染防治立法，建立健全法规标准体系；实施农用地分类管理，保障农业生产环境安全；实施建设用地准入管理，防范人居环境风险；强化未污染土壤保护，严控新增土壤污染；加强污染源监管，做好土壤污染预防工作；开展污染治理与修复，改善区域土壤环境质量；加大科技研发力度，推动环境保护产业发展；发挥政府主导作用，构建土壤环境治理体系；加强目标考核，严格责任追究。

（2）农业部关于打好农业面源污染防治攻坚战的实施意见

《农业部关于打好农业面源污染防治攻坚战的实施意见》是农业部发布的文件。意见总体目标是力争到 2020 年农业面源污染加剧的趋势得到有效遏制，实现"一控两减三基本"。"一控"，即严格控制农业用水总量，大力发展节水农业，确保农业灌溉用水量保持在 3720 亿立方米，农田灌溉水有效利用系数达到 0.55；"两减"，即减少化肥和农药使用量，实施化肥、农药零增长行动，确保测土配方施肥技术覆盖率达 90% 以上，农作物病虫害绿色防控覆盖率达 30% 以上，肥料、农药利用率均达到 40% 以上，全国主要农作物化肥、农药使用量实现零增长；"三基本"，即畜禽粪便、农作物秸秆、农膜基本资源化利用，大力推进农业废弃物的回收利用，确保规模畜禽养殖场（小区）配套建设废弃物处理设施比例达 75% 以上，秸秆综合利用率达 85% 以上，农膜回收率达 80% 以上。

其中关于土壤治理的任务有：化肥零增长行动、农药零增长行动、解决农田残膜污染、耕地重金属污染治理共四项。

（3）湖北省土壤污染防治条例

2016 年 2 月，为了预防和治理土壤污染，保护和改善土壤环境，保障公众健康和安全，实现土壤资源的可持续利用，根据《中华人民共和国环境保护法》等有关法律、行政法规，结合湖北省实际，湖北省人大常委会颁布出台了《湖北省土壤污染防治条例》。条例共分 8 章内容，分别为第一章总则，第二章土壤污染防治的监督管理，第三章土壤污染的预防，第四章土壤污染的治理，第五章特定用途土壤的环境保护，第六章 信息公开与社会参与，第七章法律责任，第八章附则。为保障切实达到土壤环境修复治理的目的，条例对土壤的防治以及各级政府的责任都分解到位。

3.2 生态环境诊断与治理

为了更好地了解城市生态环境治理实际需求，把握治理的重点方向，研究从守住环境质量底线出发，对大气、水、土壤、声环境质量现状进行诊断，分析污染空间特征与污染源特征，为研究区域湖北省某市确定重点治理方向提供依据。

3.2.1 大气环境诊断与治理现状

以湖北省某市为研究案例进行大气环境质量诊断和治理措施，该城市所在的长江中游城市群是中国目前空气污染较为严重的区域之一，总体而言，该市 2018 年空气质量优良率在 50％以上（图 3-3-3）。经过治理，目前大气环境质量有所改善，但是治理任务仍然严峻。

从该市 2018 年空气质量指数（图 3-3-1 和图 3-3-2）来看，污染天气的首要污染物以 PM$_{2.5}$ 为主，PM$_{10}$ 次之；重污染天数主要出现在 12 月～3 月；首要污染物为臭氧 8 小时浓度的情况，主要出现在 4～10 月。对比各污染物在的各月份浓

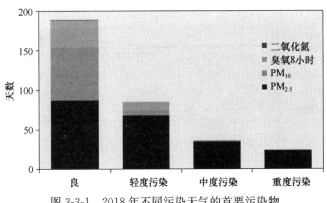

图 3-3-1 2018 年不同污染天气的首要污染物

度数据可以看出，治理有一定成效：2018 年中心城区 PM_{10}、$PM_{2.5}$ 及 NO_2 均有所下降，如图 3-3-4 所示。

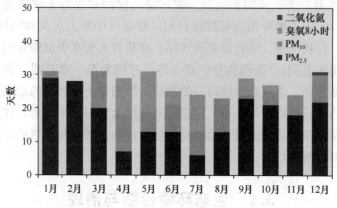

图 3-3-2　2018 年各月份的首要污染物

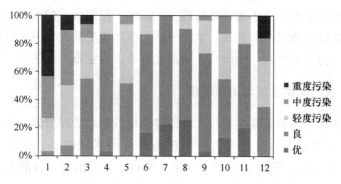

图 3-3-3　2018 年中心城区的天气污染情况

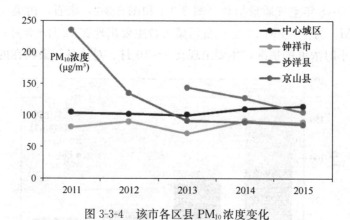

图 3-3-4　该市各区县 PM_{10} 浓度变化

本研究采用 MODIS 气溶胶产品 MOD04_L2 和 MYD04_L2，空间分辨率是 10km，时间分辨率是 1 天，即每天可获取两幅研究区域的影像。气溶胶光学

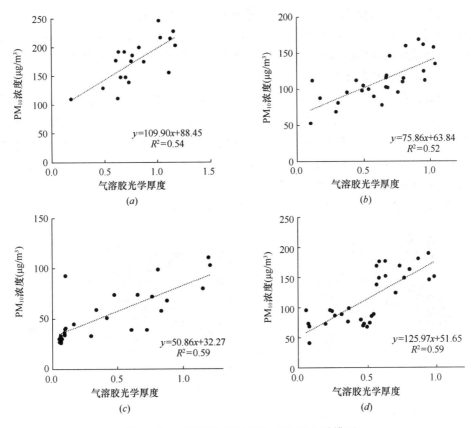

图 3-3-5　气溶胶数据与PM$_{10}$之间的相关模型

(a) 2014 冬季；(b) 2015 春季；(c) 2015 夏季；(d) 2015 秋季

厚度反映了大气的浑浊度，可以表征大气中颗粒物的多少。图 3-3-5 表明不同季节的气溶胶光学厚度与PM$_{10}$之间皆存在一定的相关性，相关系数越大，PM$_{10}$的浓度越高。

冬季的相关性系数较大，究其原因，城市以重化工业为主，受工业生产排放的废气、汽车尾气及冬季容易形成逆温层、降水量明显减少、冬季植物对大气颗粒物的吸附能力明显减弱等因素的影响，空气中PM$_{10}$的含量达到一年中的最大值。此外，北方冬季供暖造成空气中的PM$_{10}$的含量大幅升高，因而空气净化能力随之降低。冬季的主导风向为北风，来自北方的大气污染物扩散，在地势的影响，PM$_{10}$聚集，造成冬季PM$_{10}$的高含量。

春季气溶胶光学厚度与PM$_{10}$的相关系数相对较小，春季气温的回升，风向的改变，这些共同影响着大气中颗粒的浓度及扩散条件，造成春季大气中PM$_{10}$浓度的显著降低。

夏季和秋季气溶胶光学厚度与PM$_{10}$的相关系数差不多，出现这种情况的主要原因为夏季降雨量大，雨水对空气的净化作用明显，夏季植被对大气颗粒物也起到一定的吸附作用；而秋季空气干燥，灰尘容易在空气中悬浮，另外秋季是农村秸秆燃烧比较集中的季节，在一定程度上也影响了大气中颗粒物浓度。

（1）污染物扩散条件不佳

污染企业下风向形成 PM_{10} 高浓度区其超标的区域主要集中在沙洋县、钟祥市大部分区域（除东北部）以及有管控企业分布的中心城区，其中中部、南部 PM_{10} 的水平比较高（图 3-3-6），主要是受风向和地形因素的影响，所以在规划企业格局时应充分考虑城市的主导风向及地形等跟污染物扩散密切相关的因素，尽量将企业规划在城市主导风向的下风向处，避开人口密集的区域。应该配套建设通风廊道，及时疏导大气污染物，降低大气污染物的浓度。

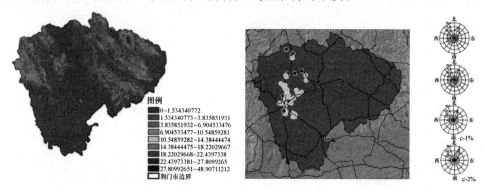

图 3-3-6　某市高程图、大气污染重点管控企业空间分布与四季风玫瑰图

（2）污染源种类多，排放总量亟须控制

"十二五"期间，SO_2、NO_x 排放总量分别下降 21.7% 和 31.7%，但烟粉尘排放总量上升了 31.2%，可能是 PM_{10} 浓度居高不下的重要原因。在各类大气污染物排放总量中，工业源均为最主要的来源（图 3-3-7）。

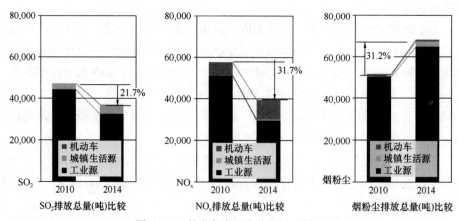

图 3-3-7　某市各类污染物的排放情况

（3）工业行业挥发性有机物（VOCs）排放尚未得到关注

VOCs具有光化学活性，排放到大气中是形成细颗粒物（$PM_{2.5}$）和臭氧的重要前体物质，对环境空气质量造成较大影响。除影响环境质量外，一些行业排放的VOCs含有三苯类、卤代烃类、硝基苯类、苯胺类等物质，对人体健康有较大危害。此外，部分VOCs具有异味，会给周边居民生活造成一定程度影响。工业是VOCs排放的重点来源，排放量占总排放量的50%以上。排放源复杂，主要涉及产品生产、使用、储存和运输等诸多环节，其中石油炼制与石油化工、涂料、油墨、胶粘剂、农药、汽车、包装印刷、橡胶制品、合成革、家具、制鞋等行业排放量占工业排放总量的80%以上。工业行业VOCs排放具有强度大、浓度高、污染物种类多等特点，回收再利用难度大、成本高，是工业领域VOCs削减的难点。加快重点行业VOCs削减，对推动工业绿色发展，促进大气环境质量改善，保障人体健康具有重要意义❶。

根据前述大气环境诊断中对污染物空间分布特征、大气污染成因的分析，对应的制定出源头治理、传输过程控制和末端治理等几个重点治理方向与领域（图3-3-8）。

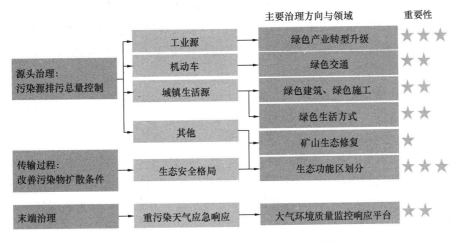

图 3-3-8　大气环境治理主要方向与重要性

3.2.2　水环境诊断与治理现状

某市水污染源分为点源污染和面源污染，形成固定排放点的污染为点源污染源。通过降雨和地表径流冲刷，将大气和地表中的污染物带入受纳水体而引起的水污染考虑为面源污染。根据污水来源的不同，可将污水分为4类（图3-3-9），其各自的计算公式如下：

---

❶　工信部、财政部关于印发重点行业挥发性有机物削减行动计划的通知，2016，7.

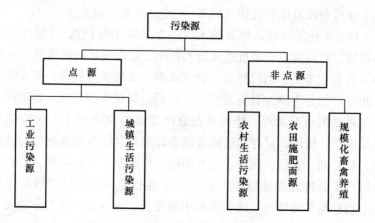

图 3-3-9 污染源分类

（1）生活污水：

$$Q_1 = A_i \times F_i \times P$$
$$W_1 = A_i \times q_i$$

式中：Q_1 为规划年生活污水量，万 m^3/a；W_1 为规划年各污染物产生量，t/a；A_i 为规划年人口数，万人；F_i 为规划年用水定额，L/(p·d)；P 为污水产率；q_i 为规划年各污染物负荷，g/(P·d)。

（2）工业废水：

$$Q_2 = S_i \times F_i \times (1+a)$$
$$W_2 = Q_2 \times C_i$$

式中：Q_2 为规划年工业废水量，万 m^3/a；W_2 为规划年各污染物产生量，t/a；S_i 为工业用地类型面积，km^2；F_i 为规划年单位工业用地用水量指标，$m^3/(km^2 \cdot d)$；a 为地下水渗入率；Q_i 为各规划年工业废水量，万 m^3/a；C_i 为各规划年污染物控制浓度，mg/L。

（3）禽畜养殖废水：

$$Q_3 = A_i \times T_i \times F_i$$
$$W_3 = Q_i \times C_i$$

式中：Q_3 为规划年禽畜养殖废水量，万 m^3/a；W_3 为规划年各污染物产生量，t/a；A_i 为规划年畜禽年出栏数，万头；T_i 为规划年畜禽存栏时间，天；F_i 为规划年畜禽养殖排水定额，$m^3/(p \cdot d)$；Q_i 为各规划年禽畜养殖废水量，万 m^3/a；C_i 为各规划年污染物控制浓度，mg/L。

（4）面源污染：

$$Q_4 = S_i \times P \times R_i$$
$$W_4 = Q_i \times C_i$$

式中：Q_4 为面源污水产生量，万 m^3/a；W_4 为规划年各污染物产生量，t/a；S_i 为土地利用类型面积，km^2；P 为降雨量，mm；R_i 为径流系数；Q_i 为各规划年面源污水产生量，万 m^3/a；C_i 为各土地利用类型中污染物浓度，mg/L。

某市根据流域汇水功能区划，各个区县生态功能区污染物排放量＝生活废水＋工业废水＋畜禽养殖废水＋农业面源污染总量。

从研究结果来看，城镇生活源对氨氮的贡献较大，接近总量的 50%。主要因为污水处理及配套管网建设滞后，尤其是乡镇级污水处理设施；工业源污染也不容忽视，部分产业污染排放浓度大，达不到产业政策要求，工业级集聚区内的废水处理设施需完善。农业源污染对化学需氧量贡献较大，2014 年占总量的 50% 以上，主要因农药化肥的使用和畜禽养殖的发展。

某市水体 COD、NH_3-N 尚有一定剩余容量。但局部水环境超标问题严重，长期来看，如不采取措施，2020 年环境容量趋紧，2025 年将严重超限，亟须开展截污、控源、连通、提质与修复工程（图 3-3-10）。

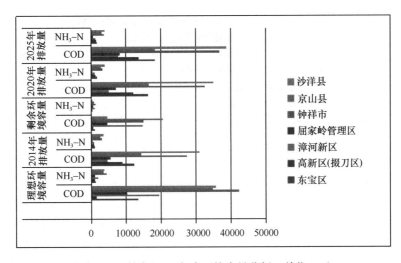

图 3-3-10 某市 2014 年水环境容量分析（单位：t/a）

根据各年水资源公报统计，该市水资源总量自 2010 年以来下降趋势明显，已连续 4 年未达到多年平均水资源总量（图 3-3-11）。多年平均水资源总量达 40.1 亿立方米，总人口为 300 万人，人均水资源量为 1333.20 立方米/人，低于联合国规定的人均水资源警戒线（1700 立方米/人），水资源承载力偏低。

通过综合评估，某市水资源短缺状况处于低风险状态，并且将有上升为中度风险乃至次高风险状态的趋势。应及时采取相应的措施加强水资源的保护，科学合理地开发利用水资源、保护水资源，进行有效的水资源管理，制定适应现代水资源管理要求的政策、法规、经济和技术措施。

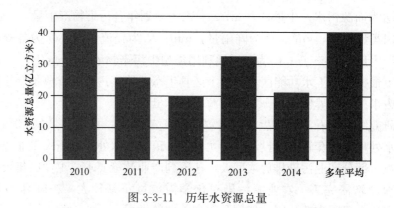

图 3-3-11　历年水资源总量

（5）用水效率评估

对用水效率进行分析。用水效率主要由万元 GDP 用水量、万元工业增加值用水量及农业灌溉亩均用水量三个指标进行评价（图 3-3-12）。

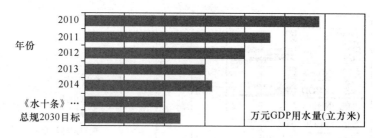

图 3-3-12　用水效率指标

根据某市历年水资源公报（2010—2014），该市万元工业增加值用水量呈下降趋势，且下降趋势明显（图 3-3-13）。但 2014 年的万元工业增加值用水量与《水十条》中提出的 2020 年万元工业增加值用水量较 2013 年下降 30％以上的目标值仍有一定的差距，与该市提出的 2030 年万元工业增加值用水量为 29 立方米的目标值仍有一定的差

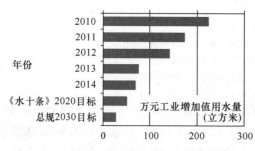

图 3-3-13　某市万元工业增加值用水量

距。对比 2012 年同期湖北省其他城市、湖北省平均及全国平均万元工业增加值用水量，该市万元工业增加值用水量高于湖北省万元工业增加值用水量，也高于全国万元工业增加值用水量。

（6）水安全

某市基本径流是从西北向东北，与地形趋势一致，属于河流汇集的区域，其中有四块潜在的重要汇流流域；市域内水库星罗、水系密布，水域及水利设施丰富。海绵基底率达到 82.9%，基底条件好。但水系连通性不足，排涝不通畅。

城区境内主要有汉江、伊河、涧河、瀍河等河道水体在雨洪暴发期间可以用于储水设施，在调蓄中可以发挥重要作用。通过 GIS 分析，分析水系、坑塘、淤积等在雨洪调蓄中可以发挥重要作用的区域。某市市域主要由汉江径流 10 条次要的汇水通道及 12 个主要泄洪湿地满足暴雨季节的行洪需求。所以，沿河水流动方向应建立尽量多的滞水湿地；利用闲置地、未建地（图 3-3-14）。实施水系连通工程，通过建立雨洪安全格局，利用蓄洪和下渗的雨水补充水源。在城市规划和建设之前对控制洪水过程的关键位置和区域进行保护、改造和利用，以实现城市的生态安全和城市的可持续发展。

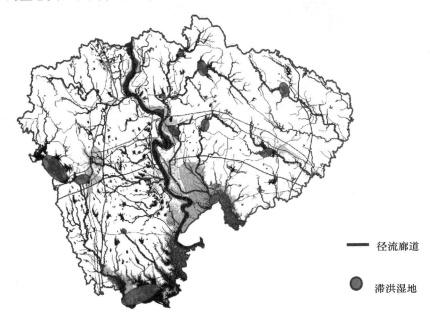

径流廊道

滞洪湿地

图 3-3-14　某市径流滞洪分析

根据某市域自然地形以及现状村庄和水系分布，在 20 年一遇的暴雨强度下，利用 MIKE FLOOD 软件通过对该市地形本底特征系统模拟结果，通过建立内涝风险模型对市域进行内涝风险评估（图 3-3-15）。

城市内涝问题，不仅仅源于排水管道，而且许多原因还处在城市本身。区域自然肌理比排水管网本身对城市内涝的影响要更大。城市的外延扩张，破坏区域自然肌理，大面积地面硬化，使所在流域内不透水面积增加，透水面积减少，地表径流量成倍增加。目前，该市各县市区老城区现有排水设施基础较差，均为合流制排水系统，排水沟渠断面偏小，河道的污染和淤塞严重影响了城市排涝的能

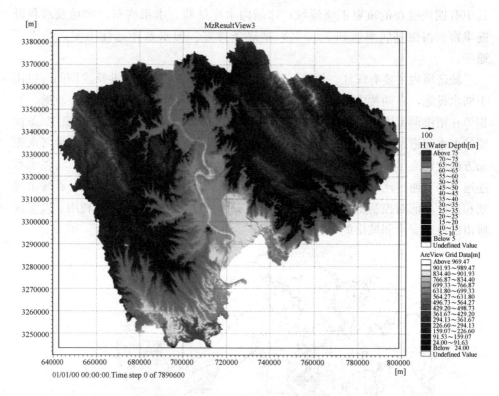

图 3-3-15　某市域范围内涝风险模拟图

力。同时现状水系连通性不足，排涝不通畅。建成区硬化面积大，坡度大，外排能力有限。

（7）水环境

某市地表水环境质量总体较好。其中汉江干流、漳河水库、总干渠、四干渠、富水河、京山河等水体水质良好，而长湖、竹皮河等为重度污染，并包含黑臭水体。

根据《某市 2015 年度环境质量报告书》监测结果显示：涉及地表水共 20 个监测断面中Ⅰ～Ⅲ类共有 14 个，占 70%，其余 5 个断面为劣Ⅴ类，占 30%，竹皮河流域内劣Ⅴ类断面较多，马良龚家湾、瓦房店、泗水桥、杨树港革集三组断面为劣Ⅴ类，超标因子为高锰酸盐指数、生化需氧量、氨氮、化学需氧量及总磷等指标；长湖后港断面为劣Ⅴ类，主要超标因子为化学需氧量及氟化物，天门河拖市断面劣Ⅴ类，主要超标因子为氨氮（图 3-3-16）。

从"十二五"期间的水质年际变化情况可以看出，市内主要河流总体水质类别年际变化不大；竹皮河污染得到有效控制，水质有所好转，但仍为劣五类；长湖水质没有明显改善，仍需加大治理力度。

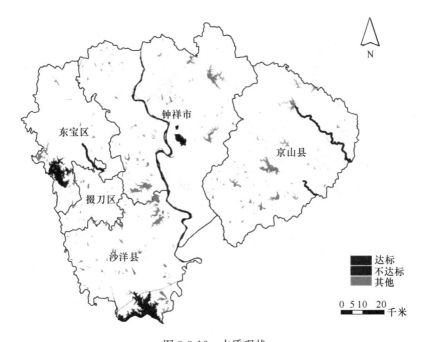

图 3-3-16　水质现状

（8）水生态

以重点流域"一河（竹皮河—汉江一级支流）、一湖（长湖—长江水系）"，水质较好湖泊"三库（漳河水库—长江水系、温峡水库—汉江水系、惠亭水库—汉江水系）"水生态基本格局为基础。

根据某市的水文气象特征，降雨量少，蒸发量大，水资源贫乏，河流是整个生态系统中非常重要的一部分。河流及其滩涂、湿地为生态高敏感区。结合该市水资源，水环境和水安全分析，该水生态文明建设中水生态保护和修复工作重点划分为重点流域保护、饮用水源地保护、湿地保护、水系连通、水资源利用以及海绵城市建设等六方面的内容（图 3-3-17）。

依据某市水环境容量分析和水环境敏感性指标分析，某市水环境治理应以流域整体水生态格局为理念，以流域水环境的保护和治理为中心，从生活、农业、工业源头治理，区域内污染源排污总量控制和达标排放，到末端水生态修复与保护工程的实施，实现水质与水量的综合治理。基于流域水资源的生态和经济价值，从水资源、水安全、水环境、水生态四个维度，突破各部门职能局限，通过涉水职能部门间关于水污染治理信息、方法、工程等的协调合作，并逐步建立和完善水生态补偿制度，进而实现各流域水环境治理目标，提升城市绿色发展力（表 3-3-1）。

119

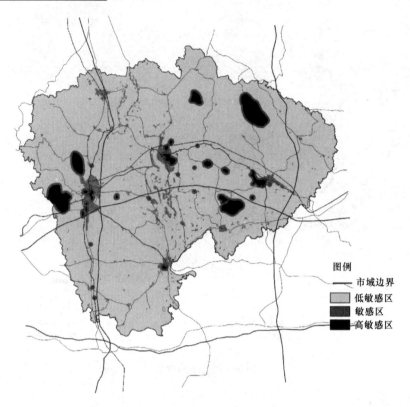

图 3-3-17 某市水系生态敏感性区域分析

某水环境治理主要方向与领域   表 3-3-1

治理方向	治理领域	分解项目	重要性
源头控制	农业源	防治畜禽/水产养殖污染	★★★
		农业面源污染控制	★★
	城镇生活源	城乡污水处理及配套管网	★★
		绿色生活方式	★
	工业源	绿色产业转型升级	★★
		用水效率提升	★★★
		城乡固废综合处理	★★
生态修复	河湖综合整治	重点流域水体生态修复	★★★
		重点湖泊和湿地保护	★★
	生态水网	水系连通工程	★★★
	海绵城市建设	中心城区海绵城市建设	★
末端治理	污染水体治理	黑臭水体整治	★★★
制度建设	水生态制度	水生态补偿制度	★★

3.2.3 土壤环境诊断与治理现状

本节进行土壤环境质量诊断和治理措施研究，某土壤污染主要表现为重金属污染、为工业污染，产生行业主要分布在基础化学原料制造业。经过治理，目前土壤环境质量有所改善，但是治理任务仍然严峻。

（1）土壤环境现状❶

该市重金属污染产生行业主要有基础化学原料制造业：硫铁矿制酸企业（生产线）、高浓度磷化业、铅酸蓄电池极板生产企业、废旧电池及废料（含镍、钴、铜、锌、镉）的回收利用、废旧电器拆解循环再利用企业、机械加工电镀生产线等行业。区域上相对集中分布于胡集镇磷化开发园区、中心城区竹皮河流域、某县经济开发区（图3-3-18）。

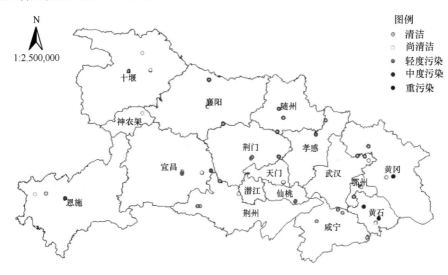

图3-3-18　湖北省畜禽养殖场周边土壤综合污染状况分布图（2015年）

（2）水土流失现状

该市属于湖北省政府确定的水土流失重点治理区的汉江中游片区。2006年该市水土流失总面积3748平方公里，占国土总面积的31%，年流失土壤流失700多万吨，如图3-3-19所示。形成水土流失的原因包括：毁林开荒、陡坡开垦；公路建设、矿山开垦等活动对自然生态系统的破坏。

（3）矿山环境现状

目前该市绝大多数磷矿、石膏矿、石灰石矿和煤矿等矿山开采企业均是粗放经营，开采方式落后，资源利用率低，多以出售原矿为主。矿山开采造成植被破

---

❶　主要参考：《某市环境保护"十三五规划"》、2015年湖北省环境质量状况。

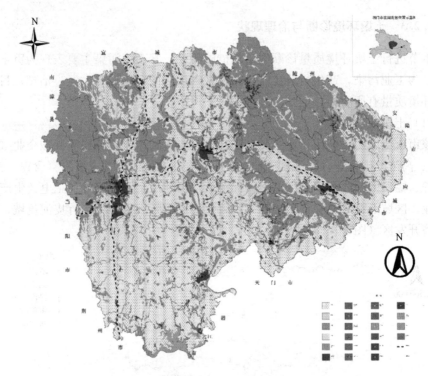

图 3-3-19　水土流失分布图

坏、水土流失、地表塌陷等生态灾害，大量固体废物未得到合理处置，成为二次污染源，影响周围生态环境。

作为一个典型的资源型城市，目前该市中心城区矿山有 17km²，经过多年开采，留下大量矿坑、渣场等矿山废弃地，矿山废弃地约占矿山面积的 35%。对生态环境造成了一定的影响。矿山由于植被遭到严重破坏，恢复状况不佳，土地贫瘠、植被退化，最终导致矿区大面积人工裸地的形成，极易被雨水冲刷，严重时甚至可能爆发泥石流，矿井关闭后，地下水侵蚀废弃矿井，矿井支柱"遇水软化"，引发采空区塌陷，成为威胁矿区民众生命和财产安全的隐患，形成地质灾害。

（4）土壤环境破坏主要原因分析

产业发展方式粗放，污染企业布局有待调整。长期以来，该市涉重金属行业企业多集中在钟祥胡集、双河、磷矿等区域，部分分散在高新技术产业园区，工业开发区内，一些高投入、高耗能、高污染、高环境风险落后企业依然存在。工业发展地域差别及资源、交通等因素匹配形成的工业结构布局，使得污染集中在胡集区域和一些主要排污行业，导致磷化工业园区污染排放高度集中，局部重金属环境质量恶化。

按照已有资料和遥感影像，化工园区的空间布局有待调整，与农田之间安全距离较短（图 3-3-20）。

图 3-3-20　化工园区的空间布局遥感影像图

根据前述土壤环境诊断中对土壤环境破坏主要原因及污染源分析等，对应的制定出源头治理和末端治理等几个重点治理方向与领域。土壤环境治理重在标本兼治，其中提高对工业企业的监管、危废的综合整治以及土壤矿山生态修复对于土壤环境治理重要性相对较高（图 3-3-21）。

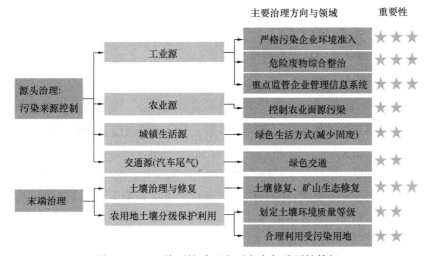

图 3-3-21　土壤环境治理主要方向与重要性等级

3.3　生态环境治理重点领域确定

3.3.1　生态环境治理技术路线

为了更好地了解生态环境治理实际需求，把握治理的重点方向，本研究从顶层政策研究、标杆经验借鉴、既有规划梳理、生态环境诊断、治理需求评价五个方面进行基础研究。

首先，通过顶层政策研究和标杆经验借鉴，确定国内外主要生态治理对象。其次，从守住生态质量底线出发，进行大气、水、土壤、声环境等版块的相关规划梳理和现状诊断，加上对利益相关者的治理需求主观评价，将最终确定生态治理十大重点领域（图 3-3-22）。

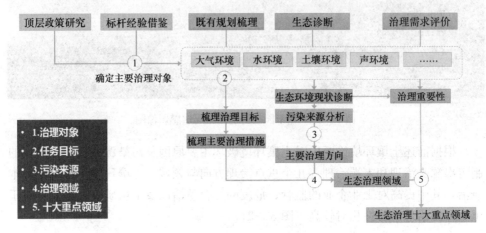

图 3-3-22 重点领域研究技术路线

3.3.2 生态环境质量现状对标分析

（1）生态环境质量横向对标分析

1）大气环境质量对标分析

选取空气质量优良率、二氧化硫减排率、PM_{10}年均浓度这 3 项空气质量指标进行对标分析。由对比图 3-3-24 可以清楚看出，空气质量优良率和 PM_{10} 两个指标的现状值和本治理目标值之间呈现梯级变化趋势，而二氧化硫减排率则相差不大。观察空气质量优良率，本治理目标到相关标准目标值，需要提升近 16 个百分点，说明本治理目标与相关标准目标值（其他城市生态治理目标）之间存在明显的差距，但是考虑到该市空气质量状况在全国近 300 个地级市的排名处于中下游及空气质量优良率较低的状况。比较 3 种水平下的 PM_{10} 浓度，从现状值达到其他城市的相关标准目标值，需要降低 50 个百分点，这说明该市的可吸入颗粒物（PM_{10}）水平与其他城市之间存在较大的差异，与其他治理目标之间差距还比较大。

分析三种大气指标中现状值与本治理目标值之间的关系，从对比图（图 3-3-23）可以看出，空气质量优良率从现状值 60％到治理目标值需要提高至少 20 个百分点，比较 3 水平下的 PM_{10} 浓度，可以看出从现状值到本治理目标值需降低 29 个百分点。

2）水环境质量对标分析

水质是衡量城市生态治理水平的重要指标。采取饮用水水源地水质达标率和COD 减排率两个指标对本治理和相关标准所设的目标值进行对比，结果表明饮

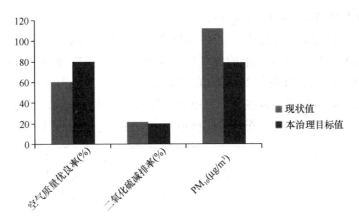

图 3-3-23 某市大气质量指标值与理想值对比

用水水源地达标率两种目标值是相同的，均达到100％，这是因为饮用水源地关系到人民群众的生命安全，在城市、城镇规划和建设时都必须将饮用水源地保护放在首要的位置。在 COD 减排率上本治理目标值与相关标准目标值相比，明显偏低，低了 18 个百分点，造成这种差距的主要原因为该市工业结构以化石等重工业为主，单位万元产值排放的 COD 相比于其他以高新技术或第三产业占比较大的城市是明显偏高的，目前该市正处于产业升级转型期，在设定减排目标时，必须立足现实，考虑现状。从 COD 的减排率与相关标准的差距上，也可以看出该市在生态建设的道路上任重道远，需要付诸更多的努力。同时在水环境质量上，该市设定了"2020 年水环境质量主要指标（COD、氨氮、总磷）基本达到Ⅳ类标准，基本消除劣 V 类水体"的目标，这与其他城市，如天津在中新生态城指标体系达到Ⅳ类水质标准是基本持平的（图 3-3-24）。

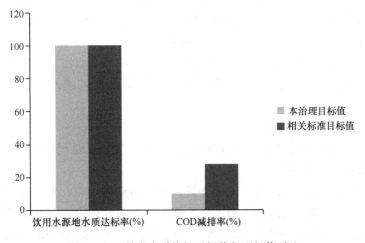

图 3-3-24 某市水质指标目标值与理想值对比

（2）生态环境质量纵向对标分析

统计某市空气质量优良率2010—2014年5年间在全国287个地级及以上城市的排名情况，结果发现该市的空气质量优良率排名呈现逐年上升的趋势，从2010年的第267名上升到2014年的第173名，排名上升了94位，从下游提升到中下游的水平，这反映出近些年来该市对大气的治理卓有成效，结合上述该市空气质量优良率目标的设定，充分说明该市环境治理目标的可行性（图3-3-25）。

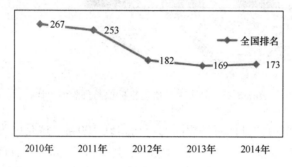

图3-3-25　2010—2014年某市空气质量优良率全国排名

3.3.3　生态环境治理公众意愿评估

（1）调查样本描述

对该市开展生态环境治理公众意愿评估，共发放调查问卷684份，其中常住该市的样本人群有602份（占常住人口的88%），另有82份问卷来自其他城市的样本。对回收的数据处理分析之后发现，调查人群呈现以下特点：调查人群的男女比例为51∶49，基本达到1∶1；调查人群年龄段为8～67岁，其中26～30岁、31～35岁、36～40岁年龄段分布的样本数较多；调查人群的教育水平以高中到大学本科为主；调查人群的职业组成以企业员工、个体经营者和公职人员为主，另外进城务工人员、在校学生、科研人员、务农、离退休人员、农村居民等各行业人群都有一定的覆盖；调查人群地域分布基本全面覆盖。因此，本次调查样本从男女比例、年龄段、受教育水平、职业以及区域来说，有一定的代表性。

（2）生态环境治理重点工作分析

目前，该市生态治理工作的重点主要从紧迫程度、重要程度以及不同人群关注重点三方面综合考虑。

1）从生态治理工作的紧迫程度来说，就该市整体而言，对于生态环境治理工作，45.03%的调查人群都认为大气污染治理紧迫性较高，其次是水环境（河道、湖泊）改善和城市垃圾综合治理。而认为土壤、湿地保护和农村环境治理、预防并减少自然灾害损失非常紧迫的人群相对较少，不到25%（图3-3-26）。另

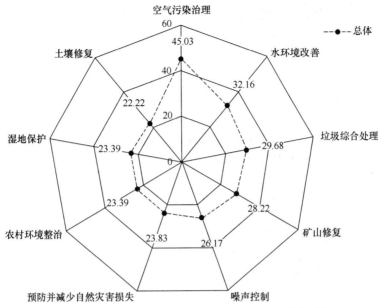

图 3-3-26 该市各项生态环境治理紧迫情况（单位:%）

外，除图中所列的 9 项生态治理工作，市民还提出需要关注的问题如下：公路的
扩建以及路两边的排水系统；菜市场秩序管理；改造高污染企业。

就该市各区县而言，不同区县生态环境工作重点有一定的差异，但是紧迫性排在
前两位的分别是大气污染治理和水环境改善，其中大气污染治理紧迫性最高。说明大
气污染问题、水污染问题引起了百姓的重视。其他一些紧迫性具有差异的工作重点是
因为不同区县人民的地区生活、工作环境、地区产业结构不同（图 3-3-27）。

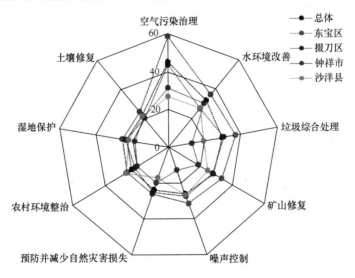

图 3-3-27 某市不同区县的生态治理工作紧迫情况

2）从生态治理工作的重要程度而言，整体来说，受访人群认为某市生态环境治理工作对于提升幸福感而言的重要性排序，前三位应该是大气污染治理（48.10%）、水环境改善（12.13%）、城市垃圾综合处理（11.70%）。其次是农村环境整治、噪声控制等（图 3-3-28）。而不同区县的调查人群虽然在重要性方面各有侧重，但是综合来看，除了沙洋县外其余区县的重要性程度排在第一位的是大气污染治理。

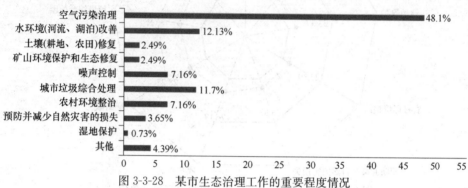

图 3-3-28 某市生态治理工作的重要程度情况

3）就不同人群的关注重点而言，虽然所处的年龄、学历、身份不一样，不同年龄段、不同学历以及不同职业人群所关注的重点也不同，但是大部分人群均认为排在前五位治理重点应该是大气污染治理、水污染治理、噪声防治、城市垃圾治理以及土壤环境治理。

从守住环境质量底线出发，综合主要治理方向，最终可以确定该市生态治理工作方案的十个重点领域是：生态控制红线、绿色产业转型、水环境综合治理、矿山生态修复、固体废物综合管理、美丽乡村推进、绿色交通连通、绿色建筑推广、生态环境监控平台建设和生态文化宣教（图 3-3-29）。

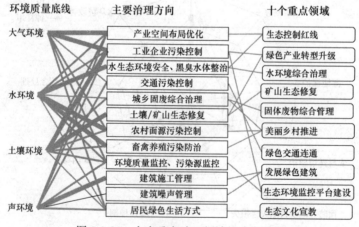

图 3-3-29 十个重点治理领域的确定过程

4 基于街区诊断与治理的城市更新模式^❶

4 Urban renewal mode based on street diagnosis and management

街巷治理是凝聚基础民意、改善基础民生、刷新城市形象基本面的一场"社会进步运动"。从豪斯曼（Haussmann）巴黎改造到美国清理贫民窟运动，从伦敦道克兰更新到西班牙毕尔巴鄂（美术馆）"一座建筑复兴一个城市"，现代城市更新已在不断试错的实践中走过漫长里程，西方城市发展史见证的不仅是熠熠生辉的伟大街道，还有克己守礼的伟大市民（图3-4-1）。

图 3-4-1　巴黎的城市风貌与街道景观^❷

---

❶ 徐勤政：男，博士，高级工程师，北京市城市规划设计研究院；何永：女，博士，教授级高级工程师，北京市城市规划设计研究院，规划研究室副主任；甘霖：女，硕士，工程师，北京市城市规划设计研究院；杨兵：男，硕士，工程师，北京市城市规划设计研究院；刘剑锋：男，博士，副教授，北京建筑大学建筑与城市规划学院；熊文：男，博士，副教授，北京工业大学建筑与城市规划学院。

❷ 北京市城市规划设计研究院，常青摄。

北京大学吕斌教授曾说过，"维也纳市民天然地知道自己的房子怎么设计、怎么改造，他们只要看看周围邻居、感知这座城市就学会了，本质上城市设计要处理的是人与人、人与城市的关系，而不仅在于干预外在的建筑形体。"从这个意义上说，城市更新是通过动员不同的社会力量，重新界定公权、私权和共权空间的社会过程。

中国的城市更新、北京的街巷治理之路到底该怎么走？翻看别国历史经验并"截弯取直"，我们认识到，培育市民在公共生活❶中的公共感、认同感和规则感之于"精治、共治、法治"，就像是土壤与种子的关系，二者兼备才能繁育出老城街区的魅力之花。换言之，改造一条街的侵街占道容易，改造人们心里的侵街占道难，街巷治理之路上，工程建设（立标杆）和制度建设（立规矩）必须同步匹配方可巩固成效。

近两年，随着总规实施和首都治理结构不断下沉，疏整促工作已全面渗透到寻常巷陌。特别是老城区街巷治理效果显著❷，整治清理了一大批杂乱无章、藏污纳垢之所。然而，街巷治理是由公共空间向院落空间和房屋住户过渡，由表及里、层层下渗的过程。街巷治理前期的主要任务是解决历史问题，清理违章建筑、补足公共设施，为城市"消肿止痛"。而到了街巷治理"下一程"，核心任务转为通过公共政策逐步改善街区生态，实现系统性、内涵式、深层次治理，为城市"活血化瘀"。

总之，改善管理生态、社会生态、经济生态、文化生态是内外兼治、上下协同的长久之功。当我们决定不再小心翼翼地绕着"治理硬核"走、向城市发展的"低水平陷阱"❸宣战时，一系列潜藏已久的疑难杂症也将浮出水面。制度缺位❹、规划失灵❺、设计失范❻、公私难界❼，这些问题如果不能正面回应，上位政策传递就会难保精准、基层治理落实就会欲速不达。

基于上述问题意识，2017年，北京市城市规划设计研究院总规编制团队联合3家单位❽、对接3个实施主体❾，开展了《基于街区诊断的大栅栏地区城市更新模式研究》，旨在通过对大栅栏样本的调查评估，创新老城更新模式，并创

---

❶ 然而过公共生活恰恰是中国人的"弱项"。当西方城邦社会建造起剧院、广场、图书馆、浴场等大型公共建筑之时，小农社会时期的中国人除了建宗祠、修水利等家国礼制事务外，很少在世俗生活中展现公共感，差序格局之下，多数人只会在深宅大院中将宝贝的物件示以好友贵宾。进入当代，国人对现代城市公共秩序的规则感和认同感尚缺乏，小到"中国式过马路"、居民私搭乱建和侵街占道，大到土地开发围堵区域生态廊道，"公地悲剧"的发生实际是私权越界和市场力泛滥引发的后果。

❷ 根据城市体检阶段性成果，2017年东西城启动治理1484条背街小巷，其中750条已基本完工。

❸ 从计划经济时期就延续发展的马路经济、街居经济必然指向低成本、低价格、低档次的低水平模式。

❹ 相关原则、标准、法规、政策亟待完善。

❺ 传统控规编制及建设管控方式遭遇巨大挑战。

❻ 什么是好的设计？谁来设计？谁来认可？

❼ 公私模糊、统规统建模式不利于多元主体有效参与。

❽ 北京建筑大学、北京工业大学、北京爱特拉斯信息科技有限公司等。

❾ 西城区大栅栏－琉璃厂建设指挥部、大栅栏街道办事处、北京大栅栏投资有限责任公司。

建一套规范化、普适性的街区诊断体系（图 3-4-2）。

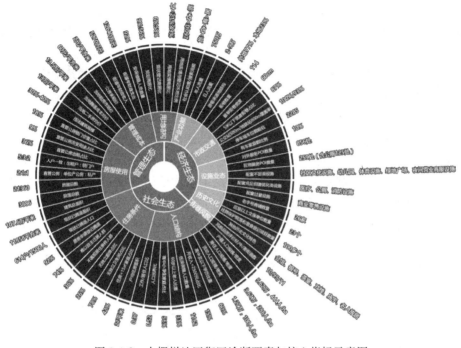

图 3-4-2 大栅栏地区街区诊断要素与核心指标示意图

课题组通过"扎针、蹲点"式调研和"即访即录"式诊断，开展了人本观察、"角色扮演"、存量梳理、政策评价等研究。集成了部门管理数据、一手调研数据、开源大数据、年鉴统计数据四类基础数据，调查访谈累计 758 人次，诊断了人口结构、住房条件等 10 类要素，提取出 61 项代表性指标。深入分析了大栅栏产权复杂、违建丛生、社区贫困、治理错位等结构性、根源性问题，并试图回答"建设一个怎样的首都窗口地区"这一历史性命题。

4.1 街 区 问 题 诊 断

大栅栏街区是北京 33 片历史文化保护区之一，辖 9 个社区，面积 1.26 平方公里。历史上，这里是老北京商业文化荟萃的城市门户❶；中华人民共和国成立后，这里是国内外游客云集的首都窗口❷。然而，大栅栏是大国首都之窗、古都文化之门、老城更新之眼；但同时这里也是距离天安门最近的贫困者湿地，是一个京腔京韵日渐消弭的文化孤岛，还是一片公共财政难以自持的治理沙地。

---

❶ 是"内城富户出城第一站，外来人口进京第一站"。

❷ 是天安门之外外地游客观光旅游的"二道门"。

随着北京老城胡同肌理逐年消退，大栅栏已经是京城历史延续最长、保留规模最大、肌理最完整的一片胡同街区。西侧琉璃厂推平重建的住宅小区已矗立多年，而东侧一路之隔的三里河片区也最终改造为公园，唇亡齿寒之间，大栅栏仍用自己的历史文化躯壳庇护着杨梅竹斜街的渐进更新和北京坊的中国式体验。但不管怎么说，大栅栏终究是多元利益拉锯❶下的幸存者，存下来就有活起来的希望❷。

然而，大栅栏保护了历史，也保留了历史遗留问题。街区诊断数据显示，大栅栏人均居住面积不足 10 平方米，80％家庭无独立厨房厕所，60 岁以上老年人占 33％，15％人口月收入 2500 以下，文化设施用地仅占 0.3％，未登记房屋约占 40％……物质环境破败、居住品质低下、贫困人口众多、基础设施欠账、违法建设严重、文化功能衰退，如此积重难返的结构性问题导致的"现代化失败"，不只是出现在大栅栏、也困扰着整个北京老城（单霁翔❸，2006）；更颠覆的是，似乎全世界首都城市的内城都分布着不同程度的贫困（图 3-4-3）。

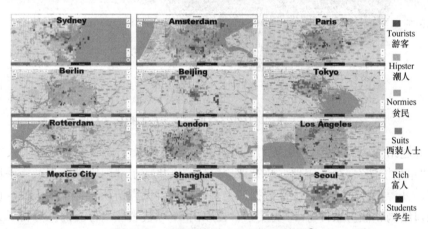

图 3-4-3　首都城市社会空间结构比较❹

地处城市中心，但又没有体现出高容积率、高就业密度、高资本密度，大栅栏历史文化街区的保护一直在承受着高影子地价和房地产开发（倪锋等❺，

---

❶　房地产开发的市场力为何没有吞噬大栅栏？这归因于大栅栏独特的街区生态，公房产权制度、历史文保约束、政府的隐性补贴、精英团体的介入、贫困群体的坚守，合起来对抗了速拆速建的模式。

❷　郭湘闽. 土地再开发机制约束下的旧城更新困境剖析［J］. 城市规划，2008（10）：42-49.

❸　单霁翔. 从"以旧城为中心发展"到"发展新区，保护旧城"——探讨历史城区保护的科学途径与有机秩序（上）［J］. 文物，2006（5）：45-57.

单霁翔. 从"大规模危旧房改造"到"循序渐进，有机更新"——探讨历史城区保护的科学途径与有机秩序（下）［J］. 文物，2006（7）：26-40.

❹　来源：https://hoodmaps.com/

❺　倪锋，张悦，黄鹤. 北京历史文化名城保护旧城更新实施路径刍议［J］. 上海城市规划，2017（02）：65-69.

2017）的压迫。上下求索之中，大栅栏的实施主体已在过去十几年做了19版大大小小的规划和研究，然而要真正克服"转型受困、转性受制、统筹困难"的系统性治理难题，则要看透错综复杂的现实困境、打破陈陈相因的制度瓶颈❶。

4.1.1　贫困泥潭：社会生态退化

（1）从收入贫困到机会陷阱

大栅栏是老城区人口密度最高的街区之一，现状户籍人口5.6万人，常住人口3.6万人，户籍人口密度444人/公顷，为西城区十五个街道之最。同时大栅栏也是一个老龄化、低收入、弱势群体集聚的城市底层蜗居地。残疾人、低保户、两劳释放人员数量庞大，现状残疾人约2000多人，低保保障人口1162人；此外，60岁以上老人中有868名空巢老人，贫弱交加和未富先老特征在老城区诸多街道中尤为突出。而居民教育水平低、优化提升慢则进一步制约了人力资本的积累，五普六普之间，大栅栏居民中大学以上高学历提升仅为5.9%，尤以研究生以上高学历提升最少，仅提升0.7%，在老城25个街道中保持垫底。

（2）从阶层固化到空间固化

低廉的生存成本一方面吸引着周边低收入人群聚租，一方面将无力离开的原住民锚固在原地，阶层固化和空间固化的力量与日俱增。贫困如沼泽，一旦踏入就很难离开，国营工商单位离退休人员、下岗人员、在业低收入人员逐渐沉淀，青年人、高收入者、高教育水平者逐步"逃逸"。加之公房产权的不完整权利，可以说能力贫困、机会贫困、权利贫困的叠加几乎完全限制了大栅栏人与房的流动性❷。

（3）从居住贫困到腾退泥潭

从住房条件看，大栅栏胡同院落经历了多时期的密集填充和加建翻盖而转变为大杂院。环境拥挤破败、公共设施匮乏，局促的生存空间无法提供居民有尊严的生活❸。这种情形下，大多数居民期盼腾退，却不得不考虑城市高企的房价和远离市中心增加的生活成本，从而倾向于将改善贫困的希望寄托在与政府的博弈之上❹。大栅栏的居民十分清楚自己拆迁腾退的境遇，铁树斜街一位榜爷直率地说，"这是唯一一次占国家便宜的机会"。据访谈了解，2017年大栅栏平均腾退成本已然高于当地二手房价格，每平方米的补偿价在15万元左右，高于13万元/平方米的市场平均成交价，而这距离居民对于房屋价格的心理预期还相去甚

❶ 关烨，葛岩. 新一轮总规背景下上海城市更新规划工作方法借鉴与探索 [J]. 上海城市规划，2015（3）：33-38.

❷ 黄宁莺，吴缚龙. 就业与保障的背离——新城市贫困形成的深层原因 [J]. 福建师范大学学报（哲学社会科学版），2004（01）：55-58.

❸ 街头访谈中课题组遇到一位衣着体面、待人热情的"正能量"大姐，当我们进到她家的时候，自尊心崩溃下，她一下子哭了出来；家中面积不足5平方米，一张床上一半堆着杂物，丈夫每晚不得不外出值夜班……

❹ 邵滨军. 旧住宅区城市更新的解困之道 [J]. 住宅与房地产，2015（z2）：101-108.

远。一位拆迁户在接受访谈时说，"15万元哪成啊？南北长街、国家大剧院那边都30万元一（平方）米了，我这两代人，拆走了怎么也得两个两居才合适咯"。

（4）从自持无力到治理乏力

大栅栏贫困居民的自身生活尚难维系，推动公共空间提升方面实际更无力顾及。调研发现，多数居民对街面是否"好看"并不关心，其关注点是距离自身最为迫近、最为日常的基础民生问题（空间狭小、漏雨积水、厕所洗手等）；反过来他们则会抱怨修浮雕、建花坛等政府治理工程"费而不惠"。大栅栏"街面光鲜、院里萧条、房内贫困"，反映了当前空间治理的逻辑错位，这也是居民无力自治和公房产权局限等引发的无奈。

4.1.2 设施短板：物质生态恶化

（1）交通瓶颈引发市政难题

某受访的地方专家说，抛开历史文化街区的名号，大栅栏其实首先是一个"不完整的社区"。以道路交通为例，大栅栏有114条街巷，但现状绝大部分道路宽度都难以满足市政管线常规方式敷设要求（图3-4-4）。

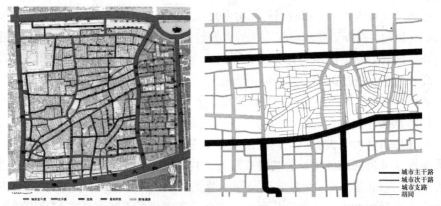

图3-4-4　2004年"煤西"地区道路交通规划图（左：设想的内部三横两纵路网）与2017年
大栅栏地区道路交通结构现状图（右：实际只有煤市街一纵实现了规划）对比

现状大栅栏完整保留了胡同肌理，但胡同尺度与现代交通方式高度不适应；更重要的是，大栅栏现状未实现历版规划设想的干路通达成网❶，水煤电气热等管线覆盖比例低成为基础设施最大短板。

实地调研来看，本地区胡同宽度多为2～4米，最窄的只有60厘米，5米以上能行车的路只有十几条，几条主要胡同的宽度约6～7米，局部8米。胡同道路狭窄，市政管线敷设空间紧张，现有市政管线的布置只能因陋就简，间距不能满足国家规范

---

❶　现行控规规划大栅栏地区被两条城市主干路和两条城市次干路围合，内部除煤市街为次干路之外，其他道路均未达到支路级别。

要求，只能满足居民最基本的生活需求。同时，胡同内现状市政管道使用年限过长，老化严重，甚至有些管网超过服役年限带病运行，具有较大的安全隐患。

由此引发的问题有：1）侵街占道多和停车难，受访的老人们说"延寿街以前可以跑卡车，现在走三轮都困难"；2）路越垫越高，下洼院多，"房子比院子低、院子比道路低"，雨天容易积水和受潮；3）问题最突出的是排水做不到雨污分流，厕所臭味逸散问题严重。总的来说，大栅栏如果道路动不了，院子和胡同就无法实现整体改造；基础设施不能提升，甚至一些私房主也逐渐停止了房屋改造；而房屋不能改造，年轻人就无法在地延展现代化的起居生活，贫困深化和人口增加就随之而来。因此，可以说设施贫困诱发和加剧了居住贫困、社会贫困。

（2）对外设施过量与在地设施不足

除了基础设施欠缺，大栅栏公共设施状况也不容乐观（图 3-4-5）。

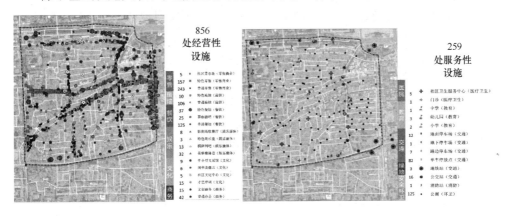

图 3-4-5　大栅栏地区经营性设施（左）与服务性设施（右）分布对比

根据 POI 数据分析，表面上看，大栅栏囊括了 12 大类共 1105 个设施点，设施密度在全市各街道中相对较高。但是，现状经营性设施共计 856 处，包括零售、旅馆、餐饮、娱乐、文化、商务六大类，而服务性设施仅 259 处，其中公厕就占了 125 处，此外还包括医疗、教育、交通、绿地、安全，共计六大类。可见大栅栏大多数设施服务于外来消费群体并且存在低质重复，在地服务设施反而数量不足、覆盖不够。

特别是绿地广场和体育设施严重缺乏，许多市民日常休闲和公共活动不得不选择去天安门和国家大剧院。而与公众认知极不相称的是，大栅栏的文化设施用地比例仅为西城区的 1/7，社区文化设施严重不足，文化产业相关从业人员和营业收入占比在老城 10 个典型街道中垫底❶。更需要深思的是，大栅栏居住品质低下导致基本生活服

---

❶　前门街道、安定门街道、东四街道、景山街道、交道口街道、北新桥街道、新街口街道、什刹海街道、天桥街道、椿树街道等。

务品公共化和商品化，厕所、洗澡、茶歇、棋牌等功能从院落外溢到胡同，这种可用设施缺失所造就的"文化"实际反映的是老城基本公共服务欠账的现实。

4.1.3 发展陷阱：经济生态弱化

大栅栏作为传统商业区和历史文化街区，承载着文、居、商、旅复合功能。综合来看，大栅栏目前比较优势明显的是以住宿和餐饮为代表的旅游观光功能以及居民服务、修理、其他服务业为代表的低品质居住外溢服务功能❶。

（1）低层次、外向型旅游业态亟待转型

旅游一枝独秀，大栅栏已成为天安门旅游"配套"市场、提供廉价餐饮住宿消费的"中继站"。据调查，天安门每日平时接待游客量约4万人到7万人，节假日可以达到每日50万人，而这其中的近一半会分流到前门与大栅栏地区。此外，北京城市旅游观光一线与二线，都经过前门与天安门地区，也起到了引流作用。由于大部分游客的旅游行程和消费水平限制，目前大栅栏地区的旅游行为普遍可归结为居住在天安门前门周边低价便利的酒店、在粮食店街进行小吃餐饮消费、购买廉价的旅游纪念品这样的"三段式"过程。

然而，"外向服务"的业态非但没有给本地居民带来多少经济上的"实惠"，反而因旅游和商业过载给基层治理造成了困扰；同时，量大质低的经营路线限制了旅游功能的升级转型，出现了低端产业对高端产业的挤出效应。以老字号为例，其商业发展多数停滞不前，经营水品落后，并遭受大量的缺乏特色的现代化外来商业冲击。用倪吉昌老先生的话说，"老字号除了嘴里吃的（全聚德的烤鸭，同仁堂的药）实际都死了"。

（2）面向市民的文化产业和商业功能有待升级

相比而言，大栅栏地区文化和商业并无显著专业化集聚。随着老城居民外迁、外围商圈崛起和外来游客涌入，大栅栏整体的商业向单一化、低端化发展，传统的商务、政务、商业流的综合优势已经丧失。而更令人担忧的是文化功能式微，仅存文化标签、没有衍生业态。眼前最尴尬的是，大栅栏当前最有优势、未来有可能转型为新体验经济的职能，也是目前需要着力控制和调减的，即住宿餐饮代表的旅游业和批发零售代表的小商业。这其实是南城发展的一个寻常悖论，要关停的"优势"功能无法被替代和填补，如今的大栅栏依旧在保护恐慌和发展焦虑中徘徊。

（3）腾退资金搁浅倒逼实施模式转型

市场转型形势堪忧之外，实施治理的资金闭环也被暂时切断。按照市房管部门的相关规定，公房腾退后所有权仍归房管所或单位，无法过户、只能租用。近年来，大投公司高价盘整腾退400多个院落，现在却面临着"过户无门、改造受限、

❶ 施卫良. 规划编制要实现从增量到存量与减量规划的转型［J］. 城市规划，2014（11）：21-22.

转商受阻、中途搁浅”的尴尬境地，很多房屋改造完成之后也只得一锁了之。

更尴尬的是，腾退出来的院落大多不是整院腾退，留守的住户索性将腾空的房屋占为己用，使得腾退结果实际落空。对此街道办、指挥部也考虑过推进“平移进院”政策，即只要留守户有意愿，则可以当前住房 1.5 倍的面积平移搬迁至较大的房屋内居住，从而实现化零为整。然而政策推进的并不顺利，受访居民反映“补偿面积仍按原房本规模，没必要搬来搬去，不折腾了”。

雪上加霜的是，传统的“内外联动＋转移支付”模式在减量发展新常态下受到挑战，靠新城营利性项目带动老城建设的途径越来越窄，城市更新运营公司越来越无力承受 20％注册资本金撬动 100％民生建设的实施模式，更期望看到“政府直投、政府直管”的变通模式。而加剧这一问题的是，由于各方面原因，越来越多的公共财政投入到街面风貌的修缮，难以触及看不见的院内环境、市政管网、民生服务等维系街区生命力的深层治理领域。

（4）老城形态受制拷问发展权补偿

站在公共治理的角度思考，历史文化街区保护本质上属于半公益和公益项目，而每一片历史文化街区都有可能铸就一个财政漏斗。分析大栅栏街道的财政收支情况（表 3-4-1），2014 年和 2015 年其支出基本相当于收入的 2 倍，换句话说，大栅栏街道一直在收不抵支、贴钱做历史保护。

2014 与 2015 年大栅栏街道和西城区财政收支情况　　　　表 3-4-1

（单位：万元）	西城区		大栅栏街道	
	2014 年	2015 年	2014 年	2015 年
年财政收入	4042810	4537546	6690	5270
年财政支出	3588267	4957364	10039	12640

从城市公共财政循环的逻辑来看，老城容积率控制所抑制的经济价值归根到底还是由政府补贴兜底。一方面，老城因历史文保限制而无法释放潜在土地价值，居民发展权受损；另一方面，政府通过公房维护、街道修缮和基础设施改造对居民利益形成“暗补”。从这个意义上说，大栅栏就是北京市中心最大的一片政府补贴的廉租房。

如此长线的“内外联动”过程架构了“管制－贫困－补贴”的循环，与其使居民“捕获”土地价值，不如直接给受限的地区给予发展权补偿（表 3-4-1）。值得学习的是东京大丸有案例，政府通过给予中心地区“特别容积率地区”（给老城不能开发建设的地区一个虚拟容积率），从而实现了对老城的土地开发权转让（北京国际城市观察站，2018）。

4.1.4　房管困局：管理生态僵化

管理生态僵化是大栅栏街区衰败的制度根由，归结有四：

一是违法建设问题。大栅栏地区违章搭建情况严重，大量侵占公共空间甚至造成安全隐患，急需采取精细化治理的手段进行有效的引导管制。根据市测绘院建筑测绘数据，2009年整个大栅栏地区建筑总量101.6万平方米，2013年建筑总量为107.6万平方米，随着北京坊建筑群等在施项目的推进，当前总建筑面积约110.3万平方米。

大栅栏地区违章搭建数量庞大，并且由于历史遗留问题众多，违章搭建成因复杂，认定困难。按照房管登记信息和实地测绘建筑图比对，绘制出大栅栏地区未登记建筑的空间分布图，总规模比例占建筑总量的30%～40%。这些未登记建筑主要分为四类：（1）占道加建，多为台阶、门厅、阳台、储物间等占据了道路红线空间；（2）院内加建，多为四合院内空间加盖卧室、厨房、卫生间、储物间等；（3）垂直加建，多为二层露台上私建棚户等；（4）改变用途，未获得经营许可的违规住改商等。此外还有屋顶加建等其他违建方式（图3-4-6）。

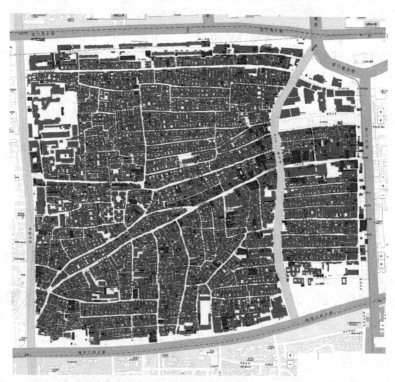

图3-4-6 大栅栏地区未登记建筑分布图❶

违章搭建形成的背后是历史遗留、法制空白、政策失当、民生需求、寻租激励五大推手，造成并加固了查无依据、拆无手段、管无对策的治理困境。由于复

❶ 底图来源：大栅栏街道办事处数据平台、北京市测绘院第一次地理国情普查；数据校验：2017年6月5m×5m高清卫星遥感解译，2017年4～6月团队实地调研。

杂的历史成因❶和法律空白，这些违章搭建并不能一刀切作为违法建设处理。根据《城乡规划法》，违法建设指的是未取得建设工程规划许可证或者未按照建设工程规划许可证的规定进行建设的建筑。但是在大栅栏地区，大量建设先于1984年《城乡规划条例》的颁布，按照法不溯及既往原则，无法对已存无证建筑进行违法认定。

二是房屋产权问题。大栅栏75%为直管公房和单位产，按照比例估算建筑规模约80万平方米。由于维护修缮主体责任不清、房屋财产权的统规自建机制失灵，导致房屋陷入"整体性持续衰败"（王军❷，2017），同时也滋生了私搭乱建、人户分离、违法转租等问题，导致违法建设难确、难拆、难管。

大栅栏地区房屋产权的突出特征是公产占比高，直管公房约占1/2，单位产公房约占1/4，私产仅占1/4。根据2017年6月提取的西城区规划分局数据库中院落产别，大栅栏地区院落总数共计3886个，其中直管公房1739个，单位自管1079个，私产1068个；根据2017年11月提取的大栅栏街道办事处数据库中建筑产别，大栅栏地区建筑总数共计21360幢，其中直管公房11760幢，单位自管2882幢，私产6277幢，自建房441幢（表3-4-2）。

大栅栏地区各社区现状院落产权属性统计❸　　　　　　　　表 3-4-2

	单位自营	私产	直管公房	院落总数
煤东社区	270	134	238	642
西河沿社区	127	88	165	380
三井社区	100	204	252	556
大栅栏西街	155	142	313	610
石头社区	124	120	194	438
延寿街社区	54	145	136	335
大安澜营社区	140	94	148	382
铁树斜街社区	70	83	172	325
百顺社区	39	58	121	218

❶　（1）建设先于规划：现存大量建设始建于明清、民国、建国初期，大量建成早于规划的建筑未经审批许可。（2）特定时代政策：1967年提出"应采取见缝插针的建设方法"，20世纪70年代一度推广对四合院的"接、推、扩"经验，1976年唐山大地震后鼓励居民搭棚，大量简易楼、抗震棚、煤棚、菜棚等临时建筑演变成违法建设。（3）生活功能外溢：大量老旧平房面积狭小且不含厨房和卫生间，家庭人口增长带来居住空间和居住品质无法满足，向院内加建厨房、卫生间、卧室现象普遍，基本生活需求外溢造成四合院杂院化。（4）市场激励扭曲：划拨土地和公房管理造成房租洼地，在打击公房出租之前，很多居民采取私搭房屋或者拆大改小（吴吉明等，2017）等手段出租牟利，并且目前各地拆迁实施中普遍对违建也一并给予补偿，现实中违法建设的收益远高于受制裁的风险成本。

❷　吴吉明，朱起鹏. 北京旧城四合院街区的复兴模式研究 [J]. 住宅科技，2017，37（10）：7-13.

❸　数据来源：西城区规划分局数据平台。

139

公房自诞生之初即带有产权不明和脱离市场的鲜明特征，大栅栏公房现状主要源自五个历史时期的积累，征收、没收、接管、代管、分配、新建、改造，类型繁多：（1）中华人民共和国成立后政府没收、代管的官僚资本家等的房产；（2）1958年社会主义改造后接管的房产；（3）六七十年代建造的简易房屋；（4）"文化大革命"时期没收的房产；（5）福利分房时期单位划拨用地上自建房。

正如周其仁（2015）所言，"通过革命的方式建立的产权关系终究是不稳固的"，而边兰春在结题评审时也评价说，"产权问题可能会一时搁置，但问题终究还是会显现出来"。这些房产在计划经济时期主要以福利品形式存在，房屋的资产属性并不突出，然而在成熟的城市土地市场环境下，如何使公房商品化、再市场化或再保障化，转换路径上或是面临千车万辙，或是面临穷途末路，已然成为沉重的历史包袱。

不仅如此，老城平房区公房在20世纪90年代房改政策执行不彻底，导致公房承租者沦为这20年住房土地资产升值的掉队者[1]，成为老城新城市贫困的根源之一。即便是现在，腾退后流转到实施主体手中的直管公房，不能出租、不能改变居住用途、不能擅自改造，且需要支付每月房租，仍是一类十足的负资产。

然而，过去几年的实际情况是，单位公房承租人一般仅需交纳极少量租金，而直管公房近20年来一直沿用2元/（平方米·月）的低廉租金；而另一方面，大栅栏平均每平方米的租房价格高于60元/月，如此价格差之下，有多余住房但又享受公房政策的户主自然也倾向于将房屋租赁出去。根据大栅栏街道从2013年开始展开的"一院一图"普查成果估算，约36%的直管公房一度存在违规出租现象。

产权不明、租金低廉、管理缺位使大栅栏直管公房与单位房的维护陷入尴尬境地。从内在逻辑上说，产权人与使用人错位，低廉租金与土地增值相悖，管理缺位与制度桎梏并存，公房体系的运行客观上存在"贫困化、低质化、低效化"的机制陷阱。自有产权的缺失和公私边界的模糊必然导向公共治理的泥沼，低维护管理价格必然引致低空间品质，因为持有者没有更新维护的动力，租赁者也没有追加投资的意愿。

从外在表征上说，大栅栏公房的修缮、维护、整改、腾退以及管理成本巨大，大部分住房条件和风貌品质无法满足基本人居需求，这也是老城公房管理的普遍困境：（1）建设年代早、安全隐患多、违章搭建多、建筑质量差；（2）维护资金匮乏、修缮任务艰巨、产权主体不作为；（3）承租住户复杂、配套设施不

---

[1]　20世纪90年代北京市曾出台房改政策，鼓励职工以成本价购买公房，2003年更是允许已购公房自由上市，不过老城四合院平房区一直未实施房改政策。房价飞涨让都市无产者一朝掉队永陷泥沼，据我们对居住地价的追踪，2003年到2017年北京市西城区房价涨幅达到约30倍，大栅栏作为房改掉队者陷入泥沼效应。

全、弱势群体聚集；（4）租金低且利用效益不高，造成国有资产流失，扰乱租赁市场正常运转秩序。

三是土地发展权问题。受高"影子地价"影响，在法定规划和登记的土地现状用途之下，存在大量未改变土地登记用途的自发性功能变更。根据课题组的逐院摸查，大栅栏有9.7%的用地使用实情与登记不符，大部分为居住或保护区内居住用地用作商服经营。这些商业不能直接认定为违规，因为规划之初就希望用兼容性地类来保留这种弹性，但是传统规划对存量土地用途变更缺乏弹性引导，对于这些实际需求缺少合法变更的渠道，只得停留于管理的灰色地带之中，间接助长了商业零散化、低端化、非正规化。

深层次的问题是，尽管最近几年关于存量规划、减量规划取代增量规划的讨论越来越热烈，但客观地说，城市规划尚未在城市存量更新方面实现足够的制度储备、提供足够的制度供给（赵燕菁[1]，2014）。引用某实施主体专家的话，"城市更新的整个游戏规则是围绕房地产开发的，没有专门对历史街区的更新办法"。这其实也是多年来学界对传统控制性详细规划编制和管理方式的一种批判，通常控规是出于功能主义和美学准则作出的静态理想蓝图（田莉[2]，2007），自上而下的规划与自下而上的诉求之间不可避免地存在错位和冲突。其主要问题在于：

（1）难于处理细碎产权和复杂利益关系。为了破解大量既存的租赁和买卖合同，不得不采用简单化的拆除重建的方式，而非通过长期深入的咨询谈判。（2）缺乏应对土地用途变更的导控机制。控规制度的基本逻辑是只有规划到期之后重新修编才能才允许一次性更改土地用途和建设指标，缺乏相对平滑的动态调整机制。（3）历史文化价值和公共利益维护不力。每一个城市地段的历史价值、文化价值或者生态价值具有很强的外部性，除非通过巧妙的制度设计将它们挖掘出来，否则沉默的价值就显现不出"现金流"的价值，而在见不到任何效益的真空期内，规划部门有义务向政府争取财政、税收、土地等方面的政策支持。

四是分散化治理问题。大栅栏辖区内存在力量相对均衡的多元利益主体，包括街道办、房管、文保、置业公司、实施主体、居民、专家等，但是现实中却没有在"物业管理"层面形成合力，分散治理也衍生出一些不必要的问题，造成的结果是，政府难以确定支持的力度、投资者难以判断投资的价值、开发商难以明确努力的方向、城市更新改造缺少主线的引导。

（1）策略上：适当修缮、大拆大建、维持原貌等多重观点的争论不一，统筹性规划缺位、统筹性思路缺失。（2）策划上：各地块的实际用途、具体实施目

[1] 赵燕菁. 存量规划：理论与实践［J］. 北京规划建设，2014（4）：153-156.
[2] 田莉. 我国控制性详细规划的困惑与出路——一个新制度经济学的产权分析视角［J］. 城市规划，2007（1）：16-20.

标，不同地块的组合方式等都缺乏方向性的指导，阻碍了"拆、改、调、留"等多种差异化更新手段的协调运用。（3）资金上：更新改造的战线过长、内容过多，造成资金投入过于分散，难以形成合力，客观上降低了资金使用的效率。（4）政策上：政策支持缺乏系统性，政策力度不足，现有政策基本还处于就事论事的零散状态，普适性的政策也往往难以契合大栅栏地区的实际情况。

4.2　街区的城市更新模式

城市和人一样，魂魄决定体魄，一个城市要想保持卓越、领跑全球，先天条件和基础速率在其次，重要的是是否拥有强盛的野心和远大的抱负作为内生动力。大栅栏城市更新首先要回答"建设一个怎样的首都窗口地区"，结合中轴线申遗、长安街沿线功能优化调整以及街区可持续再生的要求，课题将未来大栅栏的定位归结为"胡同博物馆、都市会客厅"。同时按照总体规划，需要串联城市公共空间、升级"文化探访路"，以提升大栅栏的公共可达性，并更多满足市民文化和商务交往需求❶。

而另一方面，建设国际一流的和谐宜居之都、治理首都大城市病，当前的北京比以往任何时候都更迫切地需要直面真问题、解决真问题。肌肤之疾不可治肠胃、骨髓之疾不能医腠理，从破题思路来说，解决问题的关键是力求实施方案与公共政策相结合，真正使房屋、资金和人口"流动"起来。课题组初步将大栅栏分解为 15 个功能组团，提出了"利益捆绑、东西联动、高配设施、分段实施"的渐进式小规模更新模式❷。

4.2.1　建立系统性应对城市贫困的人口保障和疏解机制

贫困是一个国际性问题。即使在日本、在英国，贫穷的固化和代际遗传也在所难免，而美国的教训告诉我们，最需要警惕的是城市贫困在空间上的集中，特别是在正在衰退的内城地区和城市边缘的大型公共住房项目中。贫困人口的大规模聚居，以及在城市特定地区可获得工作岗位数量减少、薪水下降，将进一步造成贫困家庭的"向下运动"（downward movement），甚至将导致具有低教育水平、低就业率、高犯罪率特征贫民窟的出现❸。

实际上，现代大规模城市更新肇始于美国的"清理贫民窟运动"，而时至今

---

❶ 宋伟轩，陈培阳，徐旳. 内城区户籍贫困空间剥夺式重构研究——基于南京 10843 份拆迁安置数据 [J]. 地理研究，2013，32（08）：1467-1476.

❷ 陶希东. 新时期香港城市更新的政策经验及启示 [J]. 城市发展研究，2016，23（2）：39-45.

❸ 陶希东. 中国城市旧区改造模式转型策略研究——从"经济型旧区改造"走向"社会型城市更新" [J]. 城市发展研究，2015，22（4）：111-116.

日，美国仍在经受城市贫困的困扰。20 世纪 60 年代至今，美国经历了贫困地区绅士化、分散贫困集中化和集中贫困分散化等种种尝试，但并未真正找到理想答案。城市旧城改造消除了类似西方国家曾经出现的内城贫民窟隐患，但实际上贫困群体数量并未减少，而是通过难以逆转的空间迁移方式将他们集中安置在城市边缘，并埋下了"新贫困空间"的种子（宋伟轩等❶，2013）。

对于城市贫困人口而言，工作机会的缺乏与生活就业成本的上升决定了他们很容易被贫困再度捕获且很难逃脱，进而一直处于被遗忘、被边缘、被救济的尴尬状态。他们如同"碗底的玻璃球"，推一推动一动，没有推力就又迅速滑入谷底，一时脱困、迅即返贫者比比皆是。因此，国际上看，区域经济和收入等级结构难以撼动，在具体个案上也常常是"风过水皱"，难以触及贫困地区和贫困人口的致贫根本（徐勤政❷，2015）。另一方面，部分贫困者的生存状态也令研究者和政策制定者忧心。有学者严厉指出，一些人"贫由心生"，扶贫存在道德陷阱；而梁漱溟曾慨叹，最怕"乡建乡村不动"，换个语境而言，城市更新进程中也怕"更新居民不动、扶贫贫困者不动"。

西方研究者指出，内城贫困空间重构过程中伴随着一定程度的空间剥夺（spatial deprivation），贫困阶层在失去内城优质区位的同时，意味着工作机会、医疗服务、子女教育和公共交通等市民权利被部分剥夺与侵占。对大栅栏来说，居民搬迁最大的原动力是居住环境恶劣，而选择留守的最大原因是"故土难离"，除了情感因素之外，他们实际上是在权衡放弃老城户口（及其所关联的就医、就学、生活方便等的社会福利）所失去的机会成本。

因此，居民普遍将腾退看作与政府的一次性博弈，这一过程相当于政府和实施主体买断了土地溢价的机会，先期垫付了居民对于土地溢价的期望，而这个期望中带有很大的寻租成分。改变这一困局的办法是促进居民和政府形成利益共同体，鼓励私有产权或未来回购公房产权的居民以房入股，公平负担、均享溢价，带动改善性社会资金回流，实现保护资金的良性循环。

具体到城乡治理方面，乡村贫困和老城贫困是北京目前面临的最突出的空间贫困问题，应当尽快开展相关研究，建立系统性应对城市贫困的人口保障和疏解机制，而非"头疼医头脚疼医脚"。根据 2017 年 9 月各区民政局公开信息，当月全市低保保障人口约 12.3 万人；从空间分布特征来看，低保人口占户籍人口比例最高的是远郊村庄和老城街道（特别是老南城）。前者的原因更多在于农村土地制度和福利制度的制约，以及区位、地形、交通、基础设施等资源禀赋的先天

❶　宋伟轩，陈培阳，徐旳. 内城区户籍贫困空间剥夺式重构研究——基于南京 10843 份拆迁安置数据［J］. 地理研究，2013，32（08）：1467-1476.

❷　徐勤政，何永，甘霖，等. 从城市体检到街区诊断—大栅栏城市更新调研［J］. 北京规划建设，2018（2）.

不足；后者则与老城平房区房改政策落实不充分、文保政策限制却又缺少发展权补偿等制度因素直接相关。王军（2017）认为，中华人民共和国成立后老城危房比例由 1952 年的 4.9% 上升到 1990 年的 50% 左右❶，房屋交易租赁停摆等公共政策缺失是老城衰败之因。此外，保障贫困地区弱势群体的教育公平和机会均等也是应对城市贫困的基本共识，而离开老城中心恰恰对其造成了威胁（图 3-4-7）。

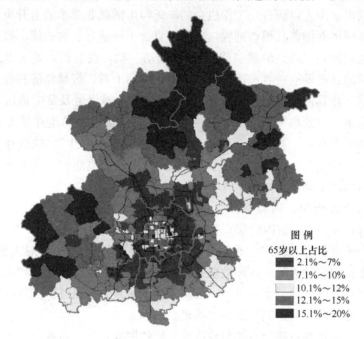

图 例
65岁以上占比
- 2.1%～7%
- 7.1%～10%
- 10.1%～12%
- 12.1%～15%
- 15.1%～20%

图 3-4-7 北京市分乡镇街道城乡低保保障人口占比空间分布图

4.2.2 以高配市政公共设施撬动街区持续性更新

高品质的街区环境还必须具备高强度的成本投入和高水平的物业管理，整体改造和系统高配基础设施是改善老城面貌的重要路径，按照"高配市政公共设施、高效利用空间资源、高位疏解低效功能"的实施思路，在控制建筑高度的前提下，渐进式地释放老城土地价值，从而以市场化手段逐步改善物质环境、优化人口结构❷。

首先，从"管理-道路-停车"三个重点入手改善交通环境。（1）推动稳静街区建设，实施车辆准入管理制度，明确限制外来机动车辆停放在胡同内，提高小汽车拥车成本与用车成本。（2）以停车设施的差别化、有限供给为手段，适度满

---

❶ 老城内三、四、五类房，即一般损坏房、严重损坏房和危险房占平房总量的比例。
❷ 王德文，程晟亚. 城市更新大格局下的危旧房改造探索 [J]. 中国房地产，2016（3）：62-69.

足基本停车需求，通过智能化手段调节和引导出行停车需求。（3）规范交通出行行为，实现交通组织管理精细化。包括划立机动车通行空间标线、明确胡同设施带、机动车整体限速等。（4）以文化探访路为基础，串接主要景点与特色街区，形成集观光旅游、展示教育、购物餐饮、休闲旅游为一体的步行与自行车精品骑行线路。（5）改善"微空间"，提升胡同空间品质（图3-4-8）。

图 3-4-8　国内外交通环境改善可借鉴案例

其次，破解市政设施难题。参考2017年11月1日市政府常务会议审议通过的《老旧小区综合整治工作方案（2017—2020）》中"六治七补三规范"的工作目标，综合改善大栅栏地区现状排水、飞线、采暖、厕所入户、垃圾分类等民生相关问题，从技术创新角度探索胡同平房区设施改善的创新路径❶。

（1）微循环治理。通过先干线、后支线的顺序，逐步完善大栅栏片区内的市政骨干网络。片区外围市政道路负责承担临路区域市政需求，减少区内负荷；片区内构建四横二纵市政骨干系统，承担片区内的主要市政需求；通过毛细血管胡同衔接市政骨干网络与用户。

（2）采用雨污同位、雨水边沟等创新技术和方法解决雨水、污水分流问题。采用雨水边沟以及地表径流排水，即胡同内只敷设污水管道，雨水采用边沟及地面径流的方式排放，但这种方式需要同时改造低洼院落的高程，从而彻底实现雨污分流。

（3）建立院内独立卫生间，配套采用胡同雨、污组合式化粪池。目前小型化粪池在大栅栏个别四合院内已开始应用，但大量推广存在清掏和管理问题。建议胡同设置院内独立卫生间和胡同几种污水组合式化粪池，解决狭窄胡同居民上公

---

❶ 王卉，郑天. 对历史街区控制性详细规划编制的思考——以北京大栅栏地区为例［J］. 华中建筑，2007，25（4）：66-71.

厕难和分散设置小化粪池不易管理的问题。

（4）街区统筹考虑，采用蓄排新技术解决四合院蓄水利用和低洼院落积水问题。首先充分运用海绵城市的设计理念，在四合院内铺设透水铺装，院内设置能排、蓄、挡、退的蓄排新技术设施，达到胡同街区雨水利用与减轻外部胡同雨水管道负担的作用。

最后，以历史文化的保护活化为重点推进社区基本公共服务升级。现状大栅栏文保单位分布相对集中，包括排子胡同一带的会馆文化圈、八大胡同一带的梨园文化圈、大栅栏街一带的老字号文化圈等。但相对而言高级别、高知名度文保单位较少，且利用方式单一，大栅栏面临"腾出来、闲下来、锁起来"的局面❶。

（1）文物腾退：充分保护文保单位的基础上，挖掘历史文化价值较高的院落，积极做好文保单位与高价值院落及建筑的腾退保护工作❷。

（2）活化利用：借鉴史家胡同博物馆经验，强化历史文保类院落及建筑的活化利用，应当引入多样化的利用模式。

（3）社区配套：完善社区基本公共服务设施，建设具有浓郁市民文化的社区设施共享空间，收缩当地居民的生活圈、休闲圈，增强居民归属感。

4.2.3　建立精细化的违法建设治理机制

针对违建一定要拆除的实施目标，按照"确违-拆违-控违"的思路实现对违法建设的现状清零和长效监管，建立精细化的违法建设根治模式❸。

（1）确违

首先，违建摸查，结合实地测绘图和审批、登记、规划信息库形成"一张详图"；在此基础上展开分类甄别，针对无证无登记、建设实情与登记不符、临时建筑逾期、占用规划空间四类违章搭建中不同情况分类甄别，形成论证、整改、登记、比对四条甄别路径，分别对应补办许可手续、勒令限期整改、登记建筑信息、比对规划要求四类处理流程；最后进行台账登记，对甄别后的无法补办证件建筑、无法完成整改建筑、逾期临时建筑、占道占绿建筑四类违法建筑编号登记，由规划部门出具违法建筑认定书，形成"一本台账"（图3-4-9）。

（2）拆违

遵循"先危后安，先易后难，疏堵结合"的实施原则，按照清理临时建筑、腾退占道占绿建筑、拆除无证无许可建筑、整顿改扩建和改功能建筑的过程逐一

---

❶ 王绍光. 大转型：1980年代以来中国的双向运动［J］. 中国社会科学，2008（01）：129－148＋207.

❷ 王世福，沈爽婷. 从"三旧改造"到城市更新——广州市成立城市更新局之思考［J］. 城市规划学刊，2015（3）.

❸ 谢涤湘，常江. 我国城市更新中的绅士化研究述评［J］. 规划师，2015（9）：73-77.

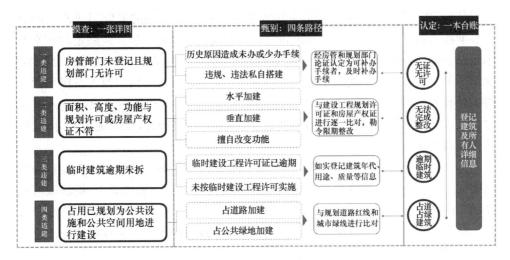

图 3-4-9　确违流程示意图

对违法建设进行拆除。拆违过程中有如下三个基本原则：

第一，五类违建先行实施拆除：存在重大建筑安全隐患、存在重大消防安全隐患、存在重大公共卫生安全隐患、存在重大社会治安隐患、存在重大城市安全隐患。

第二，拆违时序先拆新增再拆遗留、先拆未用后拆使用、先拆经营后拆自住、先拆公房再拆私房。

第三，对解决居民实际生活需求的非营利性生活自用构筑物，优先采用异地选址、拆改结合方法处理，确实无法拆除者，由街道出具说明保证后续管理、不改变用途后予以保留，待地区更新改造时无条件拆除，不列入补偿范围❶。

（3）控违

平台监察：在一张图、一本台账基础上实现电子化管理，利用卫星、街景、互动地图等手段实现动态监察。

导则管理：制定城市设计导则，沿街建筑和公共建筑更新改造严格遵循导则，建筑及附属物不得突破道路红线。

邻里监督：落实网格化管理，社区负责人、网格负责人、志愿者等定期入院巡查，建立居民之间相互监督机制，引入手机百度举报平台，利用手机定位拍照功能实现全民监督。

4.2.4　以"保障对保障"破解公房产权问题

借鉴巴西贫民窟改造的思路，逐步规范"合法用地上的自建住房与非法占地

---

❶　袁奇峰，钱天乐，郭炎．重建"社会资本"推动城市更新——联滘地区"三旧"改造中协商型发展联盟的构建［J］．城市规划，2015，39（9）：64-73.

建设住房"❶。合法用地上自建的危房需要拆除,不是危房的采取旧房改造的方式。非法占地上的住房改造(贫民窟改造)分为以下几种情况:危险地段或水源附近的贫民窟,采取疏散迁移,将土地收归国有,改建为公园、绿地、运动场;保留的贫民窟在法律上使其住房和土地合法化,登记发证,同时改善贫民生活条件,使得水、电、道路、排水、公园、绿地、水源、运动场所等设施进入贫民窟;迁出的贫民,在原贫民窟的附近选址(多是有学校和医院的地方),由政府建设新式公房。

但不论归公还是归私,只有产权边界清晰、主体明确,才能衍生出发自公共利益或私人利益的自发维护。对于直管公房的腾退更新,根据2018年西城区最新颁布的政策明确了"保障对保障"的实施思路,直管公房腾退不再补偿产权房,而是与其他类型保障房进行承租权置换,实现以改善居住条件而非一次性盈利为目的的迁居。

而在未来更应该推动的是,以居民为中心,完善基于财产权保护和不动产交易租赁的公共政策。在公房产权回收补充经营或公共用途之外,鼓励原住民回购公房,鼓励产权人参与房屋修缮,确保房屋质量流水不腐(图3-4-10)。

图3-4-10 基于房屋产权管理的更新实施模式推演

4.2.5 创新老城控规与土地用途变更机制

城乡规划的根本是通过土地发展权界定和利益还原实现对土地市场价值的干预。在从编制到实施的前半程里,规划可以采用兼容性地类等技术手段来保留这张蓝图里适度的弹性,以应对实施过程中的不确定性。但对于老城地区,一次性编制、阶段性更新的规划编制方式很难深入到产权格局内部,响应多元、多变的

---

❶ 袁媛,许学强. 国外综合贫困研究及对我国贫困地理研究的启示 [J]. 世界地理研究,2008(02):121-128.

市场需求❶。正是因为认识到这一点，深圳、上海等地在城市更新办法中相继制定了自下而上的土地用途和容积率依申请变更规则，通过存量用地动态管理补充面向存量更新的规划体系。

因此，老城更新最迫切的是围绕地权重构探索存量土地动态管理机制，适应老城细碎的产权和灵活的需求，给居民变更土地房屋用途、改善小微环境提供政策便利和支持。这一机制的要点包括，基于利益相关方博弈平衡的变更申请；基于土地价值评估和补足出让金的变更处置；基于成本公摊和利益分成的土地增值收益共享；基于潜在土地价值估算和捕获的土地发展权补偿等（图 3-4-11）。

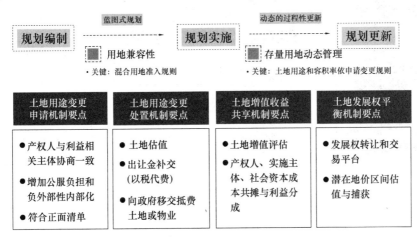

图 3-4-11　基于实施单元的老城控规创新与土地用途变更机制

4.2.6　创建开放式街区的物业管理机制

立足长远，建立存量税费维持本地治理和居民购买本地公共服务的双重通道。通过创建开放式街区的物业管理机制，用好政府资本金、财政资金以及探索施行的物业管理费，促进社会资本积累和公共产品提质。改变过去什么都不花钱的状态，利用不动产收益变物业注资，使资金从房产来、到街区去，实现"适度付费、品质提高"❷。

第一，借鉴参与式预算机制，从公共收支决策开始培育社区自治能力，强化社区纽带。

第二，借鉴商业促进区模式，由当地业主、商户、企业组成委员会，与政府合作，支持公共产品的供给，特别是能够激活土地价值的高品质公共服务和高水

❶ 张磊. "新常态"下城市更新治理模式比较与转型路径［J］. 城市发展研究, 2015, 22（12）: 57-62.
❷ 张乔荣. 台湾地区历史地段城市更新经验及其启示［J］. 地域研究与开发, 2015, 34（5）: 84-89.

平业态❶，例如，借助"煤东"（煤市街以东）北京坊等商业资源的运营带动"煤西"的民生治理。

第三，借鉴社区发展公司模式，使多个实施主体与管理主体整合为统一的在地服务商，探索成立管委会，以整合分散的治理权责。树立居民的主体参与意识，可采用居民持股、政府注资、定向补贴的方式鼓励居民和社区自我更新，把管理形态从单一政治管理推向社会治理（图 3-4-12）。

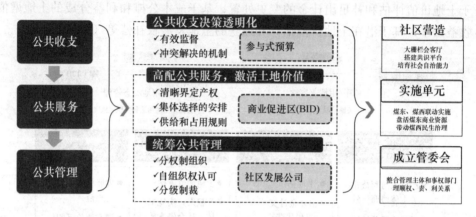

图 3-4-12 开放式街区的物业管理机制结构示意图

4.3 结　　语

老城治理是国家治理和首都治理逻辑在老城地区的集中体现，要谋求更高质量发展、更低环境负荷、更低社会风险、更低财政负担，需要客观具体地暴露问题、条分缕析地解构问题、积极果敢地应对问题。大栅栏城市更新模式研究是第一个按照新总规逻辑开展的街区层面的评估诊断研究，此次研究的主旨显然不是针对大栅栏个案的规划研究，而是服务总规、服务老城。

高标准建设"首都窗口地区"，创新老城更新模式，关键在模式建设、路径建设、制度建设。具体到街区治理，需要充分挖掘问题成因，在房屋产权制度、土地用途管理制度、文物腾退制度、社会管理制度以及违建监控机制等方面实现制度性突破。

擦亮首都"历史文化遗产金名片"，尚需思想上的挣扎、尚需组织上的合力、尚需实践上的磨砺。本研究仅是大栅栏调研一年来的初步探索，调研老城、跟踪老城和深耕老城之路才刚刚启程，也永远在路上。

---

❶ 邹广. 深圳城市更新制度存在的问题与完善对策［J］. 规划师，2015，31（12）：49-52.

5 可再生能源发展与消纳的制度保障[❶]

5 Institutional guarantee for development and consumption of renewable energy

电力体制改革为可再生能源发展提供了重要制度保障。启动的新一轮电力体制改革着力推进电力市场化机制建立，对发电和售电侧的放开将有利于市场这只无形的手对资源进行更高效的配置，完善可再生能源的市场化交易机制，提升可再生能源消纳能力。本章节将从可再生能源发展的相关政策、电力改革试点情况以及光伏领跑者计划三方面展现国家政策变革为可再生能源发展所提供的制度保障。

5.1 国家层面的制度安排

推动可再生能源高质量发展、有效解决清洁能源消纳问题是我国 2018 年可再生能源发展的重点工作，按照《解决弃水弃风弃光问题实施方案》《清洁能源消纳行动计划（2018—2020 年）》等政策，积极采取措施加大力度消纳可再生能源，通过采取多种技术和运行管理措施，不断提升系统调节能力，优化调度运行。

由国家发改委、国家能源局 2017 年 10 月 31 日发布的《关于开展分布式发电市场化交易试点的通知》中明确了参与分布式发电市场化交易的两类项目、三类交易模式、过网费征收标准、有关政策支持及试点地区方案等。

国家发改委、国家能源局于 2017 年 11 月 8 日联合印发的《解决弃水弃风弃光问题实施方案》提出要通过实行可再生能源电力配额制、落实可再生能源优先发电制度、推进可再生能源电力参与市场化交易等措施，确保弃水弃风弃光电量和限电比例逐年下降，到 2020 年，在全国范围内有效解决"三弃"问题。

2018 年 10 月 30 日，为全面贯彻习近平新时代中国特色社会主义思想和党的十九大精神，认真落实中央经济工作会议和政府工作报告各项部署，用更大的决心、更强的力度、更实的措施解决清洁能源消纳问题，建立清洁能源消纳的长效机制，国家发展改革委、国家能源局制定了《清洁能源消纳行动计划（2018—2020 年）》。计划要求 2018 年清洁能源消纳取得显著成效，到 2020 年，基本解决

---

❶ 根据深圳建筑科学研究院股份有限公司 张家口碳排放总量控制方法学调研组、芮城生态规划调研组根据张家口能源局可再生能源处的 2019 年 4 月调研资料及芮城相关部门提供资料整理而得。

清洁能源消纳问题。进一步明确了弃电量、弃电率的概念和界定标准——原则上，对风电、光伏发电利用率超过 95％的区域，其限发电量不再计入全国限电量统计。对水能利用率超过 95％的区域和主要流域（河流、河段），其限发电量不再计入全国限电量统计。

2019 年 1 月由国家发改委和国家能源局联合印发的《关于积极推进风电、光伏发电无补贴平价上网有关工作的通知》对平价上网项目给予了 8 项优惠政策，包括：1)"降低土地等非技术成本"；2)"保障消纳"；3)"电网公司负责接网工程"；4)"20 年固定电价"；5)"限发电量转为优先发电计划"；6)"可获得绿证收入"；7)"减免输电费和交叉补贴"；8)"不参与市场化交易"。在随后 4 月份的《关于推进风电、光伏发电无补贴平价上网项目建设的工作方案（征求意见稿）》中进一步明确了各项政策的具体负责部门和落实时间。

5.2 电力体制改革试点全面铺开

电力市场分为中长期市场和现货市场。前者主要开展年、月和多日的电量交易以规避风险、稳定供应；后者主要开展日前、日内和实时电量交易，能在发用电实时平衡、发现价格信号、帮助新能源消纳等方面发挥重要作用。推动现货市场建设、启动现货市场试运行，将让售电侧和发电侧更好地匹配，提升可再生能源的消纳量和利用率，对进一步深化电力体制改革意义重大（图 3-5-1）。

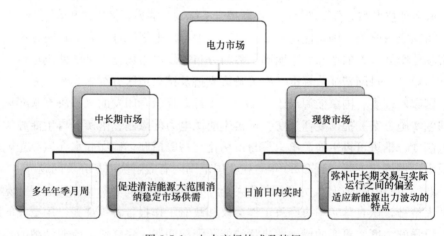

图 3-5-1 电力市场构成及特征

5.2.1 总体情况

省级电网实现输配电价改革全覆盖。深入推进跨区跨省可再生能源电力现货交易。售电侧市场竞争机制逐步建立，分三批逐步推出 320 个增量配电业务试点项目。2018年上半年，全国电力市场交易电量累积8024亿千瓦时，同比增长24.6%，占全社会用电量的24.8%。跨区跨省市场化交易电量同比增长32.6%，煤电交易电价比上网电价低0.03元/千瓦时，水电、光伏、风电等可再生能源电价下降0.06～0.08元/千瓦时。华东、华北、南方区域市场交易电量合计占全国70%以上。各地优化可再生能源发电调度，新能源消纳空间持续扩大，全国弃风弃光现象明显缓解❶。

5.2.1.1 可再生能源装机规模持续扩大

截至2018年底，我国可再生能源发电装机达到7.28亿千瓦，同比增长12%；其中，水电装机3.52亿千瓦、风电装机1.84亿千瓦、光伏发电装机1.74亿千瓦、生物质发电装机1781万千瓦，分别同比增长2.5%，12.4%，34%和20.7%。可再生能源发电装机约占全部电力装机的38.3%，同比上升1.7个百分点，可再生能源的清洁能源替代作用日益突显（图3-5-2）。

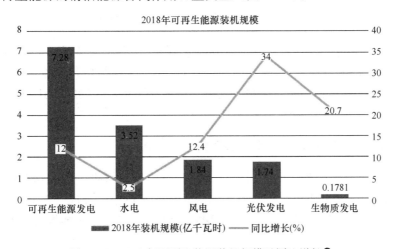

图 3-5-2　2018年可再生能源装机规模及同比增长❷

5.2.1.2 可再生能源利用水平不断提高

2018年，可再生能源发电量达1.87万亿千瓦时，同比增长约1700亿千瓦时；可再生能源发电量占全部发电量比重为26.7%，同比上升0.2个百分点。其中，水电1.2万亿千瓦时，同比增长3.2%；风电3660亿千瓦时，同比增长20%；光伏发电1775亿千瓦时，同比增长50%；生物质发电906亿千瓦时，同比增长14%（图3-5-3）。

---

❶　能源局理性新闻发布会：电力体制改革试点全面铺开，跨区跨省可再生能源电力现货交易试点深入推进。https://mp.weixin.qq.com/s/2PYOdwohjL37GP87fsB-1Q

　　更新2018年整体情况，参考：https://mp.weixin.qq.com/s/hhKO7XGJywaMqq7-STli9Q

❷　数据来源：https://mp.weixin.qq.com/s/hhKO7XGJywaMqq7-STli9Q

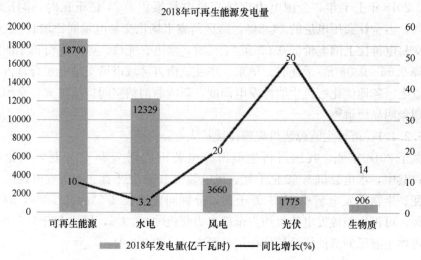

图 3-5-3　2018 年可再生能源发电量及同比增长❶

全年弃水电量约 691 亿千瓦时，在来水好于 2017 年的情况下，全国平均水能利用率达到 95％左右；弃风电量 277 亿千瓦时，全国平均弃风率 7％，同比下降 5 个百分点；弃光电量 54.9 亿千瓦时，全国平均弃光率 3％，同比下降 2.8 个百分点。

5.2.2　"四方机制"：张家口实践探索

2015 年 7 月，国务院批复同意设立河北省张家口可再生能源示范区。2018 年 12 月 28 日，河北省委、省政府专门成立了张家口市能源局（正处级），加挂市可再生能源示范区规划建设领导小组办公室牌子，负责全市能源管理和示范区建设推进工作。

张家口市从体制机制上求突破，首创"四方协作机制"，拓宽了传统电力的"发—输—用"单一化交易渠道，建立新型的多对多交易机制，形成了变"弃风弃光电"为"低成本经济电"新模式，从根本上降低可再生能源电力使用成本，促进可再生能源多元化应用，推动清洁电力的大规模消纳❷。

（1）发展历程

2017 年 2 月，张家口市从体制机制上求突破，首创"政府＋电网＋发电企业＋用户侧"共同参与的"四方协作机制"，与国网冀北电力有限公司合作建立可再生能源电力交易平台，由政府牵头，与电网公司合作建立可再生能源电力市场化交易平台，风电企业将最低保障收购小时数之外的发电量通过挂牌和竞价方

---

❶　数据来源：https://mp.weixin.qq.com/s/hhKO7XGJywaMqq7-STli9Q

❷　https://mp.weixin.qq.com/s/N4FS8gE_zNbxadIzcXVSVA

式在平台开展交易，通过市场化交易，将清洁电力直接销售给电供暖用户；同时，通过风电企业让利和降低输配电价政策，使电供暖成本与燃煤集中供热基本持平，促进可再生能源多元化应用，提高就地消纳比例。

2018 年 8 月 22 日，省发改委印发了《张家口市参与四方协作机制电采暖用户准入与退出管理规定（试行）》和《张家口市参与四方协作机制高新技术企业和电能替代用户准入与退出管理规定（试行）》，将"四方协作"机制服务对象由之前单一的居民电供暖用户拓展到电能替代、包括制氢及大数据在内的高新技术企业（含冬奥赛区场馆及配套项目）和符合省"双代办"下达的农村地区清洁供暖任务中的分散用户，服务区域也拓展至京津冀地区。

2018 年 11 月 8 日，在张家口市"四方协作机制"成功推行经验的基础上，国家能源局华北监管局结合京津冀实际，正式发布《京津冀绿色电力市场化交易规则（试行）》，标志着张家口市首创的"四方协作机制"可再生能源电力市场化交易正式推广至京津冀地区，为推进京津冀地区可再生能源一体化消纳提供政策支撑（表 3-5-1）。该规则对于京津冀地区参与可再生能源市场化交易的电力用户及可再生能源发电企业的权利、义务、准入、退出、交易方式等都做出了明确规定，还对优先保障张家口地区绿色电力需求、张家口地区高新技术企业参与挂牌交易等方面做出明确规定。今后北京、天津、冀北电网的可再生能源发电企业及符合准入条件的电力用户，以及京津冀地区的售电公司，都可以通过协商、挂牌等市场化方式进行中长期电力交易。

四方机制相关政策文件 表 3-5-1

发布单位及时间	文件名称	要点
河北省发改委 2018.08.22	《张家口市参与四方协作机制电采暖用户准入与退出管理规定（试行）》	将"四方协作"机制服务对象由之前单一的居民电供暖用户拓展到电能替代、包括制氢及大数据在内的高新技术企业（含冬奥赛区场馆及配套项目）和符合省"双代办"下达的农村地区清洁供暖任务中的分散用户。 服务区域也拓展至京津冀地区
	《张家口市参与四方协作机制高新技术企业和电能替代用户准入与退出管理规定（试行）》	
国家能源局华北监管局 2018.11.08	《京津冀绿色电力市场化交易规则（试行）》	该规则对于京津冀地区参与可再生能源市场化交易的电力用户及可再生能源发电企业的权利、义务、准入、退出、交易方式等都作出了明确规定，还对优先保障张家口地区绿色电力需求、张家口地区高新技术企业参与挂牌交易等方面作出明确规定

（2）取得成效❶

张家口市四方协作机制可再生能源电力市场化交易平台从 2017 年 10 月开始交易以来，累计交易电量 3.75 亿千瓦时，累计减少供暖、电能替代和高新技术企业电费支出近 1.4 亿元。2018—2019 采暖季，张家口市四方协作机制绿色电力市场化交易累计交易可再生能源电量 5.56 亿千瓦时，同比增长 314%，使 470 户集中式用户、6784 户分散居民用户、78 户电能替代用户、4 家高新技术企业享受到交易优惠电价，减少用户电费支出约 1.3 亿元。绿色电力市场化交易机制正在逐步走向完善。在四方协作机制交易规模不断扩大的同时，市场活力也呈现激增态势。此次交易总挂牌电量 9175 万千瓦时，发电企业申报电量 13830 万千瓦时，申报电量比达到 151%，在历次交易中超出需求比例最多。尤其是电能替代板块，申报电量比更是高达 767%。

以四方协作机制为基础的可再生能源市场化交易实现了政府要绿、企业要利、居民要暖的多赢，为国家推进北方地区冬季清洁能源供暖、突破可再生能源消纳瓶颈提供了可复制、可推广的成功经验。在国务院办公厅《2018 年国务院大督查专刊》第 125 期中，对国务院第五次大督查发现的 130 项典型经验做法给予通报表扬，其中张家口市建立四方协作机制，探索可再生能源扶贫新路的经验做法在列。

（3）发展计划❷

2018 年，电能替代（工商业电采暖）、高新技术企业成功纳入四方协作机制绿色电力市场化交易，新增了省双代分散电采暖用户。下一步，张家口还将继续扩大四方协作机制交易范围，争取将充电基础设施、贫困县区绿色加工等产业用电纳入交易，并进一步优化完善原有板块。同时为满足夏季高新技术企业用电需求，争取将四方协作机制售电方范围向光伏发电拓展（表 3-5-2）。

四方机制发展计划　　　　　　　　　　表 3-5-2

	2017 年供暖季	2018 年供暖季	计划
供电侧	47 家风电企业	51 家风电企业	争取制售电方范围向光伏发电拓展
用电侧	180 家电供暖用户 13 家电能替代用户	470 户集中式用户 6784 户分散居民用户 78 户电能替代用户 4 家高新技术企业	争取将充电基础设施、贫困县区绿色加工等产业用电纳入交易
交易电量	1.34 亿千瓦时	5.56 亿千瓦时	—

---

❶ http://www. he. xinhuanet. com/xinwen/2019-04/06/c_1124333185. htm
❷ http://www. zjknews. com/news/shehui/zjkshehui/201904/04/240206. html

5.2.3　跨区跨省可再生能源电力现货交易试点

2017 年 2 月，为促进可再生能源消纳及完善电力市场交易机制，国家能源局同意开展可再生能源增量现货交易试点。2017 年 8 月由国家发展改革委办公厅和国家能源局综合司联合发布的《关于开展电力现货市场建设试点工作的通知》选择南方（以广东起步）、蒙西、浙江、山西、山东、福建、四川、甘肃等8 个地区作为第一批试点，加快组织推动电力现货市场建设工作。《通知》要求试点地区加快制定现货市场方案和运营规则、建设技术支持系统，并于 2018 年底前启动电力现货市场试运行；同时，也要积极推动与电力现货市场相适应的电力中长期交易。

启动电力市场现货交易，日前、日中市场利用通道冗余，可以弥补中长期交易与实际运行之间的偏差，形成时序价格，适应新能源出力波动的特点，完善电力市场交易机制，进一步提升新能源消纳水平。有关数据显示[1]，上述 8 个试点省份均为用电量大省，2015 年，八省区的总用电量占全国总用电量的 41%。另外，这 8 个省份，既包括电力购买大省，如广东、山东、浙江；也包括电力卖出方大省，如四川、山西、甘肃。既包括水电大省，如四川，水电比例占到 80%以上；也包括可再生能源大省，如蒙西、甘肃。

截至 2018 年 12 月，山西、甘肃交易试点已启动试运行，山东、浙江、福建、四川等 4 个试点省公司已编制完成现货市场建设方案，正在按地方政府主管部门计划进行方案完善和规则编制等工作[2]。

（1）甘肃富余新能源电力电量跨省跨区增量现货交易

为全面深化电力市场化改革，充分发挥市场配置资源的决定性作用，促进甘肃省新能源富余发电能力跨省、跨区消纳，依据《国家能源局关于开展跨区域省间可再生能源增量现货交易试点工作的复函》，甘肃能源监管办精密筹划、迅速行动，紧密结合甘肃电网实际情况，多次与电网调度机构探讨研究，广泛征求有关政府部门、市场主体意见后，在 2017 年 6 月组织制定了《甘肃富余新能源电力电量跨省跨区增量现货交易规则（试行）》（以下简称规则）。[3]

规则充分考虑了甘肃省新能源电力电量严重富余的实际情况，发掘跨区域省间通道消纳能力，利用增量现货交易最大限度消纳省内新能源，有效缓解了甘肃省弃风弃光问题。2018 年 1～5 月，国网甘肃省电力公司共组织 1700 笔新能源现货交易，成交电量 20.77 亿千瓦时，占国家电网公司电力现货交易的 46.5%，成

---

[1]　https://mp.weixin.qq.com/s/wEJRsVy_mIwFusv5pvU28Q

[2]　https://mp.weixin.qq.com/s/MlIsHnDqZBZ0_NJznb8IeQ

[3]　http://www.nea.gov.cn/2017-06/20/c_136380657.htm

为全国电力现货交易最大"供应商"。[1]

甘肃的电力市场化发展对于促进可再生能源消纳的成效明显。甘肃的弃风弃光率在 2016 年达到最高,其中弃风率达 43%,全国最高。随着跨省区中长期外送、现货交易等市场化机制的不断完善,2018 年达 59.34%,较 2017 年的 48.3%提高约 11 个百分点。"2018 年甘肃省内售电量 879.3 亿千瓦时,同比增长 11.44%,跨区跨省外送电量 324.98 亿千瓦时,同比增长 60%。"甘肃电力相关人士介绍。事实证明,在市场化交易等措施的有力推动下,甘肃连续两年弃电率下降均超过 10%,其中 2018 年弃风率下降 13.8 个百分点,弃光率下降 10.47 个百分点,弃电率下降 13.19 个百分点。[2]

（2）山西省电力现货市场交易试点

2018 年 11 月山西省人民政府印发《山西省电力现货市场建设方案》。根据这份建设方案,山西将保障新能源优先消纳,在初期,新能源机组按照"报量不报价"的方式参与现货市场。在日前现货市场中,新能源机组申报其次日的预测发电曲线,保障优先出清。实时现货市场中,电力调度机构将新能源机组的超短期预测出力作为边界条件,优先安排发电。[3]

2018 年 11 月,山西省电力公司首次组织省内新能源企业参与国家电网公司跨区富余新能源现货交易,91 家新能源发电企业参与申报,成交 37 家,成交电力最大 30.7 万千瓦,成交价格为分时电价,交易通道为特高压雁淮直流输电线路[4]。通过新启动的跨省跨区现货和调峰市场,2018 年 11 月至 2019 年 1 月,山西已送出新能源电量 0.95 亿千瓦时[5]。

5.2.4 小结

随着中长期交易市场和现货交易市场的体制机制日益完善,中国电力体制改革试点全面铺开。各地根据自身实际情况开展的试点工作是充分实现省内资源优化配置、加快推进省间电力交易的有益探索。这对提升清洁能源开发和消纳能力、促进电力市场有序竞争、形成适合我国国情的电力市场体系具有重大意义。目前,逐渐成熟的张家口"四方协作机制"和已经启动的甘肃、山西等电力现货交易试点等都已蹚出一条以市场机制促进绿电消纳的新路,为其他地区的电力体制改革提供宝贵经验。

---

[1] https://news.smm.cn/news/100809472

[2] http://www.chnergy.com:8085/ms-mcms/html/1/52/163/21317.html

[3] http://www.sohu.com/a/273883067_314909

[4] http://www.cec.org.cn/zdlhuiyuandongtai/dianwang/2018-11-30/186957.html

[5] http://www.nea.gov.cn/2019-01/09/c_137730740.htm

5.3　光伏领跑者计划

近年来，在一系列政策措施的推动下，我国光伏产业快速发展，技术进步明显，应用规模迅速扩大，在我国能源转型中发挥着越来越大的作用。但与化石能源相比，光伏发电仍然存在建设成本高、市场竞争力不强、补贴需求不断扩大等问题，成为制约我国光伏产业持续健康发展的重要因素。针对以上问题，根据国家创新驱动发展战略精神，支持先进技术研发和推广应用，2015 年国家能源局联合有关部门提出了实施光伏发电"领跑者"计划和建设领跑基地，通过市场支持和试验示范，以点带面，加速技术成果向市场应用转化和推广，加快促进光伏发电技术进步、产业升级，推进光伏发电成本下降、电价降低、补贴减少，最终实现平价上网❶。

5.3.1　总体情况❷

光伏领跑基地建设主要有三大作用：一是推动技术进步，最主要指标为光伏发电转换效率的提高。二是降低光伏发电成本。三是完善支持光伏发电政策机制。国家能源局从 2015 年已经开展了三期光伏领跑基地建设，2018 年刚刚组织了第三期的光伏领跑基地。第三期领跑基地分为两种，一种是应用领跑基地，另一种是技术领跑基地。从现在各个基地建设情况来看，总体上推进较快，政策落实较到位。第三期的光伏领跑基地通过竞争优选，进一步促进地方政府落实光伏发电相关支持政策。在降低土地成本、减少不合理收费、要求电网公司配套建设送出工程以及承诺全额消纳光伏发电的电量等方面，各个地方政府都作出了相关承诺。

（1）技术进步

在提高技术进步方面，加快产业升级策略发挥了比较好的效果。从第三期领跑基地来看，应用型领跑基地的光伏电池组件转换效率比 2018 年光伏电池制造规范要求的市场准入标准提高了 2 个百分点，而光伏技术领跑基地比准入标准要高 3.7 个百分点。所以通过领跑基地的建设，可以起到促进技术进步、加快产业升级的效果。

（2）成本降低

基地建设顺利推进的主要效果还体现在降低成本、降低电价。电价平均降幅为 0.24 元/千瓦时，比标杆电价总体减少了 36%。第三期基地里最低电价是青海格尔木的光伏领跑基地，电价是 0.31 元/千瓦时，比当地的煤电标杆电价还要低

---

❶　http://www.nea.gov.cn/2017-09/25/c_136637044.htm

❷　http://www.nea.gov.cn/2018-10/30/c_137568263.htm

4.5%，体现了光伏发电技术进步在降低成本方面的成果。有三个原因使得成本有大幅度的降低。第一，技术成本。土地成本等方面降幅较大。第二，电力的送出工程建设和消纳条件落实到位，且电网公司承担了建设配套送出工程的投资。第三，能够通过竞争拿到光伏领跑基地项目的企业，大多都技术先进、有较强投资经营能力，这也体现了领跑基地由有实力的企业投资建设的效果。

（3）后续发展

国家能源局对第三期领跑基地的建设管理还设有奖励机制，即对建设条件、有关支持政策、技术标准及管理、降低电价等方面表现突出的光伏领跑基地进行综合比选，挑出三个基地作为奖励指标，然后组织建设。这将有效激励地方政府积极投入到基地建设，且有利于能源局在前三期的光伏领跑基地建设基础上，进一步总结经验，完善相关工作机制，继续发挥光伏领跑基地对光伏产业发展的带动作用，以此带动光伏产业高质量的发展。

5.3.2 领跑实践

（1）芮城领跑实践

在芮城光伏领跑基地内，100 兆瓦光伏电站于 2017 年 7 月 7 日全容并网。成为第二批 8 大"光伏领跑基地"首个全容并网的"领跑者"百兆瓦级电站（图 3-5-4 和图 3-5-5）❶。芮城基地建设规模 50 万千瓦，包括 1 个 12 万千瓦、1 个 10 万千瓦、1 个 8 万千瓦和 4 个 5 万千瓦的单体项目❷。

图 3-5-4　山西芮城光伏领跑技术基地❸

---

❶　https://mp. weixin. qq. com/s/lmCVaeLOa_n4MV8SRwe0GA

❷　光伏发电领跑基地运行监测月报芮城光伏发电应用领跑基地 2018 年 11 月（公开发布版）http://www. creei. cn/upload/portal/20190104/4a3cb7960313de4d6b92daaa12e188cc. pdf

❸　图片来源:http://www. sohu. com/a/203062574_99906470

图 3-5-5　芮城光伏基地智慧能源云平台❶

　　整个项目分为东区和西区，共 60 个方阵，每个方阵约安装 1.66 兆瓦左右容量，采用了平单轴和固定可调式支架两种建设形式。项目建设模式为农林光互补，在严格执行"不减产、不伤地、不伤农"的"三不"硬性标准下，仍要实现农林光综合利用土地价值最大化。根据当地的气候和土地资源，提出了在光伏板下面种植油牡丹的方案。油用牡丹是比较特殊的农作物，生性喜阴，其牡丹籽榨出的食油具有很高的营养价值与经济价值，成为当地农民增收的一个有效途径，也获得了当地农民的认可和支持。

　　（2）白城领跑实践❷

　　2018 年 11 月 16 日，白城光伏领跑者基地 4、5 号 200 兆瓦项目全容量并网发电，成为该基地首个实现全容量并网的项目❸，该项目占地面积约 7500 亩，总投资 120271 万元，该项目于 2018 年 6 月 11 日正式开工，历时 155 天。白城领跑者基地是东北地区唯一的光伏"领跑者"基地，总规模 200 万千瓦（图 3-5-6）。

图 3-5-6　白城光伏领跑者项目❹

❶　图片来源：编写组调研拍摄。

❷　https://mp.weixin.qq.com/s/h6L4oGXWMHvxtmfShrRPaA

❸　http://www.china-nengyuan.com/news/131690.html

❹　图片来源：https://mp.weixin.qq.com/s/CgG_TtwWYYIjb20nEbwA8w

（3）海兴领跑实践

海兴光伏领跑者项目总体建设规模 500MW，分 4 个单体项目，其中 2 号项目规划容量 115MW，2018 年 8 月开工，12 月 27 日并网（图 3-5-7）。

图 3-5-7　海兴光伏领跑者项目❶

该项目秉承数字化设计理念，自主开发了光伏三维设计软件，模拟光伏电站建设全过程。海兴光伏领跑者项目通过双拉线等方式，保证了项目"横平竖直"的质量目标。项目团队制定了 11 个专门施工工艺方案，采用"样板引路"施工办法，每道工序都设置样板区作为质量控制的标准。项目还采用了长支架设计，光伏组件平均高度 2.2 米，提高了土地综合使用效率，保证了农光互补的安全系数，降低了光伏组件损坏概率。

（4）新泰领跑实践

山东新泰采煤沦陷区国家先进光伏技术"领跑者"基地（以下简称新泰基地）是我国第二批光伏领跑基地之一，是全国首个以农光互补模式利用采煤沉陷区建设的光伏发电示范基地❷。2017 年 9 月，200 万千瓦农光互补光伏电站一期项目集中并网发电。新泰市采煤沉陷区光伏发电示范基地规划建设 200 万千瓦农光互补光伏电站，总投资 200 亿元，建设期为 2016—2020 年，建设光伏电站 30 个、日光温室 3 万个、拱棚 2 万个、连栋温室 100 座。2016 年 6 月，一期 50 万千瓦项目被列入全国第二批采煤沉陷区光伏领跑技术基地，是全省首批光伏领跑技术基地，总投资 50 亿元，建设农光互补光伏电站 6 个、各类高效农业大棚

---

❶ 图片来源：https://mp.weixin.qq.com/s/SF12KitxzETXxuGYqPD5yA

❷ http://www.creei.cn/upload/portal/20190305/b1a9216574d798e12a275a62d678e993.pdf

9620座，涉及翟镇、泉沟镇、西张庄镇3个乡镇、49个村（图3-5-8）❶。

图 3-5-8 山东新泰采煤沉陷区光伏领跑者项目❷

在项目建设中，新泰结合实际情况，实现"三个结合"。一是与现代农业发展相结合，紧扣"农光互补"要求，本着"以光扶农、以光促农、以光富农"思路，指导各企业加快建设设施先进、配套完善的高标准农业大棚，因地制宜发展设施蔬菜、食用菌、休闲采摘、旅游观光等产业，着力打造棚外发电、棚内种植、农光互补、产业融合的田园综合体。一期农业设施全部建成后，可吸纳1.5万名农民就近安置就业，年可实现农业综合收益10亿元。二是与新型城镇化相结合。本着"产业进园区、村民进社区、建设现代化新城区"的发展理念，把光伏基地建设与压煤村庄搬迁、小城镇建设通盘考虑、一体推进，积极引导村民向镇区、农村新型社区集中，着力建设品质宜居、设施完善、环境优美的宜居宜业宜游新城镇。目前已建成2个连片小城镇，3万余群众搬入新居，实现了企业、群众、地方的多方共赢。三是与新旧动能转换相结合。结合光伏领跑技术基地建设，规划实施了新旧动能转换核心区、清洁能源产业基地，带动了光伏制造、输变电设备、建筑安装、现代物流等产业快速发展。❸

（5）达拉特领跑实践

2018年12月10日，达拉特光伏发电应用领跑基地500兆瓦项目全容量并网。基地总规模为200万千瓦，占地10万亩。建成后年发电量达40亿千瓦时，

---

❶ http://guangfu.nengyuanjie.net/2017/lingpaozhe_0930/127842.html

❷ 图片来源：http://guangfu.nengyuanjie.net/2017/lingpaozhe_0930/127842.html

❸ http://guangfu.nengyuanjie.net/2017/xingyedongtai_1002/127874.html

实现产值超 15 亿元，同时可有效防治沙 20 万亩，年减排二氧化碳 320 万吨、粉尘 70 万吨。突出理念创新、技术创新、模式创新，着力构建"金沙""蓝海""绿洲"，形成沙漠清洁能源经济全产业链发展新模式，打造国内最大的集中式光伏发电基地（图 3-5-9）❶。

图 3-5-9　库布齐大漠的"骏马图"❷

全国最大沙漠生态光伏发电站—达拉特旗光伏发电应用领跑者基地❸先导区主要包括"应用领跑光伏发电示范基地"和"沙漠生态旅游度假产业"两大板块。其中应用领跑光伏发电示范基地规划容量为 2 吉瓦，预计总投资 150 亿元。一期规划容量为 50 万千瓦，投资约 36 亿元，主要通过"光伏＋治沙＋农林＋旅游"模式，推进沙漠生态治理、可再生能源发电产业、沙漠农林产业、沙漠特色旅游等多产业整合发展，实现地区经济转型升级（图 3-5-10）。

基地规划充分体现绿色发展理念，有利于推动库布其沙漠生态治理。光伏电站采取"林光互补"模式，即基地外围工程固沙带面积约为 1500 亩，锁边林面积约为 2200 亩；基地主干道路两侧防护绿化面积约 1100 亩；光伏电站外围工程固沙面积约 1000 亩；光伏列阵之间实施密植适宜本地生长的矮化经济林面积约 6800 亩；在光伏板下种植耐阴性沙生灌草植物并设置平铺式沙柳束沙障面积约 6800 亩。基地建成后，使近 10 万亩沙化土地得到有效防治，辐射防风固沙、生态改善总面积近 20 万亩，将提高达旗森林覆盖率近 0.6 个百分点，可有效遏制

---

❶　http://www.nmgxny.com/hyzx/2018/1210/638.html

❷　图片来源：https://mp.weixin.qq.com/s/9MFyF3c-1XWgnJSkpbgmCg

❸　https://mp.weixin.qq.com/s/9MFyF3c-1XWgnJSkpbgmCg

库布其沙漠的扩展，对区域土地荒漠化治理和生态环境修复起到重要作用。"光伏＋旅游"模式，基地建成后，将响沙湾、恩格贝、银肯塔拉等景区有效地连接起来，形成沙漠旅游经济综合示范区，必将对提升内蒙古沙漠旅游品牌，打造国内"沙漠休闲度假、户外运动乐园"之都有重要的促进作用。

图 3-5-10　达拉特旗库布其沙漠经济先导区应用领跑光伏发电示范基地❶

5.3.3　小结❷

（1）技术创新

技术的创新和领跑是推动平价上网早日到来的主要路径。将光伏产业置于能源革命的背景下，光伏企业的竞争已由价格与规模的竞争上升到了核心技术竞争的层面。在这个过程中，"领跑者"计划的作用不言而喻，通过技术指标和价格竞争倒逼企业不断探索找到最高效的技术和最优的价格。

（2）应用模式创新

应用模式的创新也是创新驱动的一个方面，我国国土中还有很多未利用地，荒滩、水塘如何实现国土面积的复用，如何在复用的空间当中实现清洁能源的同时生产，在全国范围内都具有现实意义。光伏领跑者基地的光伏＋应用也为地面

---

❶　图片来源：https://mp.weixin.qq.com/s/lYs4THhaYYcXU1zxDpACNA

❷　https://mp.weixin.qq.com/s/1fovA8BiC09cI91vYigWJw

光伏项目提供了样本。实际上，在光伏电站的应用模式创新上，第二批光伏领跑者基地中有三个基地在建设形式上做了明确要求，要求建设漂浮式水面光伏电站、农光互补、渔光互补项目。在第二批、第三批"领跑者"中水面光伏电站项目规模均达到 1.5GW。

不仅是渔光互补、农光互补等土地利用模式的创新，电子信息行业跨界将信息化和互联网技术引入能源管理，以及智能电网和物联网等在光伏等能源领域的应用都对推动能源革命有重要作用（表 3-5-3）。

领跑实践基地特征比较　　　　　　　　表 3-5-3

（单位：建设规模和并网规模为/万千瓦）

基地名称	山西 芮城	吉林 白城	河北 海兴	山东 新泰	内蒙古 达拉特
建设规模	50	200	50	200	200
并网时间	2017-7-7	2018-11-16	2018-12-27	2017-9-29	2018-12-10
并网规模	10	20	11.5	200	50
特征	农光互补/林光互补	农光、牧光互补、渔光互补等，盐碱地治理	盐碱地、分散地块❶建设光伏项目；数字化设计建设、运营管理	农光互补模式利用采煤沉陷区建设	板上发电、板下修复、板间种树；光伏＋治沙；光伏＋农林；光伏＋旅游❷

---

❶ https：//mp. weixin. qq. com/s/OoEeq8lYzFxDZU5RD7fung
❷ https：//xueqiu.com/2733868088/118706645

6 河流生态保护控制线规划方法❶

6 Method of ecological protection control line planning of rivers

6.1 研 究 区 现 状

大沽河古称"姑水"，为山东省省辖河道，属常年性河流，是青岛最大、最稳定的水源地。2012年至2014年，青岛市政府对大沽河进行了综合治理，防洪标准和水质得到大幅提高，沿岸绿化景观也大幅提升。随着大沽河环境的改善，沿岸开发建设活动也日益频繁，大量的建筑物逼近河岸，河道生态环境整体受到较大威胁。2016年青岛市人大代表提出划定大沽河绿线，保护沿线林地、绿地的建议。青岛市自然资源和规划局结合《城市绿线划定技术规范》相关要求和大沽河的实际情况，确定编制大沽河生态控制线规划，构建大沽河生态空间资源整体保护基础。

青岛现有河流生态保护控制线，都是在河道外侧划定一定宽度的绿化带作为河道保护范围，绿化带的宽度多是依据景观美化和休闲游憩功能划定，目标单一，缺乏依据，往往按照一个固定的宽度划定，忽视河流自身的生态特征，主观性很强，主要依靠政府强力推行。遇到开发建设诉求较强时，经常被突破。如城区河道规划绿化带多是50多米宽，而实施多年后的实际宽度不足15米。固然有规划执行刚性不足的因素，缺乏规划依据，规划执行的"底气"不足也是不容忽视的因素。大沽河沿线有河道蓝线、水源地、湿地、公益林保护区等多种控制线，但存在依据多样、空间交叉、不连续等多个方面的问题，需要研究确定有"共识"性的生态控制线规划依据。

❶ 王天青，青岛市城市规划设计研究院；唐伟，青岛市城市规划设计研究院；毕波，青岛市城市规划设计研究院；左琦，青岛市城市规划设计研究院；曹子元，青岛市城市规划设计研究院。

6.2 河流廊道理论研究

6.2.1 河流廊道的概念

河流廊道是陆域生态景格局的重要构成，最早由 Forman 和 Godron 提出，与多目标、多学科相融合，成为实现水资源管理、生态保护、休闲、审美、历史文化保护等多目标的综合管理的一种理论工具。其概念可以概括为具有水资源保护与管理、生物及其栖息地保护、社会文化和相关经济功能的沿河线性开放空间或保护地带❶。

6.2.2 河流廊道的构成

Ward（1989）用四维框架模型来描述河流生态系统，即纵向（上游—下游）、横向（洪泛区—高地）、垂向（河道—基底）和时间分量（每个方向随时间变化）。河流廊道的空间范围确定的依据主要是横向和纵向结构，本节重点研究河流廊的横向、纵向构成及其生态功能，为河流保护控制线的划定建立技术依据。

（1）河流廊道横向结构

河流廊道的横向结构。尽管河流廊道有着各种各样的形态，但是大部分河流廊道横向由河道、泛洪区、高地过渡带三部分构成（图 3-6-1）。

图 3-6-1 河流廊道横向结构示意图

河道是平水期河流所占据的谷底部分，也称为河床或河槽。天然河流的河道是渗透性的界面，是河流水体与河流区域地下水交换和循环的主要界面，使河流具有水量自我调节功能。同时，为鱼类和其他水生生物、两栖生物提供庇

---

❶ 沈清基. 城市生态与城市环境〔M〕. 上海：同济大学出版社，2003.

护、食物和栖息地。泛洪区是洪水期河流所占据的土地空间。自然河流的泛洪区主要是河滩，有堤防的河流，泛洪区包括堤防的内坡。河滩是由于河流的横向摆动或周期性的洪水侵蚀、淤积所形成的特殊地貌。高地过渡带指河滩两侧地势较高，有较好排水条件的带状区域，是河流与外围区域其他基质景观衔接和过渡的地带，有调控侧向沉积物和养分进入河流的作用，地下水文、物种与河流联系密切。

大沽河外侧多是人工堤防，自然高地较少，泛洪区较窄。结合大沽河的实际情况，将河流廊道的横向结构划分为河道、河漫滩和河岸带三部分。河道为日常河流水系的空间范围，河漫滩包括河滩和提防内坡面，河岸带包括堤防、堤防外坡面、临河自然高地、有生态功能的邻近土地。

（2）河流廊道纵向结构

河流廊道的纵向结构主要受河流的长度的影响，一般情况下，河流纵向上都可以简单地分为上游、中游和下游三部分。

上游：河道一般较窄，河漫滩狭窄甚至不存在，湿地动植物较少，河岸带上的植物较为茂密，对河道和河漫滩形成较好的遮荫。中游：河道变宽，水位变化范围增大，形态更加弯曲。河漫滩逐渐加宽，地形地貌更加复杂，形成了多种湿地类型，具有缓冲洪水、控制冲淤平衡、湿地动植物栖息地的重要作用。下游：河流的下游地势比较平坦，河道较宽，河漫滩较大，往往形成大面积的河口湿地、三角洲。由于河水流速较慢，沉积作用较强，上游、中游输送的大量沉积物和养分，使这里成为营养库，生物群落的多样性和生产力较高。

6.2.3 河流廊道范围的确定

（1）确定河流廊道范围的原则

河流廊道首先应满足现有的或潜在的生态功能要求，以此确定河流廊道的基本宽度和纵向范围；结合区域经济社会所赋予的其他目标，并与周边区域土地利用规划相衔接对基本宽度、纵向范围进行适当优化调整；最后经过广泛的公众参与达成共识。

（2）河流廊道的基本宽度

河流廊道的基本宽度由河流廊道现有的或潜在的生态功能所确定，河流廊道的三个部分的组合功能确定（表3-6-1）。

河流廊道各部分功能组合　　　　　　　　　　　　表3-6-1

功能	河岸带	河漫滩	河道
水生生物栖息地及洄游通道	□	□	■
地下水涵养	□	■	■

续表

功能	河岸带	河漫滩	河道
两栖生物栖息地	□	■	■
控制洪水水位和岸线侵蚀	■	■	■
污染和水土流失控制	■	■	■
水源地保护	■	■	■
水生生物和栖息地保护	□	■	■
湿地生物栖息地	■	■	■
湿地生物和栖息地保护	■	■	■
陆地动物栖息地和迁徙通道	■	□	□
鸟类觅食和迁徙通道	■	■	□
人类休闲和游览	■	■	■
视觉审美	■	■	■
沿河历史文化资源保护	■	■	■
基于非机动车的绿色交通	■	□	□
航运	□	□	■
环境教育	■	■	■

注："■"为该功能的主要承担者；"□"为该功能的次要承担者。❶

1）河道与河漫滩的宽度

河道与河漫滩主要功能是控制洪水、保护水生、湿地生物以及航运（有通航条件的河流），其范围可以根据天然河道本身的游荡范围和行洪要求确定。也可以根据洪水分析或采用现有标准，依据防洪规划确定的行洪断面、河道生态修复要求、现有堤防位置等要求和条件综合确定，河道与河漫滩的总宽度必须大于或等于防洪规划确定的行洪断面要求。

2）河岸带的宽度

河岸带的功能最为复杂，而且大部分功能难以用明确的标准进行界定，需要结合当地的具体情况灵活确定。其中，污染和水土流失防治所需要的河岸植被带宽度与地形条件、植物群落有关；动物栖息和迁徙等功能所需的河岸植被宽度与当地的生物类型有关；沿河历史文化保护所需要的河岸带宽度与历史文化资源的类型和空间范围有关；休憩游览功能所需要的河岸带宽度与旅游发展目标、类型和经济社会发展水平有关。Binford 和 Buchenau（1993）认为，确定河岸带的宽

---

❶ 资料来源：《青岛大沽河生态控制线规划》项目组根据有关资料汇总整理。

度需要对实地进行系统、科学的调查研究，依据自然条件和经济社会发展水平综合确定。同时，河流廊道的宽度范围确定以后，应进行长期的跟踪调查，定期对其实际效能进行评估，并做出相应的改进。

（3）河流廊道的纵向范围确定

从上游到下游，河流的水温、营养物质、生物群落的变化是一个连续变化的梯度，河流廊道的纵向范围应当与自然河道的长度保持一致。保持河道的连续性对于水生生物，尤其是洄游性的生物有重要意义，水利工程修建的水闸或营造景观修建的拦水坝（包括可溶性水坝）对水生生物影响很大，有时会造成毁灭性破坏。因此，河道应尽可能保持连续性，修建的水坝、水闸应在水生生物洄游范围之外，确实无法避开时应采取生态补偿措施。

河漫滩的主要功能是消纳洪水、减少岸线侵蚀，为水生生物提供有机质，为湿地生物和两栖生物提供栖息地。理想状态下，河漫滩也应该是连续的。但是由于洪水周期性变化，河漫滩的湿地环境并不稳定，湿地生物的适应性较强，河漫滩的异质性对物种影响不显著。Forman（1995）认为，将连续的河漫滩分为一系列跳板不会引起很大的生态损失。Wolter（2001）结合德国河流的研究显示，保证20%的自然河滩地岸线，就能显著提高河道内的鱼类多样性。而 Forman（1995）对加拿大鳟鱼的研究显示，河漫滩的连续性十分重要。总之，河漫滩的联系性可以中断，中断的距离要结合河流的具体情况确定❶。

河岸带对洪水的控制功能要求河岸带的高地功能应保持连续性；河岸带上的植被为河道和河漫滩的生物提供遮蔽，为陆地生物迁徙提供保护性通道，保持连续性对生态环境的稳定性有重要作用。但是从生态安全底线上分析，连续的河岸植被带分解为一系列"跳板"，生态服务功能降低比较小。

河漫滩和河岸带对连续性中断的容忍，为实现生态空间保护与经济社会发展高度融合为实现自然与人文和谐共生、协调发展提供了可能。

（4）河流廊道范围的调整

确定了河流廊道基本宽度和纵向范围后，还需要结合河道所流经的基质环境和土地利用情况，对廊道宽度进行适当调整，以提高廊道功能价值，加强与土地利用规划的衔接性，实现多目标管理要求❷。

1）河流交汇处。河流（与支流、冲沟）交汇处河道和河漫滩一般较宽、生态环境多样性较高，生态价值较大，Forman（1995）认为在这些位置，河流廊道的范围应继续沿这些水系延伸或扩大廊道宽度。

2）邻近的洼地、湿地等。与河流有水文联系的侧向洼地、池塘湿地等，应

---

❶　肖笃宁. 景观生态学（第2版）[M]. 北京：科学出版社，2010.

❷　王薇，李传奇. 河流廊道与生态修复 [J]. 水利水电技术，2003（9）.

尽可能地划入廊道保护范围，以保持生态系统的完整性。

3）邻近的陡坡、不稳定的土壤区。将这些空间划入廊道保护范围有利于生态修复工程的实施。

4）邻近的公益林、生态湿地、永久基本农田、其他非建设用地。将这些空间划入廊道保护范围有利于"多规融合"，便于规划实施和监管。

5）邻近的其他开放空间和保护性空间。将毗邻的绿地、公园、文化遗迹、自然遗迹、历史文化资源纳入河流廊道的范围，充分发挥河流廊道的保护效能。或与其建立连接，形成整体网络，为这些资源的高效利用创造条件。

6）河流廊道基本宽度毗邻的明显边界元素。河流廊道具体范围结合毗邻的道路（含机耕路）、生态空间（林地、湿地、）边界划定，形成清晰明确的保护边界，利于公众监督❶。

7）廊道中断点。廊道中断点是生态薄弱点，必须关注。一般道路型中断点（道路跨过廊道）较窄，可不必特别考虑。如果跨域道路的车速较快、车流较多或是封闭的高速路，应设置生物涵洞等补偿性通道。廊道中断点如果是历史形成的村落或大型基础设施，位于河漫滩或河道内的应尽快搬迁；如果位于河岸带上，又没有搬迁的条件，可将适当加宽河岸带的控制范围，在这些设施的外围增加补偿性廊道，形成相对连续的生物迁徙廊道❷。

6.3 大沽河生态控制线规划的技术路线

基于河流廊道理论的研究，提出大沽河生态控制线规划技术路线❸：

（1）现状调查与过程分析。调查规划区域的自然和人文资源（包括文献查询和实地踏勘），分析研究河流廊道的自然和人文历史过程。

（2）影响预测与改变评估。结合区域经济社会发展状况分析，预测河流廊道潜在的影响，评估河流廊道的生态安全程度，归纳存在的问题。

（3）制定规划目标与规划原则。

（4）确定廊道的空间范围。研究确定河流廊道的基本宽度和纵向范围，结合多目标要求，优化调整空间范围。

（5）划定生态保护控制线，制定相应管控导则。

❶ 傅强，宋军，王天青. 生态网络在城市非建设用地评价中的作用研究规划师［J］. 2012（12）.

❷ 中国城市规划设计研究院，青岛市城市规划设计研究院. 大沽河流域保护与空间利用总体规划［R］. 2011.

❸ 青岛市城市规划设计研究院. 青岛大沽河生态控制线规划［R］. 2018.

6.4　大沽河生态控制线规划

6.4.1　现状调查与过程分析

（1）自然地理

大沽河流域北部为山区和浅山丘陵区，南部为山麓平原和平原洼地，地势北高南低，地形坡度由北向南逐渐变缓。中下游平原洼地土质黏重，地面以下 3 米为不透水层的红页岩。沉积地貌约占整个流域的五分之四（含第四纪冲积台地及沉积地层），大山地貌约占五分之一。以流域地形高度而言可划分为山区、丘陵和平原 3 个地貌单元（图 3-6-2）。

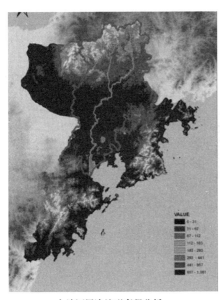

大沽河周边地形高程分析　　　　　大沽河周边地形地貌分析

图 3-6-2　青岛市市域地形分析图❶

（2）自然过程

1）径流变化与洪水：大沽河流域地处胶东沿海，属海洋性气候。冬春雨水稀少，夏季降雨时间较短，且非常集中，极易发生春旱夏涝的自然灾害影响。汛期暴雨中心多在流域北部山区，下游宜受洪涝影响。

2）河道演变：大沽河在封闭型的胶州湾底部入海，潮汐作用不强，河道两

———————————

❶　资料来源：大沽河流域保护与空间利用总体规划。

侧有稳定的人工堤防，河道比较稳定。

3）水资源：大沽河流域内大中型水库兴利库容约 3.97 亿立方米，占青岛市大中型水库的 60.33％，中下游的地下水源地多年平均水资源储量为 7154.8 万立方米，是青岛市最重要的水源地（图 3-6-3）。

图 3-6-3　青岛大沽河地下水库位置示意图❶

4）林地资源：沿岸有生态林、经济林、用材林 5.8 万余亩，主要树种为杨树、刺槐以及少部分的板栗、苹果、梨、柿树，零星分布有大叶女贞、黄杨球、雪松等，没有形成连续的沿河基干林，对涵养水源和局地微气候的调节作用较弱。

5）动物资源：青岛地区没有大型猛兽或大型食草动物，哺乳类动物有松鼠科、仓鼠科、鼠科、兔科、犬科、鼬科、蝙蝠科、猬科等；两栖类有蛙科、蟾蜍科、盘舌蟾科、姬蛙科等；爬行类有蜥蜴科、游蛇科、蝰科、乌龟、鳖等。鸟类主要有游禽、涉禽、陆禽、猛禽、攀禽及鸣禽六大类。

6）水生生物：水生植物主要有芦苇、蒲草、千屈菜、红蓼、荷花、睡莲等水生植物，河流中的鱼类主要是草鱼等淡水鱼类，在河口区域有少量海洋洄游的白鳝、鲈鱼。

（3）历史人文过程与乡土景观

大沽河两岸的人类活动可以追溯到新石器时代，是胶东半岛历史文明的源头和摇篮之一，为两岸人们的生产和生活提供了渔业、灌溉多种便利，形成较为密集的农村居民点，据统计距离河堤堤脚线 50 米内有村庄 182 个，200 米内有 383 个村庄、1000 米范围内村庄 416 个。距离大沽河 100 米有即墨故城遗址，流域范围内有众多历史文化遗址。大沽河沿线人类活动和自然过程留下丰富的滨河乡土文化和景观，是青岛地区人民重要的文化记忆，大沽河被青岛市确定为母亲河。

---

❶ 资料来源：大沽河流域保护与空间利用总体规划。

6.4.2 经济社会发展及其对河流廊道的影响

大沽河沿线以农业生产为主，是青岛主要粮食、果蔬生产基地。沿线涉及两区三市，共 6 个街道办和 15 个镇。近年来，随着青岛城镇化水平提高，大沽河北部的莱西市、南部的胶州市、空港组团、红岛经济区以及南村镇、李哥庄镇经济社会发展较快，成为大沽河沿线城镇特征明显的区段（图 3-6-4）。

依据大沽河纵向区位、河道两侧腹地功能、河道资源特色与景观特质，随着沿线经济社会和自然生态进一步融合，大沽河沿线经逐渐形成城区、镇区、田园乡村三种廊道景观（图 3-6-5）。

图 3-6-4　大沽河沿线城镇分布示意图❶　　　图 3-6-5　大沽河沿线景观特征分析图❷

城区、镇区廊道景观：河流流经城区、镇区，城镇与河道空间、景观的高度融合，成为城镇优质生活岸线。田园乡村廊道景观：以农田、林地为主，传统村落散布两侧，形成乡村聚落与生态网络融合格局。田园乡村景观段是历史形成的人文与自然景观融合格局，村庄建设规模较小对河流廊道的影响较小，城区、镇区段建设空间不断逼近河道，压缩廊道宽度，对河流廊道的生态安全威胁较大。

---

❶❷　资料来源：青岛大沽河生态控制线规划。

6.4.3 规划目标和规划原则

（1）规划目标

依据《青岛市城市空间发展战略》和《青岛市城市总体规划（2011—2020年）》确定的大沽河发展目标，大沽河生态控制线规划，应强化生态中轴的功能，协调生态保护与沿线城区、镇村发展，为将大沽河打造成生态之河、安全之河、品质之河、人文之河、活力之河奠定规划抓手（图 3-6-6）。

图 3-6-6   大沽河生态控制线规划目标与理念❶

（2）规划原则

1）生态优先、严格管控：优先保证大沽河的生态安全和防洪安全，增强自然生态整体性和系统性，整合沿线林地、湿地、水源地保护区、永久基本农田等生态空间，构建大沽河生态管控体系。

2）统筹协调、边界清晰：统筹自然资源保护和利用，协调生态空间与城乡建设空间，促进沿线人与自然和谐发展；以规划目标为导向，结合现状因地制宜划定生态控制线，使生态控制线落地准确、边界清晰、便于管理。

3）空间管控、功能引导：通过生态控制线划定，明确生态空间刚性管控范围；结合实际情况，制定差异化的管控措施。通过规划，使刚性管制与差异引导相结合，促进沽河沿线生产、生活、生态空间融合发展。

6.4.4 河道、河漫滩的宽度基本宽度

《大沽河岸线利用管理规划》，大沽河有堤段以堤防工程背水侧管理范围的外

---

❶   资料来源：青岛大沽河生态控制线规划。

边线（即堤脚外 10 米范围线），无堤段河道以设计洪水位与岸边的交界线（河道水面与岸边交界线外 20 米）作为大沽河河流管理范围线。河流管理范围涵盖了大沽河的河道、河漫滩及部分河岸带范围，规划将大沽河河流管理范围线作为生态保护控制线规划基线，以此为基础研究廊道的基本宽度。

依据河岸带在河流廊道中的功能，结合国内外学者、机构对于河岸带宽度的研究成果（表 2），通过对沿大沽河迁徙动物、鸟类研究，确定大沽河河岸带的宽度应达到 40～60 米。考虑到河流管理范围内有 20～30 米的河岸带，堤顶有 10 米多宽的车行道，其有生态廊道有效宽度在 10～20 米左右。规划确定河流管理范围线外再增加 50 米作为河岸带的理论宽度，使河岸带的有效宽度达到 60 米左右（图 3-6-7）。

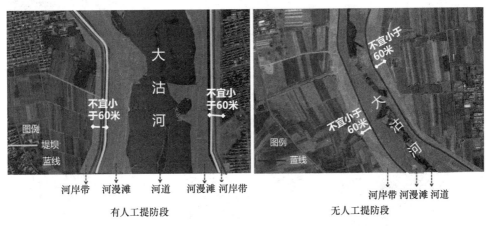

图 3-6-7　大沽河河流廊道基本宽度示意图❶

城区、镇区段，城镇建设边界与河道堤顶之间全部为绿化生态开敞空间，能够满足生态廊道的基本功能，故该段生态控制线划定在距离河流管理范围线 50 米的位置。田园乡村段有 80 多个村庄紧邻堤坝，形成生态廊道中断点，规划采用生态补偿的方式，将生态控制线划定在距离河流管理范围线 200 米的位置（表 3-6-2）。

<table>
<tr><td colspan="3" style="text-align:center">国内外学者、机构对于河岸带宽度的研究❷</td><td>表 3-6-2</td></tr>
</table>

研究来源	研究者/相关法规/功能	宽度适宜值（米）
国外	美国西北太平洋地区法规	30
	美国著名景观学者麦克哈格教授	60
	华盛顿州海岸线管理法案	60
国内	俞孔坚、李迪华等	60～100
	控制泥沙、控制洪水、鸟兽栖息的河道功能	10～90

❶　资料来源：青岛大沽河生态控制线规划。

❷　资料来源：《青岛大沽河生态控制线规划》项目组根据有关资料汇总整理。

6.4.5 宽度优化调整

生态控制线在基本宽度的基础上，结合所流经区域沿线的水源地保护区、林地、湿地、永久基本农田等生态要素环境和土地利用情况，对廊道宽度进行适当调整，因地制宜、统筹划定生态控制线，以提高廊道功能价值，加强河流廊道与土地利用规划的衔接性❶（图3-6-8）。

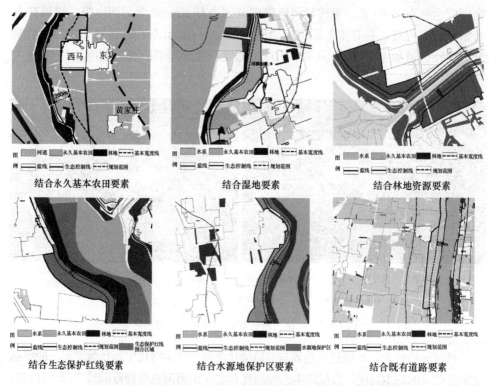

结合永久基本农田要素　　　结合湿地要素　　　结合林地资源要素

结合生态保护红线要素　　　结合水源地保护区要素　　　结合既有道路要素

图 3-6-8　结合相关要素调整生态控制线宽度❷

6.4.6 管控措施

（1）禁止城镇化和工业化活动，严格控制新增城乡建设用地，禁止污染环境、妨碍生态安全的设施和活动。

（2）结合城乡旅游度假休闲产业发展要求，在满足生态安全的条件下，可适当建设与休闲公园、景观环境配套的小型服务设施。

（3）确需在本区域新建交通、市政基础设施（包括线网）时，应采取必要的

---

❶　刘滨谊，王鹏. 绿地生态网络规划的发展历程与中国研究前沿. 中国园林，2010（3）.

❷　资料来源：青岛大沽河生态控制线规划。

工程措施，保持生态廊道的连贯性。

（4）严格控制生态廊道内的现有村庄规模，禁止新增建设用地；现状建设项目的改建或修缮，不应超过原有建筑的高度和体量；有条件的村庄逐步外迁。

6.5 结　　语

划定生态保护控制线是实施生态资源保护的基础工作，也是自然资源统一确权登记的基础工作。基于河流廊道理论划定大沽河生态保护控制线，构建了完整的大沽河生态廊道空间，不仅对保证河流廊道生态空间的完整性和自然资源监管的便利性有重要作用，同时为大沽河自然资源确权登记提供了科学依据。本次基于生态控制线的规划技术路线，对其他类型的生态空间划定保护控制线或自然资源确权登记也有积极的借鉴。

7 城市道路绿视率自动化计算方法研究❶
7 Study on automatic calculation method of green looking ratio of urban roads

城市道路作为城市建设的重点板块，既是绿化设施与建筑空间交融的开敞地带，也是居民与植被景观发生视觉接触的公共场所，道路绿色空间在景观功能、生态功能、意向功能等方面起到不可或缺的积极作用。传统的城市绿化定额评价指标主要有绿地率、绿化覆盖率、人均绿地面积三大指标❷。以上指标均为基于绿化建设的客观评价，忽视了人在环境中的主体作用。基于人视觉感受提出的"绿视率"概念成功地把人的主观感受与自然环境两者之间的抽象关系以量化的形式具体表达出来，为城市绿色空间的评价提供了一个全新的衡量角度，从市民的角度直观地反映城市绿化建设的水平。本章参考国内外城市道路绿视率的相关研究和文献，归纳道路绿视率调研的一般流程，分析对比道路绿视率的常用调查方法和新兴调查方法的优缺点。针对目前绿视率计算方法多而杂的现状，重点研究绿视率计算方法，并研发了一种针对城市道路的"绿视率"自动化计算方法与工具，大大缩短了绿视率计算的时间，提高城市道路绿视率研究的工作效率。

7.1 绿视率概念及应用

日本学者青木阳二首次提出"绿视率"的概念，定义"绿视率"为"视野中绿色所占的比率"❸。随后大野隆造教授进一步指出："绿视率"是从环境行为心理学方面考虑的，也就是人们对环境绿化的感知，即指眼睛看到绿化的面积占整个圆形面积的百分比❹。绿视率作为城市绿化评价的新兴指标，与常规的指标（绿地率、绿化率等）相比，考虑人的主观感受，将评价范围从二维平面扩大到三维立体层面，并能从物理量化的角度去分析视觉环境，为城市绿地视觉质量的评价确立了量化的指标标准，使城市绿地视觉价值得到了数量化的统计❺

---

❶ 彭锐，刘海霞. 城市道路绿视率自动化计算方法研究 [J]. 北京规划建设，2018（04）.

❷ 吴立蕾. 基于绿视率的城市道路绿地设计研究 [D]. 上海交通大学，2008.

❸ 邓小军. 绿化率绿地率绿视率 [J]. 广角镜. 2002（6）：75-78.

❹ 青木阳二. 視野の広がりと緑量感の関連 [J]. 造園雑志，1987，51（1）：1-10.

❺ 環境知覚研究の勧め—好ましい 環境をめざして [EB/OL]. Japan.（2007-07-25）.

自绿视率概念提出后，日本政府率先积极引入"绿视率"指标以推动城市绿化工作，于 2004 年正式通过"景观绿三法"，使"绿视率"成为日本绿色景观评价体系的常规指标之一❶。近年来，我国也有学者开始将绿视率作为城市绿化质量的评价指标，分析城市道路/街区的绿化情况及绿视率的影响因素，旨在为城市道路/街区绿化设计提供一定的理论基础和实践运用，为城市景观规划者提供决策建议❷。

7.2　城市道路绿视率指标评估

"绿视率"即表示人视野中绿色的占比，然而这一比值是很难直接判断的，必须借助一定的技术工具进行评估计算。参考多篇绿视率研究文献，总结得出以下绿视率调研评估流程。

7.2.1　选择道路观测点

在地图上标记好拟调研路段，结合路段的实际情况，确定绿视率指标数据采集的观测点。观测点选取的一般原则：能客观反映道路绿化的实际情况；调查时不影响城市道路交通；在一段时间内能保持稳定，便于后期跟踪调查；根据道路实际长度确定观测点个数（一般不少于 5 个）。

7.2.2　获取道路图像

图像的获取是道路绿视率调研流程中的关键一步，为后续的绿视率计算工作提供可操作性平台。目前常用的绿视率图像获取方式有两种。一种是实地拍摄获取图像，也称为实地调研法，即调研人员在选定好的道路观测点位置处进行多方向定点拍摄取样。相机焦距均为 24mm（成像效果最接近人视觉），注意拍摄取样过程中保证所有观察点所用的拍摄相机型号相同，以避免产生设备仪器误差。该方式针对性强，可根据现实条件（天气、季节等变化的影响）对调研方案做出适当调整，获取的道路图片更加符合实际情况。

然而，实地拍摄图像获取方式很大程度上受人力和时间的限制，采样数量有限，难以开展大范围的绿视率评价。近些年，随着计算机技术和数据共享理念的不断发展，城市道路街景图像的获取更加方便，因而一些学者开始基于街景数据

❶　折原夏志. 绿景観の评价に関する研究——良好な景観形成に向けた绿の评价手法に関する考察 [J]. 调查研究期报，2006（142）：4-13.

❷　田梦. 城市道路绿化模式与绿视率的关系探讨 [D]. 西南大学，2011. 李鸿雁，蒋炳伸，秦兰娟，等. 城市道路绿视率应用研究 [J]. 广东农业科学，2013，40（20）：55-57. 赵庆，唐洪辉，魏丹，等. 基于绿视率的城市绿道空间绿量可视性特征 [J]. 浙江农林大学学报，2016，33（2）：288-294.

开展绿视率研究，即通过互联网地图平台获取大量研究区域的街景图像，从中筛选出自己需要的图像进行绿视率计算❶。此方式可快速获取大量街景图片，但存在针对性较弱、随机性大等缺点（图 3-7-1）。

图 3-7-1　北京一街道交叉路口点四个方向街景示意图❷

7.2.3　绿视率评估

借助 Photoshop、Matlab、GIMP 等图像处理软件，对获取的图片进行处理分析，辨识提取其中的绿色部分，最后根据绿视率计算公式（公式 3-7-1 或 3-7-2）计算图片的绿视率。

$$绿视率 = \frac{相片绿色部分面积}{相片总面积} \times 100\% \tag{3-7-1}$$

像素是一张图像最基本且不可分割的单元。图像由颜色不同、浓淡不一的像素组成，众多的像素集合组成一张图像。绿视率计算公式可表达为如下：

$$绿视率 = \frac{绿色部分像素}{相片总像素} \times 100\% \tag{3-7-2}$$

7.3　绿视率指标计算方法研究

绿视率能够以具体的数值表达出人视线中绿色的占比，将抽象的概念具体化，优化城市空间植物景观构成，为环境规划设计、绿化精细化管理以及城市人

---

❶　Li X，Zhang C，Li W，et al. Assessing street-level urban greenery using Google Street View and a modified green view index［J］. Urban Forestry & Urban Greening，2015，14（3）：675-685. 郝新华，龙瀛. 街道绿化：一个新的可步行性评价指标［J］. 上海城市规划，2017（1）：32-36.

❷　图片来自谷歌街景地图。

居环境改善提供更加合理的技术支撑。绿视率的计算工作则是将绿化视觉质量数值化表现的关键步骤，快速准确的绿视率计算方法将大大提高城市绿化可视性评价研究的效率。

7.3.1　绿视率网格计算法

网格划分计算法是绿视率计算常用的方法，该方法操作简单，可有效避开非植物性绿色。计算流程为：首先将待测图片的绿色植物部分涂色，再将整个图像划分成固定数量的网格，借助图形处理软件的网格划分功能，将待测图片划分网格，最后采用四舍五入的方法统计绿色方块所占比例，该值即为绿视率值（图 3-7-2）。

(a)　　　　　　　　　　　　　　　　(b)

图 3-7-2　网格划分计算法示意图
(a) 原图像；(b) 网格划分

7.3.2　绿视率像素计算法

图像处理软件（常用 Photoshop）可以统计出一张图片及图中任意形状（选区）的像素数，因此广泛用于任意形状的面积与分析中❶。将待计算绿视率的图片导入 Photoshop 中，通过直方图查看整个图像的像素值，记为该图片的总像素。然后新建图层，在新的图层上借助画笔工具，将图片中绿色植物所占的部分手动覆盖同一颜色，之后在直方图中查看新建图层的像素值，该值即为图片绿色部分像素。最后通过绿视率计算公式（3-7-2）计算出图片的绿色占比，该值即为图片所代表的观察点拍摄方向的绿视率值（图 3-7-3）。

---

❶　谢亮. Photoshop 像素法在计算地图面积中的应用［J］. 电脑知识与技术，2010，06（15）：4021-4022.

183

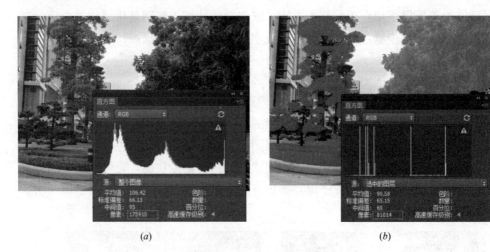

(a)　　　　　　　　　　　　　　(b)

图 3-7-3　像素计算法示意图

(a) 图片总像素统计；(b) 图片绿色植物部分像素统计

7.3.3　绿视率自动化计算法

对比以上绿视率计算方法发现，现有的绿视率计算方法均需一定程度的人工操作（如手动覆盖、网格划分等），这不仅导致人工误差，而且费时费力。针对此问题，本研究基于绿视率计算的基本原理，以 HSL 色彩空间模型为基础开发了一种全自动化的计算方法，开发了一种新的自动化绿视率计算方法，该方法仅需操作人员将相片导入，然后将自动计算出相片的绿视率并显示出来，大大缩短了绿视率计算的时间。

HSL 色彩空间模型比 RGB 色彩空间更符合人的视觉特性，因此本方法选择 HSL 色彩空间模型作为图片色彩解析的工具，具体算法如下：

（1）图片绿色色彩识别

① Hue（色调）代表人眼所能感知的颜色范围，取值从 $0°\sim360°$，每个角度代表一种颜色，颜色分布在色相环（图 3-7-4b）上，其中绿色分布在 $100°\sim160°$。有研究表明正绿色值为 $120°\sim140°$，当 H 小于 $120°$ 时为偏黄的绿色，大于 $140°$ 时为偏蓝的绿色。考虑绿色植物的生长特点和季节性等原因，绿色倾向于偏黄，故本算法设定绿色的 Hue 范围为 $70\sim160°$

② Saturation（饱和度，也记 Chroma），取值从 $0\sim100\%$，描述了相同色相、明度下色彩纯度的变化。数值越大，颜色中的灰色越少，颜色越鲜艳，呈现一种从理性（灰度）到感性（纯色）的变化。由色彩空间模型（图 3-7-4a）可以判别：饱和度为 $10\%\sim100\%$ 的时候可以显示出绿色。

③ Lightness（明度）控制色彩的明暗变化。取值从 $0\sim100\%$，数值越小，

色彩越暗，越接近于黑色；数值越大，色彩越亮，越接近于白色。参考相关文献，本研究设定绿色明亮度范围为 10%～90%（10%≤L≤90%）。

因此判别方法就是，遍历整个图像矩阵，每个像素颜色都转化成 HSL 模型，得到 H，S，L 三个分量，当三个分量分别满足上述①、②、③三个条件时，即判断该像素点为绿色（图 3-7-4）。

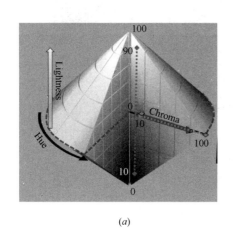

(a)

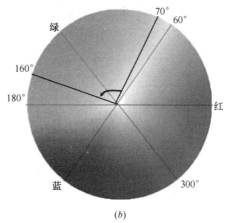

(b)

图 3-7-4　HSL 色彩空间模型示意图

(a) 三维示意图；(b) Hue 色相环示意图

（2）遍历图像，统计像素点

数码图像是由许多个不同颜色的像素点组合而成，所以计算一张图像中绿色部分的占比实际上是要统计这张图像中绿色像素点的个数与图像总像素点个数的比值。绿视率自动化计算方法首先将图片的色彩模式自动转化为 HSL，然后根据上述色彩辨识原理，逐一识别图片上所有像素点的颜色（图 3-7-5）。

（3）计算结果分析

在自动化绿视率算法的支持下，运用研究开发的绿视率自动化计算工具，笔者在极少操作下，以不到 1 秒（单张图像）的计算时间对两张城市道路图像的绿视率进行了分析，从可视化的绿色植物提取及绿视率计算显示来看，其计算结果显示良好（图 3-7-6）。

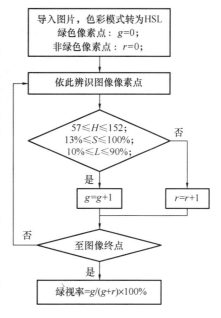

图 3-7-5　图像像素点辨识过程流程图

185

图 3-7-6 自动化计算方法计算结果示意图

7.4 结　论

通过梳理国内外关于城市道路绿视率的研究成果，对道路绿视率的概念做了全面的认识和理解，归纳出城市道路绿视率调研的一般流程。对绿视率计算方法部分进行了重点的剖析，发现常规的绿视率计算方法虽能将道路绿视率结果数值化，但在方法上普遍存在人操作复杂的问题，需要较多的时间和精力对其进行处理，且不能实现自动化计算。

本章针对上述问题，结合图像绿视率像素计算法的基本原理，开发了一种快速计算图像绿视率的全自动化式的新方法，成功研发出相应的计算程序，实现街景图片绿视率计算的自动化。绿视率自动化计算方法很好地解决了图像处理效率低的问题，大大缩短绿视率计算的时间，提高城市道路绿视率研究的工作效率（表 3-7-1）。

三种计算方法对比分析表　　　　　　　　　　　　表 3-7-1

序号	方法	测试用时与结果	计算流程	准确度
1	网格划分法	用时约 10 分钟；计算结果：44%	导入图片→绿色部分识别→统计绿色部分和相片面积/像素→计算绿视率→结果	需手动识别绿色部分，费时费力；由于人眼感知的个性差异等因素导致计算结果存在较大误差
2	像素法	用时约 10 分钟；计算结果：46%		
3	自动化计算方法	用时约 5.2 秒；计算结果：41%	导入图片→结果	原理与常规方法一致，绿色部分识别更加智能化，计算结果准确

说明：测试使用同一图像，用时仅包含软件计算时间，未考虑用户操作时间。

通过常规方法和新方法计算同一张图片的绿视率值，验证新方法的实用性。结果发现新的绿视率计算结果与常规的图像阈值分割方法计算结果相差不大，但与另外两种方法（网格划分算法和像素算法）相比，由于绿色部分识别原理不同，结果差异较大。经前人研究结果验证，借助 RGB、HSL 等颜色空间模型识别图像中绿色（或某一特定颜色）部分的方法更加科学且智能化，识别时间短且结果更加具有代表性。以上结论证明本研究开发的绿视率自动化计算方法值得推广应用，为城市道路绿视率调查效率的提高提供了一项可行的技术。

第 四 篇 | 实践与探索

当前，生态城市规划从片面到全面，国土空间规划的文件出台，各城市结合自身特点，形成各具特色的创新规划管理制度，并为其他城市发展带来经验。随着绿色发展理念的深入人心，低碳生态城市的建设步伐将不断加快，更多的城市在生态文明建设的战略高度下，进行科学的生态城市规划。因此在建设美丽中国的目标指引下，确保到2035年节约资源和保护环境的空间格局、产业结构、生产方式、生活方式总体形成，生态环境质量根本好转，生态环境领域国家治理体系和能力现代化基本实现。对国内低碳生态城市建设的理论和实践进行系统梳理、总结和提升，充分挖掘本土特色，推动我国针对性、科学性和时序性的低碳生态城市建设进程。

本篇持续跟踪绿色生态示范城区项目，选取具有代表性案例，如天津中新生态城及北京怀柔科学城案例等，对2018—2019年度的重点建设实践内容进行介绍。此外，本篇梳理了南京江北新区、合肥滨湖卓越城生态区及珠海体育公园等城市（区）的生态绿色建设以来的工作进展情况，对这些城市的发展指标、建设手段及实施效果进行了介绍，并总结各城市发展经验。

除了对国内低碳生态示范城市（区）的建设经验进行梳理和总结

外，重点梳理成都市低碳城市及张家口可再生能源示范区建设现状，对其开展实地调研，探索低碳城市建设规划模式。本篇重点对发展制度、产业体系、城市体系、能源体系、绿色消费体系及绿色碳汇体系等进行了详细介绍及分析。更加系统、全面地细化研究绿色低碳可再生城市发展目标，在充分研究张家口可再生能源示范区的基础上，参考该可再生能源城市建设案例，寻找现代化可再生城市能源应用城市建设方法。介绍绿色低碳城市发展的特点及经验，为全国绿色低碳城市建设提供实践性指导。

Chapter Ⅳ | Practices and Exploration

China has officially constructed the green and low-carbon eco-cities for nearly 14 years. The low-carbon eco-city policy has been developed from nothing, and now covers all aspects. The cities are forming the featured and innovative planning and management system according to their situation, from which other cities might learn. As people's awareness on green development is increasing, the construction of low-carbon eco-cities will speed up, and more and more cities begin to carry out the scientifically eco-city planning. Therefore, it is necessary to comprehensively explore, summarize and improve the theory and practice of construction of domestic low-carbon eco-city under the guidance of green development concept, fully utilize the local features, and drive the targeted, scientific and time-ordered construction of low-carbon eco-cities in China.

This Chapter keeps tracing the demonstration of green and ecological urban project, introduces the key construction and practices in 2018 and 2019 by taking China Singapore Tianjin Eco-City and Beijing Huairou Science Town for example. Furthermore, it summarizes the progress of ecological and green construction of Nanjing Jiangbei New District, Hefei Binhu Zhuoyue Town and Ecological Zhuhai City, introduces the development indicators, construction means and implementation effect of these cities, and concludes their development experiences.

In addition to teasing out and summarizing the construction experiences of domestic low-carbon eco cities (urban area), it underlines the current status of construction of low-carbon Chengdu City and the demonstrative renewal resource area in Zhangjiakou, investigates them on site, and explores the construction planning and mode of low-carbon city. This chapter focuses on detailed introduction and analysis of development system, industrial system, urban system, energy resource system, green consumption system and green carbon system, among others. It gives a more systematical, comprehensive and detailed study on the development target of green, low-carbon and renewable city. Upon full investigation of demonstrative renewal resource area in Zhangjiakou, with reference to such construction of renewable energy city, it seeks for the method for construction of modern, renewable, and energy applicable city. It concludes the feature and experience of development of green and low-carbon city, give a practical guidance for the construction of green and low-carbon city in China.

1 中新天津生态城低碳规划的实践[1]

1 Practice of low-carbon planning of China Singapore Tianjin Eco-City

城市化进程中产生的诸多生态问题，促成了人们对于美好城市发展模式的追求，"生态城市"也因此成为学者们研究关注的重要对象。然而，污染与破坏并非是城市的原罪，只需要满足一定的科学规律和合理的发展模式，"城市可以成为一种使文化和自然融洽的极佳的工具"（理查德·瑞吉斯特[2]，2010）。生态城市建设是生态文明与城镇化建设的历史契合点，是城镇建设的目标和方向，也代表着生态文明与城镇化建设的水平。在生态城市的实践方面，很多国家都把"建设生态城市"作为公共政策来推动和引导城市发展，并积累了诸多成功经验，从目前发展来看，我国生态城市建设依然任重道远，绿色、智慧、低碳、健康、宜居依然是中国特色新型生态城市的建设目标（王伟光等[3]，2017）。

空间规划与设计是生态城市建设的基石。整体性是生态城市空间规划与设计的核心（蔡志昶[4]，2014），整体性的城市规划绿色发展策略可以最大程度的保障城市的环境友好性。但是，从规划工作自身来看，"生态城市"的规划技术、规划内容、规划方向等，还有诸多矛盾，相关学者也从"规划范式的转变"等角度提出了解决问题的路径和方法，并且通过案例研究等方式，对巴特伊施尔生态城、巴塞罗那特里尼特诺瓦生态城、杰尔生态城等国际案例进行深入分析（费林·加弗龙等[5]，2016），通过大量国际案例的横向比较，总结得出国际生态城市案例中的共性规划实践内容和共性实践原则目标体系等（张若曦[6]，2016），从而对生态城市的规划过程、规划技术、规划工具等方面进行探索。

---

[1] 董珂，中国城市规划设计研究院，绿色城市研究所所长，教授级高级规划师；王昆，中国城市规划设计研究院，高级规划师。

[2] 理查德·瑞吉斯特（著），王如松（译）. 生态城市：重建与自然平衡的城市. 修订版. 北京：社会科学文献出版社，2010.

[3] 王伟光，张广智（主编）. 生态城市绿皮书：中国生态城市建设发展报告（2017）. 北京：社会科学文献出版社，2017.

[4] 蔡志昶. 生态城市整体规划与设计. 南京：东南大学出版社，2014.

[5] 费林·加弗龙、格·胡伊斯曼、弗朗茨·斯卡拉（著），李海龙（译）. 生态城市——人类理想居所及实现途径. 北京：中国建筑工业出版社，2016.

[6] 张若曦. 国际生态城市实践中的理念与方法：基于案例库构建与分析. 厦门：厦门大学出版社，2016.

1.1 天津生态城规划建设的背景

2008 年，中新天津生态城管委会委托中国城市规划设计研究院、天津市城市规划设计研究院和新加坡设计组三方团队共同组成中新天津生态城规划联合工作组，编制《中新天津生态城总体规划（2008—2020 年)》。

2018 年，指标体系升级后，总体规划也相应修编，严格落实了升级版指标体系要求，延续了指标引领总体规划编制的模式。

1.2 天津生态城既有建设中的绿色设计经验

1.2.1 坚持绿色生态的指标引领

2008 版总规中，生态城开创了在总体规划编制以前先制定指标体系的先河。以往城市建设都是以总体规划及可行性研究作为项目起动的开端，而生态城却是以严格的指标体系为先导。总体规划编制充分落实 26 项指标要求，将经济、社会、环境各个方面的需求，落实到城市空间和土地利用规划上，落实为交通、能源、资源等专项规划内容。2018 年，指标体系升级后，延续了绿色生态指标引领总体规划编制的模式。

1.2.2 坚持总体生态格局保护，促进生态城绿色产业发展

2008 版总体规划坚持总体生态格局保护，强调"先底后图"的规划方法，首先根据生态结构完整性和用地适宜性的标准划定禁建、限建、适建、已建的区域，在此基础上再进行建设用地布局❶。按照生态优先理念，总体规划编制首先选择"做减法"（图 4-1-1）。根据生态敏感性分

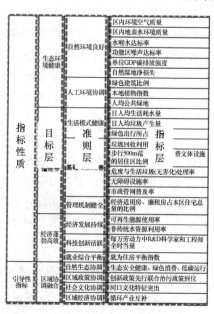

图 4-1-1 2008 版总规中的指标体系

---

❶ 李浩. 生态导向的规划变革——基于"生态城市"现场会议的城市规划工作改进研究. 北京：中国建筑工业出版社，2013.

析和建设适宜性评价，先划定了需要重点保护和加强控制的区域，包括自然湿地、缓冲区以及河道两侧区域范围，剩余的部分作为生态城的建设区域（图4-1-2）。通过划定禁建、限建、适建、已建区域的范围，在保护区域生态的同时限制了城市的发展边界。以资源环境承载力为硬约束，划定生态红线和城市开发边界，形成总规编制的基础（图4-1-3）。

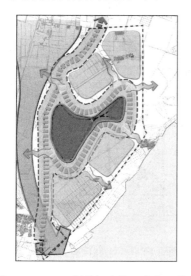

图 4-1-2 2008 版总规中的生态格局优化

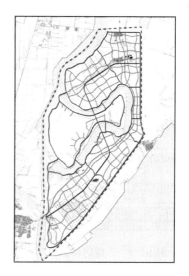

图 4-1-3 2008 版总规中的绿色交通

1.2.3 以公共交通为主体的高效率、低费用、低污染的城市交通体系

生态城的路网结构突破传统的快、主、次、支四级模式，分为双向 6 车道的干路和双向 4 车道的支路两级。为了鼓励慢行交通，生态城总体规划采用了富于特色的"路网一绿道"双棋盘格局，400 米×400 米的机动车路网与 400 米×400 米的绿道系统相互间隔，将街区再次分割成 200 米×200 米的小街坊，实现了小街区密路网的空间布局，创造了人车分流的空间体验。规划还强化了公交系统、慢行系统的无缝接驳❶。

"细胞——社区——片区"三级居住体系，促进了产业园区与居住社区混合布局，减少通勤交通，促进职住平衡，增强区域活力（图4-1-4）。

借鉴新加坡"小区——邻里——市镇"的组屋规划经验，规划了"生态细胞——生态社区——生态片区"三级居住体系。坚持"产城融合、职住平衡"的理念，确定本地就业率不低于 50％的目标（图4-1-5）。摒弃产业与居住相分离的传统模式，将科技型产业园区与居住社区混合布局，减少通勤交通，促进职住平

---

❶ 沈清基. 城市生态环境：原理、方法与优化. 北京：中国建筑工业出版社，2011.

衡，增强区域活力（图 4-1-6）。

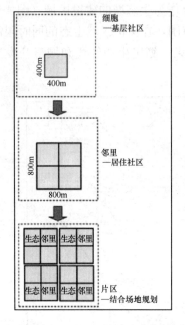

图 4-1-4 三级居住体系

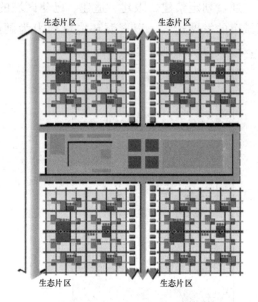

图 4-1-5 生态社区模式

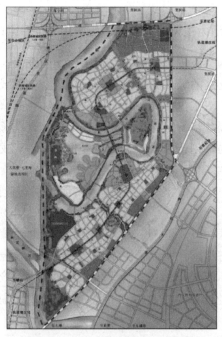

图 4-1-6 2008 版总规总平面图

1.3　新一轮生态城规划中的绿色发展策略

针对新一轮总体规划中对天津生态城的总体定位——"国际生态休闲湾"，规划强调几个方面[1]，一是继续强化生态城市建设，践行生态文明的京津冀样板；二是顺应人民对于休闲消费的时代要求，强化生态休闲旅游功能，完善京津冀这一世界级城市群的多元功能。三是强化人才吸引，通过创新探索新的城市发展路径，通过生态文明建设提升空间品质，形成创新、人才、品质三大要素的良性互促循环。在发展策略方面，突出以下策略[2]：

1.3.1　深化绿色建设理念，拓展影响范围

天津生态城作为国家绿色发展示范区，在中央将推进生态文明建设作为国家重要发展战略的背景之下，理应发挥更大的示范引领作用。要坚持生态优先、资源节约、环境友好的原则，以资源环境承载力为硬约束，科学确定城市规模，划定生态红线和城市开发边界，保护城市自然生态环境。坚持绿色发展。大力应用和推广绿色、低碳、环保技术，转变城市发展方式，探索生态、绿色、低碳的发展道路[3]。

新一轮规划，将绿色建设模式由合作区的 34 平方公里拓展到 150 平方公里，实现全区协调发展。一方面，讲绿色规划建设模式从"中新合作区"复制推广到全区，借鉴合作区可持续发展的理念、先底后图的规划方法和生态空间塑造、湿地保护等经验。继续坚持生态优先原则，加强对区域性生态廊道、鸟类栖息地和河流水系的保护，保留入海口大面积生态湿地，确保生态系统有机衔接，形成区域一体化的生态格局，实现湿地净损失为零（图 4-1-7）。另一方面，结合"三区整合"以后不同板块的基础条件，确立不同产业方向。中新合作区在文化创意产业基础上，引入生态环保、电子信息和互联网创新型产业，大力发展国际教育和国际医疗服务。滨海旅游区重点发展电子芯片、大数据、智慧制造、文化旅游、海洋生态休闲、海洋健康服务和海洋教育科研等产业。中心渔港借助商港开港契机，依托水路、轨道及公路等对外交通优势，打造特色化的水产品、农副产品、冷链物流、商贸港口，成为集展示、销售、加工、餐饮为一体的国际化交易平台（图 4-1-8）。

---

[1]　杨保军，孔彦鸿，董珂，王凯. 中新天津生态城规划目标和原则. 建设科技，2009，(15)：24-27.

[2]　仇保兴. 传承与超越——中西方原始生态文明观的差异及对现代生态城的启示. 城市规划，2011，(5)：9-19.

[3]　杨保军，董珂. 生态城市规划的理念与实践——以中新天津生态城总体规划为例. 城市规划，2008，(8)：10-14.

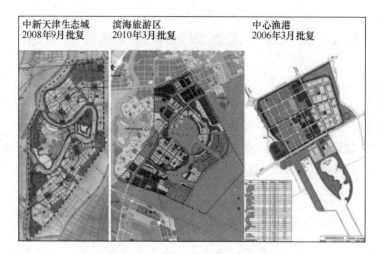

图 4-1-7　原三个片区各自的规划

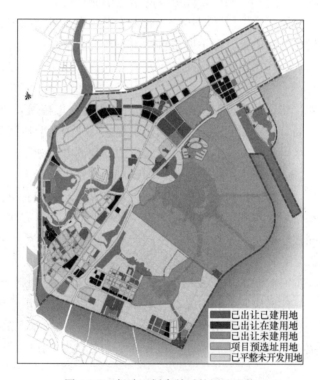

图 4-1-8　行政区划合并后的用地现状

1.3.2 对接区域发展，全面实现绿色发展的内涵升级

京津冀协同发展对生态城的建设定位产生影响。京津冀区域协同发展已经上

198

升为下一阶段国家总体战略重要组成部分，随着雄安新区的建设，生态城发展的外部形势发生巨大变化，生态城应积极对接京津冀协同发展战略，坚持创新、协调、绿色、开放、共享的五大发展理念，坚持世界眼光、国际标准、中国特色、高点定位，着力打造国家绿色发展示范区、京津冀区域最具特色的绿色宜居生态城市。新一轮总规强调两个方面的协同——生态协同与产业协同❶。

首先是生态协同，打造绿色文明高地，实现生态协同。一方面天津生态城通过贯通北三河郊野公园－七里海生态区等区域生态廊道等方式，优化生态廊道，保障区域生态安全格局。另一方面，天津生态城地处滨海新区北部，临近北三河郊野公园，蓟运河和永定新河会合入海口处，是重要的北部生态系统廊道，通过与滨海新区大生态格局的连通，形成区域、城乡、海陆一体的生态格局。

其次是产业协同，积极承接北京非首都功能转移，与周边其他城市做好对接衔接，着力打造国家绿色发展示范区，努力建设成为京津冀地区的"国际休闲湾、未来智慧港和宜居生态城"。"国际休闲湾"方面，重在挖掘生态城30公里滨海生活岸线资源潜力，打造京津冀区域滨海型休闲度假旅游目的地。"未来智慧港"方面，在打造国内领先的智慧城市的同时，集聚绿色高端的产业集聚，促进城市繁荣发展，形成"低投入、低消耗、低排放、高效率"的经济发展方式。"宜居生态城"方面，围绕建设"宜居示范的国际化绿色生态城市"，依托生态城良好的自然环境基础，将生态绿色的文章做足，成为全民友好、包容共享、更具持续力的国际化绿色生态城市。

1.3.3 探索新的绿色建设模式

从宏观和微观两个尺度，强化自然优先、人与自然和谐共处的空间模式。

宏观层面的方面，将构建蓝绿交织、清新明亮、水城共融、多组团集约紧凑发展的生态格局作为空间布局的基本原则。从区域生态本底条件入手，加强对区域生态廊道、鸟类栖息地和河流水系的保护与优化，保留西南侧水系入海口大面积生态湿地，保留"大黄堡——七里海"湿地连绵区由内陆向海洋滩涂过渡的延伸通道，确保两大生态系统良好衔接，形成区域一体化的生态格局。

同时，以"海陆一体"的战略眼光整体谋划空间发展，打造海洋和城市的生命共同体（图4-1-9）。规划形成"一轴两翼三廊，两主三副"的总体空间格局。坚持陆海统筹，在经济社会发展、资源优化配置、人居环境改善等方面，全面统筹、周密谋划，促进海陆两个系统优势互补、良性互动、协调发展，构建陆地文明、海洋文明相容并济的发展格局，打造海洋和城市生命共同体。保护陆海生态

---

❶ 董珂. 生态城市的哲学内涵与规划实践——以中新天津生态城总体规划为例. 见：生态文明视角下的城乡规划——2008中国城市规划年会论文集. 大连：大连出版社，2008；85-90.

图 4-1-9 "海陆一体"的空间格局

基底，促进陆海生态要素与资源要素流动。把握陆地与海洋空间的统一性以及海洋系统的相对独立性，以"海陆一体"的战略眼光整体谋划空间发展。塑造魅力南湾，彰显滨海城市特色风貌。依托南湾，延长天津生态城的优质海岸资源，塑造优质景观水体，作为城市公共开敞空间。围绕南湾展开临海新城的空间布局，使城市景观界面最大化，将南湾及周边地区作为滨海特色风貌设计与控制的关键点，加强城市设计研究。岸线形态上，采用海湾型和岛陆结合型相结合。城市功能上，基于海洋文化，进行相关主题策划。开发强度上，以低密度、低强度的组团布局为主体形态❶。

微观层面，塑造"社区单元＋自然系统＋TOD引领"的绿色街区 2.0 系统（图 4-1-10）。推广应用中新合作区对于基本社区单元、居住社区单元和片区单元层面在尺度、规模上的空间布局模式，结合植入的蓝绿渗透的自然系统，落实TOD理念的空间布局，构建以 $20\sim30km^2$ 的产城融合片区尺度为基本街区单元的空间布局模式。构建"科研＋绿色制造"的创新产业空间，在每个产城融合片区均分布一定绿色制造和生产用地，并安排一定的配套科研机构和双创服务设施，作为绿色制造的创新支撑。促进片区内部的职住平衡以及科研转化水平。构建多元共享的旅游度假区空间，形成花瓣式、彩虹式、串珠式等多种旅游度假区

❶ 李迅，李冰，赵雪平，张琳. 国际绿色生态城市建设的理论与实践. 生态城市与绿色建筑，2018（2）：34-42.

空间组织方式❶。

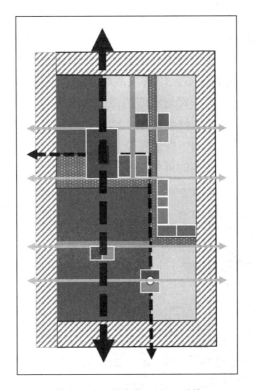

图 4-1-10　绿色街区 2.0 系统

1.3.4　从绿色环境建设走向整体生境保护

新一轮规划，在天津生态城绿色环境保护的基础之上，注重遗鸥等珍稀鸟类觅食空间与人活动空间的和谐共处，从绿地建设走向人鸟共生。在规划过程中，系统分析鸟类资源生境需求，划定沿海保护空间，严格保护候鸟迁徙通道和觅食区域，科学控制填海用地规模和岸线形态，保护潮间带的原始本地条件，严控周边的城市建设和开发，为遗鸥等候鸟栖息提供安全空间，打造生态城独具一格的"生态名片"。采用先进的技术手段进行生态修复和治理，充分挖掘北方滨海城市生活性岸线的资源优势，将填海区域划分为小型化、分散化的岛屿、半岛形式，提升填海区域整体的亲水性，形成北方水上生态小镇的特色化布局模式。

---

❶　王珞珈，董晓峰，刘星光，尹辉. 生态城市空间结构国内外研究进展. 城市观察，2017（2）：123-138.

1.3.5 创新规划管理制度，探索生态城弹性规划实施政策

按照住建部指导意见，天津生态城借鉴新加坡"白地"管理经验（新加坡在滨海湾开发建设过程中，通过设置白地，实现土地灵活利用，提高土地价值和城市活力），开展了弹性规划试点，以解决战略预留与近期开发关系，平衡刚性管控和市场灵活需求，从而提升规划实施的弹性和城市的可持续发展。总体规划修编，将"弹性规划"概念纳入修编成果，结合轨道站点设置商业白地，结合北部产业区设置产业弹性规划空间，并借鉴新加坡"白地"制度操作细则，探索特殊地段用地混合性与功能兼容性的可行路径❶（图 4-1-11）。

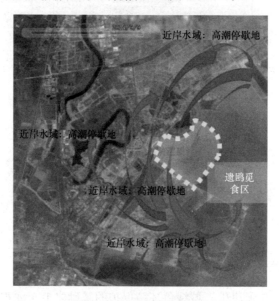

图 4-1-11 遗鸥保护区示意

新一轮规划强调中从"空间预留"走向"体验营造"。面向体验经济时代，新版生态城规划从"强调生态的城市空间"走向"强调体验的生活方式"（图4-1-12）。从"强调景点式观光旅游"走向"营造主客共享，城市即景点的魅力空间"。规划设置贯穿衔接生态城海陆各组团的绿道网络，将这一网络与自行车骑行、马拉松赛事相结合，同时不定期举行社区运动会、义演义卖等城市活动，形成社区居民和游客主客共享的独特氛围，塑造生态城特有的品牌，营造城市即景区的空间形象。

---

❶ 郝文升，赵国杰，温娟. 基于新加坡模式推进中国低碳生态城市发展的思考. 城市环境与城市生态，2011（5）：43-46.

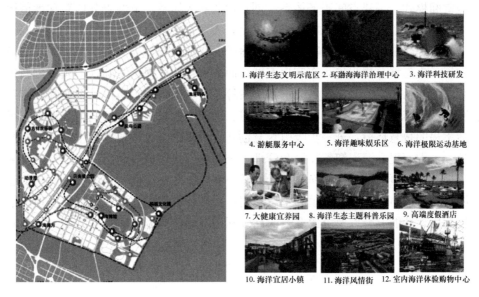

1. 海洋生态文明示范区　2. 环渤海海洋治理中心　3. 海洋科技研发
4. 游艇服务中心　5. 海洋趣味娱乐区　6. 海洋极限运动基地
7. 大健康宜养园　8. 海洋生态主题科普乐园　9. 高端度假酒店
10. 海洋宜居小镇　11. 海洋风情街　12. 室内海洋体验购物中心

图 4-1-12　强调体验的多元功能示意

1.4　结　　语

面向未来，"生态城市"内涵应愈加丰富，重点体现在"绿色发展、创新引领、智慧提升"三个方面。

绿色发展是生态城规划引领的根本原则。坚持绿色生态是生态城发展的重要依托和动力。生态城总规关注生态区位，建设多元化、复合型、网络式的生态空间，运用高新生态化填海技术和适宜的动植物修复技术保护陆海生态基底，形成区域、城乡、海陆一体的生态格局。充分发挥生态系统服务功能，构建以生态岛、生态公园、城市公园为主体，以组团间隔离绿带和河流、沿海防护绿带为网络，布局均衡、景观各具特色、功能齐全的城市绿地系统，营造健康宜居的城市生活环境。以"海洋＋生态"为发展核心理念，强化生态城在节能环保产业方面的优势，集聚精品休闲旅游资源，建设文创和互联网产业的先锋创制基地，实现生态城绿色可持续发展。提倡绿色健康的生活方式和消费模式，逐步形成有特色的生态文化，多管齐下，构筑绿色文明高地。

创新引领是生态城面向未来的重要方向。坚持创新是引领发展的第一动力。生态城总规把握京津冀协同发展导向，积极拓展中新合作领域，吸引高端资源向生态城转移，以生态产业、滨海旅游产业为主攻方向在区域协同创新中争当"主角"。发挥生态城在文化创意、科技创新和教育培训等新兴产业方面积累的先发优势，进一步吸引国内相关顶尖企业和其他新兴产业落户，形成产业集聚。优化产城空间模式，搭建空间服务体系、创新创业服务体系、金融服务体系和增值服务体系，以高品质生活生产服务，吸引创新人才集聚和启迪大众创新。

　　智慧提升是生态城规划落地的有效途径。坚持以智慧提升宜居环境，助力长足发展。生态城总规提出，夯实生态城全面数字化和可视化基础，多领域创新运用智慧感知、智慧互联、智慧分析和决策等方法，构筑涵盖居民、企业和政府互联互通的城市生态系统，以社会管理智慧、现代产业发达、环境优美和谐、人民生活幸福的智慧环境，进一步吸引智慧创新资源集聚。建设智慧海岸，彰显海滨特色。一方面提升海岸智慧建设和管理，统筹海岸线保护与利用，通过智慧监测和管理，建设更加安全、洁净、多元的活力海岸。另一方面，建设特色鲜明的智慧海岛，合理布局产业、城镇和生态空间，提升智慧管理和服务水平，实现土地集约利用、功能混合以及资源要素的高效利用，营造一流的智慧生产生活和创新创业环境。

2 北京怀柔科学城生态规划研究[1]

2 Study on biological planning of Beijing Huairou Science Town

2.1 规划区背景与现状

2.1.1 "建设百年绿色科学城，实现科技复兴中国梦"规划背景

2016年9月，编制的《北京市城市总体规划（2016—2035）》明确"科技创新中心"为首2016年9月，国务院印发《北京加强全国科技创新中心建设总体方案》，提出"统筹规划建设中关村科学城、怀柔科学城和未来科技城"。科学城规划面积100.9平方公里。

科技创新中心建设需要依托智力资源的积聚，同时也常常与优美的生态环境相伴相生，相得益彰。美好的生态环境是孕育科学发现的肥沃土壤，为科学探索提供第一推动力，为科学发现的瓶颈突破提供灵感源泉。十九大报告指出，建设生态文明是中华民族永续发展的千年大计，作为国家战略项目的怀柔科学城，也承担着践行生态文明和绿色发展道路的历史使命。此外，怀柔科学城所在的怀柔区、密云区具备良好的生态环境优势，地处生态涵养区也要求怀柔科学城开发建设中落实绿色生态的理念和要求（图4-2-1，图4-2-2）。

2.1.2 生态环境优势与问题并存

怀柔科学城生态环境优势与问题并存。优势方面，怀柔科学城具有良好的生态本底。怀柔科学城地处燕山山脉山前洪积—冲积平原上，属燕山浅山丘陵到北京小平原区域的过渡地带，三面环山，五水纵贯，山环水润的科学城是保障区域生态系统连续性的重要区域。同时，科学城也面临山体破损、河流断流和森林覆盖水平低等突出生态问题（表4-2-1）。

---

[1] 侯全，深圳市建筑科学研究院股份有限公司，中心总工，博士；王鑫，深圳市建筑科学研究院股份有限公司。

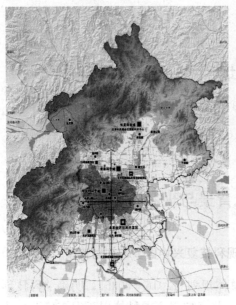 

图 4-2-1　北京市科技创新中心空间布局及　　图 4-2-2　北京怀柔科学城空间范围图
　　　　　北京怀柔科学城区位图

北京怀柔科学城生态环境现状一览表　　　　　　　表 4-2-1

生态要素	优势特色	问题
山	周边山形秀美，绿化覆盖率高	4 处采石采矿导致的破损山体，共约 25.6hm²
水	山前径流输送通道，水系较发达	断流河段占 89％，地下水位下降严重
林	科学城北部及周边山区森林覆盖率较高	森林覆盖率（7.1％）低；中部、南部缺乏成片林地；河滨缓冲林带小
田	农田资源丰富，特色鲜明	—
湖	周边毗邻湖泊众多，水质优良	内部缺少湖泊

2.2　发展策略及目标指标体系

2.2.1　"生态涵养与绿色发展、目标导向与问题导向相结合"发展策略

　　怀柔科学城绿色生态发展的核心思路是生态涵养与绿色发展、目标导向与问题导向相结合。生态涵养与绿色发展相结合，重点解决科学城保护和开发之间的矛盾，处理好"绿水青山"与"金山银山"的辩证关系。一方面，通过构建生态安全格局、修复山水生态等措施，保护、涵养科学城良好的生态本底，夯实绿色

生态发展的根基；另一方面，通过蓝绿网络、绿色交通、可再生能源利用等绿色发展措施，降低建设项目对生态环境的干扰，同时营造蓝绿交织、绿色清新、富有活力的创新交流城市空间。目标导向与问题导向相结合，解决近期行动和长远目标之间的矛盾。系统推进生态建设，近期重点抓住科学城山体修复、河流复流等需重点解决的生态问题，形成重点突破；中远期重点完成地下水回补等重大生态系统工程（图4-2-3）。

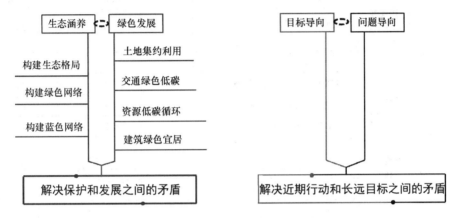

图 4-2-3　怀柔科学城绿色生态发展的核心思路

2.2.2　发展目标及指标体系

怀柔科学城绿色生态发展以生态文明理念为引领，建设城市与山脉相偎相依、园区与河流绿地相亲相近的山水城市，营造"近山、乐水、亲绿"的湖滨智城。

在目标愿景引领下，规划以生态涵养和绿色发展两大规划策略为基础，构建了怀柔科学城生态指标体系，包含构建生态格局、构建绿色网络、构建蓝色网络、土地集约利用、交通绿色低碳、资源低碳循环、建筑绿色宜居7条实施路径，以及25项具体指标。依据规划分期，分别确定近期2020年以及远期2035年指标值（表4-2-2）。

北京怀柔科学城怀柔科学城生态规划指标体系　　　　　　　　　　表 4-2-2

目标	实施路径	指标项	现状值 2017年	目标值		约束/引导
				近期 2020年	中期 2035年	
生态涵养	构建生态格局	生态用地比例（%）	67	≥60	≥55	约束
		永久基本农田保护面积（km²）	15.68	≥15.68	≥15.68	约束
	构建绿色网络	山体生态修复合格率（%）	—	100	100	约束
		森林覆盖率（%）	7.1	≥10	≥20	约束

目标	实施路径	指标项	现状值 2017年	目标值		约束/引导
				近期 2020年	中期 2035年	
生态涵养	构建绿色网络	规划区绿化覆盖率（%）	52	≥50	≥65	约束
		绿视率（%）	—	≥25	≥30	引导
		建成区公共绿地300米范围覆盖率（%）	74.9	≥80	100	约束
		噪声达标区覆盖率（%）	—	100	100	约束
	构建蓝色网络	自然水体生态修复合格率（%）	—	≥80	100	约束
		雨水年径流总量控制率（%）	62.8	≥75	≥80	约束
		水功能区水质合格率（%）	70.8	≥75	100	约束
绿色发展	土地集约利用	用地混合街区比例（%）	75.3	≥60	≥70	引导
		职住平衡指数	—	0.5~0.8	0.8~1.2	引导
		小尺度街区比例（%）	—	≥50	≥70	引导
	交通绿色低碳	绿色出行比例（%）	72.3（怀柔区）	≥75	≥90	引导
		建成区公交站点300米范围覆盖率（%）	66	≥90	100	引导
		清洁能源公交比例（%）	65（两区）	≥80	100	约束
		慢行路网密度（km/km²）	—	≥4.0	≥9.0	约束
		非传统水源利用率（%）	27.3（怀柔，2015）	≥30	≥35	引导
	资源低碳循环	可再生能源利用率（%）	4.7	≥5	≥10	引导
		清洁能源利用率（%）	—	≥65	100	约束
		生活垃圾资源化利用率（%）	57（全市）	≥50	≥70	引导
		建筑垃圾资源化利用率（%）	80（全市）	≥90	100	引导
	建筑绿色宜居	新建民用建筑二星级及以上绿色建筑比例（%）	—	100	100	约束
		装配式建筑比例（%）	—	≥30	≥50	引导

怀柔科学城生态指标体系有两个特点，一是在务实的基础上，适度创新和领先；二是突出强调绿色生态建设的可感知度，希望城市最终的使用者，包括市民和科学家，能切实感受绿色生态建设的"获得感"。公共绿地300米范围覆盖率、绿视率等指标，是这方面的典型代表。

2.3   生态涵养设计思路

2.3.1   构建生态格局

坚持生态优先，统筹生产、生活、生态三大空间。强化广域范围的生态一体化发展，将科学城生态环境建设充分融入生态涵养区本底之中，尊重生态本底，构建"一横三纵、一核五点"的生态安全格局，确保到2035年生态用地比例不低于55%，并形成通山达水的区域生态安全网络（图4-2-4）。

划定生态保护区，保育涵养科学城生态基底。基于生态安全格局及建设适宜性评价，结合用地现状以及相关片区规划方案，构建三类空间管制分区（图4-2-5）。其中，城市建设区（31.6平方公里）为主要组团建设空间，主要为建设适宜性较高、生态安全水平较高的用地，宜采用海绵城市、绿色建筑等低碳生态建设模式进行开发；发展备用区（8.5平方公里）为未规划区，是未来发展的备用地，现状主要为村庄、工矿用地，目前以维持现状为主，可在有条件的区域实施环境整治、生态修复等措施，提升环境质量；生态保护区（60.7平方公里），为规划区的生态基底区域，现状以河流水系、农林用地为主，应建立项目

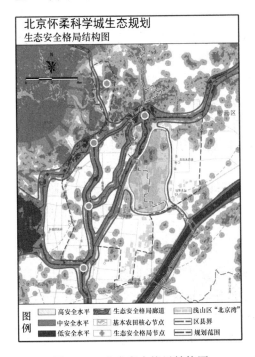

图 4-2-4   生态安全格局结构图

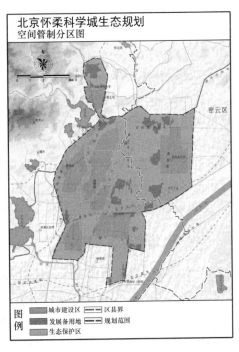

图 4-2-5   空间管制分区图

准入机制，除必要的交通、市政等基础设施外，严格限制城市建设活动，以公园绿地、慢行系统、游憩观光、都市农业等功能为主。

2.3.2 构建绿色网络

强化问题导向，综合生态工程措施，重点解决科学城突出的生态问题，修复破损山体，造林增绿，构建公园绿地系统。

修复受损山体。规划区内受损山体共4处，集中位于规划区北部、怀北镇河防口村东侧，总面积约25.6公顷。其中两处为采矿场，山体受损较严重，目前尚未复绿；另两处为采石场，坡脚平台已复绿，但开采面裸露面尚未复绿。采石场山体有相对坡差，可适度开发为花田等景观，建议充分利用现状道路与村落景观，复绿采石厂，营造多彩花田；采矿场矿坑由于过度开采已经形成洼地，有条件结合积水进行景观提升以及生态修复，建议通过整理场地竖向，打造集矿业观光、会议培训、休闲娱乐、特色酒店于一体的主题游览区。实现山体生态修复合格率达到100%。

造林增绿，构建多级公园体系。通过在规划区内山体造林修补，提高滨河森林公园林木比例，并利用废弃砂石坑、边角地、主要道路沿线等空间，开展造林工程，拓展绿地空间。打造怀北矿坑森林公园、雁栖森林公园、牤牛河—沙河湿地公园、大地景观公园等多个公园节点，构建沿京加路、京密路的林地廊道，以及沿京密引水渠、雁栖河、沙河牤牛河、沙河的河流廊道，共计增加林地面积1.95万亩，森林覆盖率由目前的7.1%提升至20%。构建由大型森林/湿地公园、城市综合公园、社区公园组成的公园绿地系统，实现蓝绿空间占比不低于55%，城区公共绿地300米范围覆盖率100%，绿化覆盖率近期达50%，中期达到65%。

提升绿量，打造城区绿色生态网络。选用绿视率评估公共绿化环境质量，实现主要道路绿视率≥20%，重要的公共空间节点绿视率应达到25%～30%。促进沿街绿地开放空间与科创居住空间融合，促进活力交往。通过规划街旁绿地、加宽道路绿化带、提高非机动车道遮阴率等措施，实现园区内主要道路慢行部分遮阴率不低于90%。打造"三横三纵"的道路绿轴，"三横"分别为雁密路、乐园大街和京承铁路—京密路沿线，"三纵"分别为雁栖中心路、杨雁路和西统路。

2.3.3 构建蓝色网络

补水治水，恢复河流生态。规划区雁栖河流量小，部分断流，沙河牤牛河与沙河河流干涸，严重断流；河床裸露、河岸沙化，景观较差；综合生态和工程措施，可解决河流断流的突出生态问题。根据地区年降水量，分枯水期和丰水期计算河道生态补水量，并考虑河道入渗量与蒸发损失量，提出补水方案，为沙河牤牛河和沙河进行生态补水，同时考虑在沙河下游拦坝蓄水减少生态需水量，年补水量约0.9亿立方米。

生态化改造河道驳岸。结合城市功能结构、生态功能区划、绿道系统、公园系统布局，因地制宜建设草坪驳岸、植草格护岸，生态植草袋等生态驳岸。建设"一轴两带四区五节点"滨水景观体系。"一轴"是雁栖河景观轴，"两带"为沙河牤牛河景观带和沙河景观带；"四区"为创智共享区、山水文化区、生态涵养区和形象展示区；"五节点"为沙河—牤牛河生态治理节点、雁栖文化展示节点、大地景观节点、雁栖—牤牛河生态治理节点、南部组团滨河公园节点。在雁栖河、沙河牤牛河与沙河滨水空间，营造生态驳岸、生态水潭、浅滩等小型生态环境空间，发挥雨洪调蓄功能（图 4-2-6）。

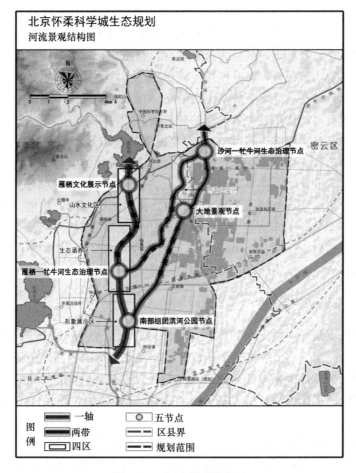

图 4-2-6　河流景观结构图

蓄用结合，营造海绵城区。布置雨水收集节点，设置雨水湿地、蓄水池、雨水罐等蓄水功能的海绵设施，沿河布置浅草沟、雨水花园、下凹绿地等，在驳岸及滨水空间设置生态护岸、浅草沟、植被缓冲带、人工湿地、调蓄型海绵公园等，在汇水关键节点设置雨洪公园及人工湿地等。科学城近期年径流总量控制率

75%，中期年径流总量控制率 80%。以北部组团为海绵城区重点和示范地区，根据北部组团海绵城市建设要求，雨水年径流总量控制在 85%，规划确定北部组团透水铺装率为 54%，绿色屋顶率为 37%，下凹绿地率为 43%，综合径流系数 0.4，北部组团的调蓄容积可达 47604.84 立方米。

2.4　绿色发展技术手段

2.4.1　土地集约利用

组团式开发、用地功能混合，提升土地价值。基于基础科学装置、大学及科研院所布局以及配套需求，划分为科学教育、科研转化、综合服务配套等八个功能区。促进用地功能混合，在社区内实现居住、工作、休闲、娱乐等多种功能的混合，减少出行时间与距离，提高出行效率。在多功能用地中加入土地混合使用指标，对其他类多功能用地中各类型的建筑面积加以限制，实现功能的多元化和混合使用，兼容公共服务（A 类）与商业服务功能（B 类），包括展示、会议、图书馆、博物馆等文化交流配套设施；综合超市、餐饮、购物、生活服务、配套公寓等综合服务设施。注重竖向功能混合，结合地下通道组织步行交通，设置地下商场，并与枢纽站点连接，激活片区人气；通过地下空间、裙楼、塔楼复合商业商贸、科研办公等不同功能，在垂直空间中寻求高效组合。到 2020 年，实现组团职住平衡指数 0.5~0.8，用地混合街区比例≥60%，到 2035 年实现组团职住平衡指数 0.8~1.2，用地混合街区比例≥70%。

2.4.2　交通绿色低碳

采用加密支路和弹性支路的方式完善路网，营造小街区，打通交通微循环。将道路密度提高至 10 公里/平方公里以上。支路采用交通稳静化措施，设立声屏障及种植降噪护林带等来降低交通噪音，提升交通安全，构建人车共享的道路体系，创造宁静的工作生活环境。基于道路网络，科学城全域可在 15 分钟内通达临近山体节点。

优化公交系统。构建轨道交通、大容量快速公交、普通公交和定制公交结合的公共交通系统。规划科学城中心站（雁栖大街与杨雁路交汇处）作为科学城公交枢纽，连接轨道交通、对外快速公交与内部公交。采用现代有轨电车线路连接四个轨道站点（怀柔北站、范各庄站、怀柔站、怀柔南站），并连接至东部组团。开设科学城直达北京中心城区、密云城区、通州城市副中心、未来科学城、中关村科学城的快速公交线路。在新规划的次干道基础上完善科学城内部公交网络，调整现有公交站点及增加站点，使科学城建设区公交站点 300 米范围覆盖达到

100%，公交线路密度达到 4 公里/平方公里。

构建科学城沿机动车道的慢行系统，包括通勤慢行道、混合慢行道、景观慢行道。规划建设区慢行道平均密度为 9 公里/平方公里，所有道路中慢行和绿化空间比例大于 50%。慢行道无缝连接，构建连续安全的步行骑行环境。落实慢行道宽度控制及设计要求，指导控制性详细规划或交通规划优化道路断面方案。规划绿道系统，落实北京市级绿道规划，于京密引水渠设市级绿道；在雁栖河、沙河牤牛河沿岸规划滨水绿道；在杨雁路、永乐大街等主干路上附设都市绿道；绿道游径宽度不小于 1.5 米，规划绿道驿站 40 个；自各社区楼宇出发，沿绿道步行五分钟可达社区绿道。规划绿道总长度约 60 公里。基于绿道网络，沙河牤牛河以西以北的区域可在 30 分钟内通达临近山体节点。

2.4.3　资源低碳循环

开发利用可再生能源，缓解能源供需矛盾、减轻环境污染、调整能源结构。将可再生能源利用率指标纳入科学城建设指标体系，从规划层面总体控制能源结构，从源头降低能源消耗和二氧化碳排放量。对科学城可再生能源资源总量、品位、可靠性、稳定性和开发利用技术难度、经济性综合分析后，结合能源需求预测，近期科学城可再生能源利用率达到 5%；结合总体城市设计方案各类用地规模，以及对应用地类型的可再生能源率、平均单位建筑面积能耗等参数，到 2035 年可再生能源利用率达到 10% 以上（图 4-2-7）。

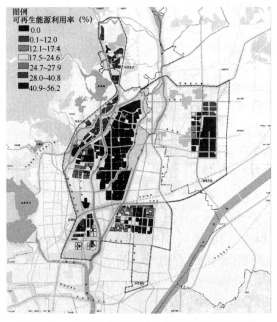

图 4-2-7　怀柔科学城可再生能源利用率分布图

推广雨水和再生水利用，提升水资源利用效率。统筹推进雨水、污水、再生水管网建设，规划市政设施做到雨污分流。中水水源主要为市政污水处理厂再生水，再生水以小区污水及雨水为水源。以建筑淋浴及盥洗污水作为中水主要水源，雨水作为补充；雨水利用以建筑屋顶雨水收集、道路绿地蓄水池蓄水为主，收集雨水用于冲厕及消防用水。

规划建设固废处理设施，资源化利用生活垃圾与建筑垃圾。依照减量化、无害化、资源化的处理原则，全面实施建筑垃圾分类减量、分类运输、分类中转及分类处置，至2020年可回用建筑垃圾资源化利用率达到90%以上，至2035年可回用建筑垃圾资源化利用率达到100%；推进建筑垃圾资源化利用。

2.4.4 建筑绿色宜居

绿色建筑是在全生命周期内，最大限度地节约资源（节能、节地、节水、节材）、保护环境和减少污染，为人们提供健康、适用和高效的使用空间，与自然和谐共生的建筑。绿色建筑概念的核心是，从人性关怀、资源节约、环境友好的角度，思考人类的建设活动，使建筑能在与自然和谐共生的前提下持续发展，并为使用者提供健康、适用和高效的使用空间。

作为积聚高端创新人才、承担国家科技创新任务的科学城，规模化发展高星级绿色建筑，既符合国家和北京市推广绿色建筑的相关政策，也契合为科学城创造吸引人、留住人的绿色生态宜居空间的需求。鉴于此，科学城将大力推广高星级绿色建筑，营造绿色宜居空间。新建民用建筑全部按二星级及以上绿色建筑标准建设，科学城二星级以上绿色建筑面积共计约1782.28万平方米，其中三星级建筑面积487.16万平方米，约占绿色建筑总面积的27.4%（图4-2-8）。

图 4-2-8 怀柔科学城绿色建筑布局规划图

2.5   规划实施及近期行动计划

2.5.1   规划实施

实施方面，将 25 项生态规划指标分解成可操作可落地的指标子项 32 项，根据指标子项的实施主体、实施管控阶段，以及与地块出让的联系程度分配到地块、市政和管理三个控制环节，在一二级土地开发、用地规划、建筑设计层面，保障指标落地实施。其中 10 项地块层面指标纳入控制性详细规划图则，通过图则控制土地出让和用地规划，做到"规划先行，生态先行"，切实保障绿色生态科学城的落地实施。

建立全流程建设管理制度，在立项、土地出让、用地规划、工程设计、建设施工、专项验收、质量追责阶段明确提出科学城生态建设相关指标要求、建设实施及监管要求。并根据指标体系分解要求，明确各部门、各开发建设主体在指标实施过程中的责任，做好指标体系实施的组织协调和监督管理，形成目标体系责任考核制度。

2.5.2   近期行动计划

近期重点启动九大生态示范项目，包括浅山区和平原造林工程、沙河牤牛河生态提升工程、大地景观工程、受损山体修复工程、道路绿色化改造工程、入口标识景观提升、南水北调来水利用工程、北部组团海绵城市建设工程、湿地公园建设工程等项目，将生态规划的技术与措施落地实施于城市建设，并优先修复生态脆弱和保障生态高敏感区域，务求生态提升成效。9 项近期启动生态示范项目总投资约 14.56 亿元（表 4-2-3）。

怀柔科学城近期生态示范项目一览表　　　　　　表 4-2-3

序号	项目名称	位置	规模	内容	投资估算（万元）
1	浅山区和平原造林工程	北部山体、京密引水渠、雁栖河、沙河、沙河牤牛河沿线、怀柔、密云交接带绿心等	13km²（约 1.95 万亩）	规模化平原造林，增加绿化面积、提升绿化质量	97350
2	沙河牤牛河生态提升工程	北部组团河段及东干渠 2 支渠	总长度约 4.5km	集水引水、慢行道路、景观提升等，建设滨水空间	4600

215

序号	项目名称	位置	规模	内容	投资估算（万元）
3	大地景观工程	永乐大街延伸段与沙河交叉处	约 10hm²	植入大地景观、增补人行栈道和活动平台，联通城市、河道以及特色村庄	1000
4	受损山体修复工程	北部中科院大学东侧	共4处，总面积约25.6hm²	采石场及矿坑生态修复，建设矿坑生态公园	2600
5	道路绿色化改造工程	杨雁路（北房西桥—永乐大街段）和永乐大街（京加路—沙河牤牛河段）	长度 7.5km	低冲击改造、慢行系统提升、交叉口节点雨水花园建设等	6400
6	入口标识景观提升工程	杨雁路北房西桥立交口	约 3000m²	新建或改造标志物、建设立交桥缓冲区生态景观，形成具有科学城特色的入口标识区	100
7	南水北调来水工程	东干渠及京密引水渠	新建输水管线1.5km 治理河道1.5km 整修渠道7.4km	通过北台上水库及东干渠等现有水利设施，向怀柔科学城范围内雁栖河、沙河、沙河牤牛河补水，为怀柔科学城生态水系以及河湖水系连通提供基础水源保障	20000
8	北部组团海绵城市建设工程	北部组团	海绵设施工程14.21hm²	在北部组团汇水关键节点打造海绵设施，调蓄净化雨水	4272
9	湿地公园建设工程	雁栖河中段雁栖镇六路	公园面积28hm²，人工湿地约3hm²	包括建设工程如亲水木栈台、观景台、游步道等；恢复工程如护岸工程、植被恢复工程等	9300
合计	—	—	—	—	145622

3 南京江北新区生态城市规划建设实践案例[1]

3 Planning and construction of ecological Jiangbei New District，Nanjing City

3.1 地区概况及研究背景

3.1.1 地区概况

南京江北新区位于南京市长江以北，总面积 2451 平方公里，由南京市浦口区、六合区和栖霞区八卦洲街道组成，是南京的重要组成部分，同时，紧靠长江沿线地带，具有重要的区域战略地位。和长江以南不同的是，江北新区临江沿岸多为凹岸和冲刷江岸，江北新区地域多洲岛、湿地和支流（图 4-3-1）。长江在江北滨江岸线总长度约 117 km，约占南京市生态岸线的 59.3%。

3.1.2 背景与机遇

（1）绿色生态成为国家层面的关注重点

随着国家逐步进入生态文明时代，生态建设成为国家新时期政策重点。十八大报告提出"大力推进生态文明建设"，新型城镇化会议也提出"把以人为本、尊重自然、传承历史、绿色低碳理念融入城市规划全过程"，并提出未来城市建设与生态保护的协调关系。

图 4-3-1 南京江北新区
区位图

南京江北新区作为新一轮国家战略的重要载体，其建设发展也应体现国家最新理念和要求，同时作为南京市相对较新的发展空间，又具有良好的自然生态资

❶ 于涛，南京大学建筑与城市规划学院，南京大学城乡治理与政策研究中心；王苑，南京大学建筑与城市规划学院，南京大学城乡治理与政策研究中心。国家自然科学基金项目"中小城市高铁新城地域空间效应与机制研究——以京沪高铁为例"（NO. 51878330）；中央高校基本科研业务费专项资金资助（NO. 090214380024）。

源，其生态绿色空间的重要意义不言而喻。因此，江北新区的建设迫切需要结合现状条件和开发与保护的需求，对该地区的生态格局与生态环境进行深入研究，提出确实有效的控制方法，综合协调开发建设与生态保育维护之间的关系，发挥国家级新区的示范作用。

（2）城市发展更加注重山水格局的融合

南京在新时期提出了"绿色发展战略"，强调城市发展与山水格局的融合。江北新区有老山、八卦洲等丰富的自然空间资源，在新区规划中也提出山水城绿融合的"大绿战略"，力求形成全新的融合自然的城市空间格局。未来江北新区的空间格局应更加注重城市建设空间与绿色空间的融合与协调，形成"望得见山，看得见水，记得住乡愁"的整体格局（图4-3-2）。

图4-3-2 南京江北珍珠泉

（3）绿色空间成为城市提质的重要抓手

随着城市发展，市民对城市空间品质也提出更高的要求，而具有山水自然资源的地区往往成为城市品质提升的重要抓手地区，是城市价值提升的关键地区，也是居民百姓享受自然的关键性地区。例如幕府山滨江风光带，在原有幕府山景区基础上通过滨水公共空间的塑造，成为市民日常休闲的特色空间。

对江北新区而言，绿色空间是未来城区内及城区周边最为重要的生态特色空间，是新时期城市品质提升、品牌塑造的最有价值空间，也是提升城市环境品质和市民生活品质的重要空间载体，城市发展应重点关注这类绿色空间，使其成为城市的特色地区和高价值地区。

3.1.3 面临"生态资源环境优势尚未完全彰显"问题

（1）山水资源富集但挖掘利用不足

在新时期转型背景下，作为资源丰富的国家级新区，区内各类山水田园绿色资源富集，各类国家级、省级公园、风景区众多。

江北新区地貌为宁、镇、扬山地的一部分，区内低山丘陵与河谷平原交错，山水资源富集。低山丘陵占区域总面积的64.52%，平原、洼地占24.08%，构成了"两山两谷两水系"的整体山水格局，"两山"即北部铁山丘陵山地和南部老山丘陵山地，"两谷"即中部滁河谷地和沿江长江谷地，"两水系"即长江和滁河（图4-3-3，图4-3-4）。

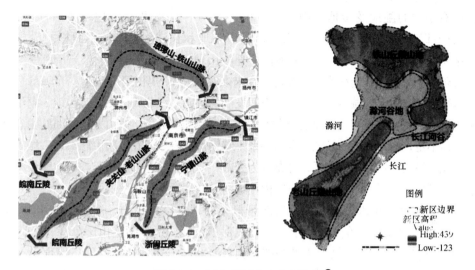

图 4-3-3 江北新区山水空间格局❶

图 4-3-4 江北新区山体资源格局❷

整体上，水系资源丰富，水网交错，其分布可以概括为"两大水域，河网汇集""四大湿地，水系密布""江河谷地，U 形分布"三大特征。"两大水域，河网汇集"是指长江、滁河（江北母亲河）两大汇水区，共有 26 条河道，包括驷马山河、定向河、七里河、西江河、张家河、芝麻河、团结河、城南河、高旺河、朱家山河、吨粮河、石头河、营水河、新禹河、新篁河等；总体水域面积 494.80 平方公里，占总用地 20.3%。四大湿地主要是指滨江、滨滁河圩区的 4 片主要湿地，包括滁河重要湿地、张圩湿地、绍兴圩重要湿地、复兴圩湿地；其

---

❶❷《南京江北新区绿色空间及绿地系统专项规划（2016—2030）》。

他还有小型的湿地及湿地公园，总面积 126.31 平方公里。谷地主要沿江长江、滁河中部呈 U 形分布，较大面积的是滁河谷地和长江谷地，较小面积的沿支流水系呈鱼骨状嵌入老山丘陵山地和铁山丘陵山地。

但现状并未进行有效利用与梳理，在未来城绿一体的理念下，需要对全域绿色空间进行梳理，以实现城市发展与绿色空间发展的协同。江北新区山脉、湿地、湖泊等生态资源优越，但是与城市建设结合不紧密，挖掘利用不足。大山大水大洲的生态格局彰显不足，绿地廊道与长江、老山关系不够紧密，未形成有效的生态廊道。城市内部绿地建设尚未形成网络体系，分布较为分散，便民型绿地普遍缺乏。用地建设与生态空间矛盾日趋增大，绿色生态空间内用地需求增加，整体开发亟须控制。

江北新区的山水资源的利用情况可概括为"有山难进山，滨水不见水"。山体、重要水系基本都在二级以上生态红线保护范围内。除了老山国家森林公园有部分对游客开放以外，其他森林公园均为保育状态。这种被动的生态保育，在强调对于山体和林地保护的同时，也使得森林公园的休闲游憩功能被忽略，游憩设施建设滞后、配套服务设施缺乏，难以形成生态休闲旅游的可持续性。例如方山省级森林公园、老山森林公园等进山道路或狭窄难行或为简陋土路；金牛湖水库尚未形成宜人的滨水岸线，游客近水难亲水；山湖水库的堤岸只是简单的地面铺装，没有景观效果。

（2）绿地指标充足但缺乏系统格局观

结合南京江北新区的丰富的自然基础条件和现阶段问题（图 4-3-5），新版江北新区总规提出了全域管控的绿色空间规划思路，逐步形成"两带、三核、一廊、五楔、多园、多绿道"的绿地布局结构：其中"两带"为山林风光体验带和田园风光休闲带。山林风光体验带为"止马岭-平山-峨眉山"一脉，结合山水资源，串联多个森林公园和风景区。田园风光休闲带为江北城区外围的田园地

图 4-3-5　山水资源缺少合理利用

区,结合村庄、河流水系形成多个休闲旅游节点,培育郊野田园游憩功能;"三核"为老山、八卦洲、灵岩山一瓜埠山。以三个区域内的自然本底和资源条件为基础,结合临近城区的交通优势,构建临近城市的大型生态、景观、休闲、游憩核心;"一廊"即沿江休闲走廊,依托沿江岸线,打造连续生态廊道,展示江北都市形象并提供滨水活动空间;"五楔"包括三桥京沪高铁绿廊、朱家山河一铁路绿廊、马汉河绿廊、滁河西绿廊、滁河东绿廊,通过五条主要生态廊道,分隔城市板块、连通生态格局;"多园"指城市内部的公园体系。因地制宜、合理布局大型综合公园和专类公园,并与道路绿网、带状公园共同构建集建区绿地系统的内部基本架构,充分发挥结构性绿地在城市发展中的景观生态、空间结构、形象塑造方面的重要功能;"多绿道"主要指城市内部的绿色空间廊道,江北集中建设区内的绿道系统主要包括城乡风景绿道、城市休闲绿道和社区绿道三个层次(图 4-3-6)。

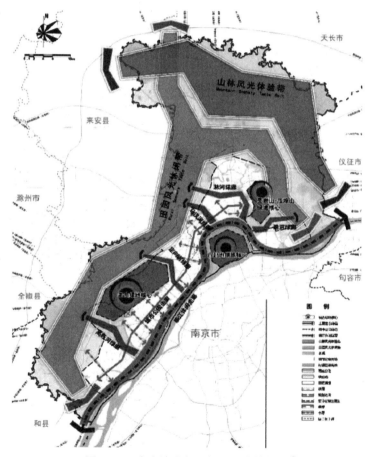

图 4-3-6　南京江北新区绿地系统结构图❶

---

❶《南京江北新区绿色空间及绿地系统专项规划(2016—2030)》。

然而,多部门管控下的生态空间缺少统筹,同一片区不同的生态保护与空间控制措施并举。例如环保部门划定的生态保护红线,总面积 609.89km²,水利部门划定的河道蓝线,规划河段总长度 328.95km,国土部门划定的基本农田保护区,总面积 1070.17km²,规划部门划定的基础设施廊道,则是与城市绿化系统相结合而划定的控制范围。

(3)产业富有活力但绿色产业不足

江北新区一二三产繁荣发展的经济基底造就了文化上农商共荣的局面。一方面浦口、六合土质肥沃,历来就是农业大县,有传统的农耕文明、耕读文化。目前江北仍重视农业发展,按照"分区引导、园区示范、基地带动"的原则,重点建设高效农业和生态休闲农业两大现代农业。在近代水陆交通运输发达时期,江北利用自身的交通优势,成为重要的工商业基地,建设了货运码头和老火车站(图 4-3-7)。现在,江北依托浦口商业中心、雄州商业副中心发展区域性的商贸服务业;在桥林、珠江、桥北、大厂、龙袍等地区中心发展服务各片区的商贸业;依托新市镇中心和中心城、副中心城内社区级中心布局便民型的商业设施。此外,还依托港口铁路等交通枢纽布局物流服务设施,包括西坝港口物流园、七坝港口物流园、六合综合物流园和永宁物流园 4 个物流园以及新集农副产品物流中心、星甸农副产品物流中心和化工园物流中心 3 个专业性物流基地。

图 4-3-7 传统农耕文化—农田广袤(左),近代工商业象征—浦口火车站(右)

从整个市域的用地来看,南京市区周边农业呈现"南部分散,北部环绕"的格局,江北田园地区是整个市域北部的重要组成部分(图 4-3-8)。它与城区毗邻的界面北部有 60km,南部有 15km,远超出南京其他区与田园地区的毗邻界面长度。江北田园地区是南京市农业的重要载体,江北的耕地面积位于南京各区之首。在"溪水入谷田,水塘落村前;民居倚丘林,门前望远山"的恬静风貌基础上,江北新区利用自身地形和文化,积极发展特色产业和休闲农业田园村落,逐渐发展成为临近都市承载乡愁的地区,田园村落富有活力的特征已基本形成。

首先,江北新区农业园区总量大,质量高,休闲农业已形成较大规模(图 4-3-9)。江北的现代农业示范园有 13 个,农家乐 115 个,星级农业景区 65 个,从数量上在南京市各区中都排名第一。园区一般位于谷地、平原、湿地,以苗木、花木等特色种植为基础，同时发展小面积的餐饮娱乐。2015 年六合区生态农庄等休闲农业景点 70 多个，全年接待游客人数 403 万人次，综合收入 14.1 亿元。2015 年浦口区全年休闲农业接待人次 208 万人次，同比增长 13%，综合收入 7.3 亿元，同比增长 7.4%。从旅游接待人数和旅游收入来看，江北休闲农业产值稳步提升，品牌效应及辐射带动逐渐体现，已成为南京大都市近郊乡村休闲体验的好去处。

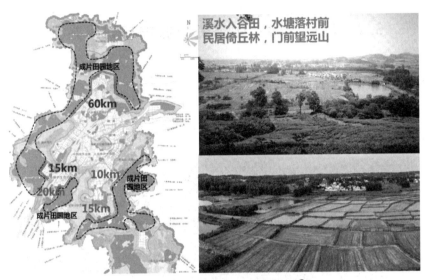

图 4-3-8　南京农业地区分布概况❶

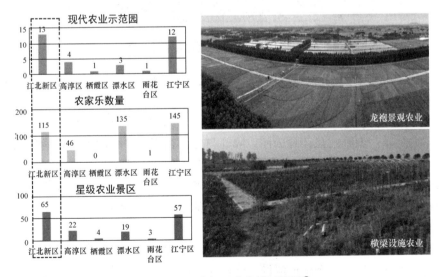

图 4-3-9　江北新区农业园区概况❷

❶❷　数据来源：《南京江北新区绿色空间及绿地系统专项规划（2016—2030）》。

其次,在地形条件好、空气质量优越,尤其位于主干道或地铁线路附近的农业地区,精品化和特色化的休闲农业已全面开花。六合区集中在老山北面湿地密集区、滁扬路、冶六线－金江路交叉口,浦口区在沪陕高速、宁扬高速沿线更集中。八卦洲自然条件优越,绿色资源丰富,休闲农业占全域面积的 70% 左右,并呈现出以宁洛高速为中轴的特征。

3.2 建设经验:生态资源保护与利用并行

3.2.1 守山护栖,建设绿廊体系

南京江北新区滨江生态廊道建设由东向西可整体分为大厂-八卦洲生态廊道、中央商务区生态廊道和长江三桥生态廊道等(图 4-3-10)。

图 4-3-10　江北滨江生态廊道片区 ❶

其中大厂-八卦洲生态廊道以八卦洲生态湿地为基础,突出景观休闲;中央商务区生态廊道以中央大道绿轴为中心,构建"青龙"水系绿色廊道:位于江北新区核心的中央商务区占地 16.1 平方公里,北依国际健康城和壮丽老山,东至老浦口火车站,西临青奥体育公园,隔江与主城相望。中央商务区紧紧围绕"两城一中心"的"一中心",将打造具有国际形象力的扬子江新金融中心。未来将打造集结国际新金融商业商务、文化休闲、多元社交、生态宜居、智慧便捷于一体的创新名城。长江三桥生态廊道则以老山森林公园和绿水湾湿地公园为依托,构建"山水依存"生态廊道。

南京江北新区以北背依老山,前拥长江,从西向东分别分布有老山、龙王山、太子山等。新区生态廊道建设,严格保护这些山脉体系,并连同这些山脉体系。依托外围主要山体打造生态公益林,形成区域绿心,公益林占比提升至

---

❶ 数据来源:《江北滨江岸线绿色生态廊道建设研究报告》。

20%，区域森林覆盖率提升至 35％以上。同时，加强生态建设，优化生物栖息地。丰富植被类型，优化外围生态地区本地生境，提升生态本底多样性，丰富生物物种。同时建设两级区域性绿廊，提升生物栖息地联通性。其中一级结构包含长江江北绿道、滁河景观带，总长度大于 200 公里。二级结构建设包括依托主要河流打造绿色通廊，依托江北大道打造城市绿道。

最终形成"五核、五片、十四道"的绿廊体系（图 4-3-11）。"五核"为亭子山、老山、绿水湾、止马岭、平山-方山-峨眉山；"五片"为滁河湿地、张圩-蒿子圩-复兴圩-绍兴圩湿地、乌鱼洲湿地、马汊河公益林、灵岩山-瓜埠山-岳子河公益林；"十四道"绿廊串联五核五片，增强区域物种间的交流。

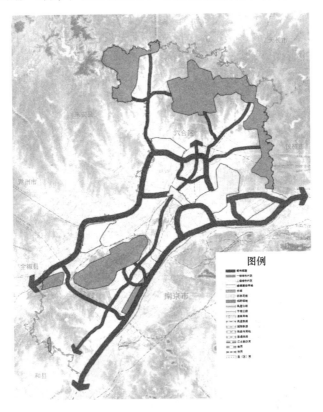

图 4-3-11 江北滨江生态廊道建设山脉体系规划❶

3.2.2 串水成网，打造海绵调蓄体

江北滨江岸线的绿色发展打造从系统性的思维出发，按照"点上成景，线上

---

❶ 数据来源：《江北滨江岸线绿色生态廊道建设研究报告》。

成廊，网上成荫，面上成林，空间一体"的思路，实现全区的"一揽子"绿色规划。

江北新区建设过程中需要守护现状水面、保护调蓄水体并维持新区水面率。现状主要河道、湖库位于径流汇水线上或节点区域，调蓄能力较好；现状水面率20.3%，通过新增湖塘、水系连通、疏浚河道等方式，在保障新区建设用地需求的前提下维持20%的水面率。城市重要涉水生态区实现占补平衡，十片湿地湖库地区建设保证"占一补一"，重要涉水生态区面积不减。在以上工作的基础上，连通水系，打造海绵调蓄网络。建设"七横九纵"的主干网络连通主要湿地湖库，疏通毛细水网，建设生态岸线，解决水质问题。预期新区总调蓄能力由现状约4.15亿方提升至5.2亿方，径流总量控制率提升至75%。

最终建设完成"两带、三轴、十片、多支"的海绵调蓄体（图4-3-12）。"两带"为长江、滁河；"三轴"为驷马山河、马汊河、八百河；"十片"包括绿水湾

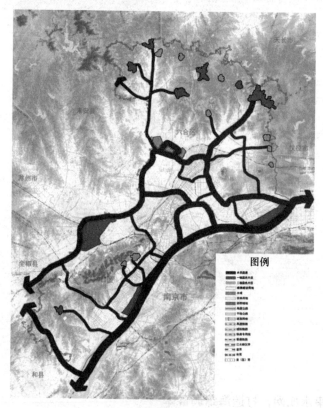

图4-3-12　江北新区海绵调蓄体规划示意图❶

---

❶　数据来源：《江北滨江岸线绿色生态廊道建设研究报告》。

湿地、乌鱼洲湿地、张圩－复兴圩－绍兴圩等湿地，三岔水库、金牛湖水库、河王坝水库、山湖水库、唐公水库、大泉水库、大河桥水库等湖库。

在保护河流及其沿岸地带的自然或近自然性的前提下，合理规划建设滨河绿带、坝、堤和人行系统，创造一种亲水的体验空间。尽可能不破坏原有的自然属性和生物多样的生境组合，保护河流滩涂湿地，整治河道，保持和发挥河流廊道在水源供给、物质运输、水汽运输、城市风廊、动物迁移等方面的生态功能，同时采用先进的装置、技术保障（图 4-3-13，图 4-3-14）。

图 4-3-13　河道增氧曝气装置运行图

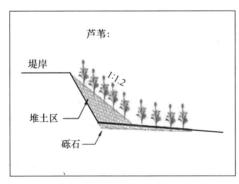

图 4-3-14　河道堤岸改良示意图❶

3.2.3　引风入廊，形成区域风廊系统

依托河道构建 6 条隔离廊道，隔离工业区污染物。依托水系及主要交通线预留 13 条城市风道，包括主通风廊道（区域通风廊道）1 条——江北大道快速路；

---

❶　数据来源：《江北滨江岸线绿色生态廊道建设研究报告》。

次通风廊道 3 条；城市局部通风廊道 9 条。最终形成"六隔十三通"区域风廊系统（图 4-3-15）。

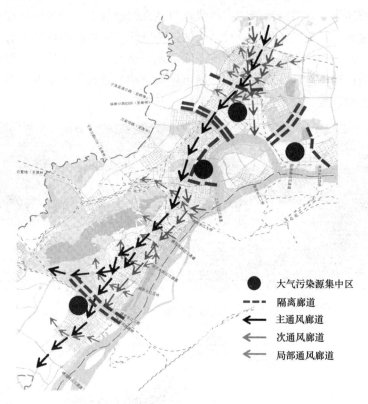

图 4-3-15　江北新区通风廊道规划示意图❶

从空间分布上看，浦口区工业用地主要集中在高新区、浦口经济技术开发区、珠江工业园三个片区；六合区工业用地主要分布在南京化工园和六合经济技术开发区。规划建设 6 条隔离廊道防止工业区污染向城市蔓延。化工园依托马汊河、岳子河、划子口河等建设生态防护林带与周边城镇隔离；大厂重化产业区依托宁六高速、大外江饮水河建设生态防护林带与周边城镇隔离；桥林工业区依托高旺河建设生态防护林带与周边城镇隔离（表 4-3-1）。

江北新区隔离、通风廊道建设统计表　　　　　　　　　　表 4-3-1

廊道	走向	控制宽度	开敞空间
隔离廊道	—	2000~5000m	廊道内建设用地比≤5%
主通风廊道	东北-西南	≥200m	廊道内建设用地比≤20%

❶ 数据来源：《江北滨江岸线绿色生态廊道建设研究报告》。

廊道	走向	控制宽度	开敞空间
次通风廊道	东北-西南	≥120m	廊道内建设用地比≤25%
城市局部通风廊道	东南-西北东-西	≥60m	廊道内建设用地比≤30%

3.2.4 三生融合，产业绿色化调整

产业一直以来都是江北新区发展的重点，围绕"两城一中心"打造产业集群吸纳顶级人才、汇聚更多优质企业资源也是江北新区的发展目标。现阶段各类产业在建，农业、环保、装备、新材料、医药、人工智能等多方面齐开花，江北重点经济技术合作项目进展不断（图16）。

江北滨江岸线的建设遵循"产业为线、空间为面、线面相串、'三生'相连、系统发展"的立体式构建总体思路。具体分为以下几个方面：以创新驱动引领战略性新兴产业发展区段：三桥——扬子江隧道，重点布局研创产业。以码头、站场功能升级同步整治村社环境：扬子江隧道——浦口码头。以服务型经济完善现代生产体系区段：浦口码头——老江口——大外江段。以先进制造业拓展新型工业化道路区段：大外江——四桥段。以新型城镇化布局现代农业生产体系区段：驷马山河——三桥段，四桥——大河口段。

江北新区注重历史文化的传承和现有建筑的再利用。逐步完善公共服务和基础设施配套，加强环境综合整治，提升城市品质。在浦口火车站等文保单位及周边重要文物古迹的整体保护基础上，保持现有居住功能，加快改造存在安全隐患的危旧房，完善公共服务和基础设施配套。周边一般的旧居住区结合江北滨江风光带的规划建设，进行整体搬迁改造，合理提升土地开发强度，优化城市功能布局。坚持把先进制造业和现代服务业作为结构调整的主攻方向，加快新区经济转型升级，促进产业集约集聚集群发展，优化重点产业区域布局，深化制造业与互联网融合发展，完善产业链条和协作配套体系，着力培育有世界影响力的产业集群，建设长江三角洲地区具有较强自主创新能力和国际竞争力的现代产业集聚区。以生态廊道建设实现"三生"融合，就是通过江北滨江岸线绿色生态廊道的建设，既要构建天蓝、水清、山绿的自然生态系统，又要构建宜居宜业宜研的社会生态系统。

3.3 规划启示：从整体入手构建生态城市体系

3.3.1 明确风貌总体定位，提炼风貌特色特征

（1）大山大水磅礴——山水为景、山水为名

老山、长江、滁河是江北山水的基本要素，止马岭-大泉湖、平山、金牛湖等是江北乃至南京山水游憩的重要区域。江北磅礴的大山大水就是江北最大的生态名片，是江北风貌特色的底。

（2）小山小水多姿——山水为用、林木秀美

除了大山大水在江北的地位，我们也可以发现，丘陵地貌、水网密集的地貌特征也生成了江北小山小水富集的风貌特征。小山小水多在城市区域内部，形成横纵河流以及公园绿地，是城市区域不可多得的自然生态空间，也是城市区域休闲聚会的重要公共空间。栖山而居、择水而用成为江北利用山水资源的优势，目前山景江畔的城市开发已形成一定气候，四方艺术湖区、山前湖区休闲开发、临山滨江高端住宅开发等等，虽然还存在一定风貌失控的项目，但必须肯定江北在山水资源利用上的优势。

江北新区范围较广，其所在地的风貌特征差异也较大。大致风貌特质可以提炼为城、园、乡、港四类。这四类基本的风貌特征将成为江北风貌特征的基本要素。

（3）城乡园港迥异——历史文脉延续，技术发展展现

城市风貌是近一时期中央持续关注的重点。习近平主席在《国内动态清样》批示中提到"建筑是凝固的历史和文化，是城市文脉的体现和延续。要树立高度的文化自觉和文化自信，强化创新理念，完善决策和评估机制，营造健康的社会氛围，处理好传统与现代、继承与发展的关系，让我们的城市建筑更好地体现地域特征、民族特色和时代风貌。"

3.3.2 构建山水格局，把控城市整体形态

全局来看，江北的新格局是江北与南京主城区相互协调呼应，有机统一，又被长江分隔的"新金陵"格局。在新金陵格局下，众山环护，隔江相望，彼此都被纳入到城市整体形态与功能之中。分开来看，新金陵格局构成了大南京区域的中心片区，同时，桥林新城，六合副中心城市作为南京的外围次中心区域对于丰富城市形态，功能和结构同样起着重要的作用（图 4-3-16）。

因此设定新金陵格局的塑造目标："增山脉之聚力，纳水为心"。希望通过对城市格局的研究与控制，增强南京山脉之间的集聚感，将长江纳入城市的内心，从而使城市真正成为具有完整形态的"山城合一，城水汇通"的滨江城市。合形辅势，以人之能，合山川之形，辅自然之势。江北新区的开发，将老山山脉纳入到了南京城的整体空间格局中。通过对长江南岸与北岸的山脉分布格局的整体考虑，依托现有自然资源，分析和塑造良好的城市整体形态与景观。

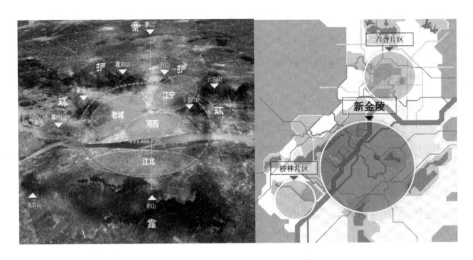

图 4-3-16　金陵新格局构思❶

3.3.3　施行低冲击开发，探索低碳发展路径

目前，江北新区重点工业企业总计217家，占全市29.8％；总工业取水量、燃煤消耗量和电力消耗量分别占全市总量的41.76％、46.5％和50.8％。能源消耗总量为2300万吨标准煤，约占全市能源消耗总量的一半。GDP能耗现状为1.86吨标准煤/万吨，与未来0.45吨标准煤/万元的目标差距较大。产业用能过度依赖化石能源，尤其是煤炭资源，直接带来江北新区乃至南京市的大气污染问题。2015年4月，环保部公布9城市大气污染源解析，南京市首要大气污染来源是燃煤。江北新区未来需要在工农业生产、生活方面全面推行循环经济、低碳发展的路径。

（1）复合型农业循环经济

江北新区传统上是农业产区，在农业发展中面临农药使用与环境保护两大矛盾。未来发展农业循环经济需要密切结合新区快速发展、农村农业人口转移的特征，并对土地实行规模化集中高效利用。

一是通过龙头企业的带动，促进规模化种植业和养殖业较快发展，使工农业复合循环经济体系成为农业增产、农民增收、治理农业和农村污染的重要模式。

二是开展都市型农业，在浦口西部，借助临近城市核心区的优越区位；在六合部分区域发挥特色农产品、副食品品牌价值，将传统农业向都市型农业转化。可利用城郊区位，引入农产品循环经济模式，开展都市农业、休闲观光农业生产，既增产又拓宽农民收入来源。

（2）工业生产低碳循环化

---

❶　数据来源：《南京江北新区绿色空间及绿地系统专项规划（2016—2030）》。

加快低碳发展模式和资源节约型社会，必须实现经济增长方式的根本性转变，以提高资源利用效率为核心。在资源利用方式上，要实现由"资源-产品-废弃物"的单向式直线过程向"资源-产品-废弃物－再生资源"的反馈式循环过程转变，使经济增长逐步形成"低投入、高产出、低消耗、少排放、能循环、可持续"的经济增长方式。

在新区推进能源、水、土地等资源节约。建设要充分考虑节约用地，实行最严格的耕地保护政策。根据资源环境条件确定不同区域的发展方向、功能定位，促进区域产业合理布局。加强节能、节水技术改造，加强废渣、废水、废气综合利用管理，提高资源综合利用率。

实施区域热电联供，不再批准新建增加煤炭用量的项目。对南化公司、扬子石化、化工园区、华能电厂等企业的热电机组强制改为燃气或企业搬迁。进一步提高工业企业环保标准，促进新市镇产业转型，企业向大型园区集中。加大力度推广循环产业和清洁生产，进一步提高园区企业的能耗和水耗要求，促进江北新区企业升级转型，对不达标企业强制转移。江北新区碳排放强度应争取在 2030 年达到 0.7 吨标准煤/万元产值以下，2020 年应控制在 1.0 吨标准煤/万元产值以下。

（3）生活方式低碳化

宣传栏等形式开展广泛的绿色低碳宣传教育，引导人们了解绿色生活，起到优化和约束某些消费和生产活动的作用。采取有力措施，通过智能调度、绿色交通引导，开展智慧城市建设，扎实推进绿色生活。

3.4 案 例 总 结

南京以"因天时就地利"的山水城市格局而闻名。既有"襟江带湖、龙盘虎踞"的自然环境风貌，城市选址在独特的山川形势之中，又有"依山就水、环套并置"的城市格局，城市建设强调天材地利，是师法自然的规划实践。在生态城市理念的基础之上，江北新区未来将要着力打造：一、特色化的地方科研基地。建立地方性的生态研究、开发和研制中心，开展绿色先进制造业、生态农业和景观生态设计等研究，重点开展生态环境质量监测和预警技术、土壤污染治理及生态修复技术、污水资源化技术、湖泊水库综合治理技术等环境高新技术和污染防治技术的攻关，加速科研成果向生产力转化，推进产学研结合。二、全球化的内外科学技术合作。立足新区，面向长三角，围绕社会经济发展和生态环境保护建设，重点在生态农业、清洁生产和资源综合利用等领域，全面开展国内外技术交流与合作，推动生态技术和生态产业的持续稳步发展。三、全程化的生态环境监测和安全预警系统。合理规划和配置现有的监测设施，建立的空气质量自动监测网络，监测土壤、水环境、生物等生态要素，增强生态监测数据的处理能力，建设安全预警系统，分析预测区域生态环境质量的变化趋势。

江北新区以建设生态城市为目标，形成与区域生态系统相协调，与南京全市"多心开敞、轴向组团、拥江发展"的现代都市区空间新格局有机融合，充分体现南京"山水城林"融于一体的城市空间特色，系统结构基本合理、生态功能稳定、多元、协调的城乡一体的高品质生态系统。生态市建设旨在唤起强化经济发展的成本意识与生活质量意识，建立经济－环境高效、环境－社会健康、社会－经济公平的可持续发展机制，重建"天人合一"的家园与意境，促进社会与经济的协调发展，实现人与自然的和谐共存。

4 合肥滨湖卓越城生态城区生态基础设施规划[1]

4 Planning of ecological infrastructures in ecological Binhu Zhuoyue Town，Hefei City

4.1 项 目 概 况

4.1.1 建设背景及现状

基于环保督查的新要求、用生态城市的新视角，对滨湖卓越城的空间布局与发展模式进行全局性思考，平衡和展示该地区的丰富本底资源，打造一个要素共生的生态单元，建设具有生长连续性的生态新城，滨湖卓越城生态规划项目对推进合肥的生态文明建设具有跨时代的意义，也会成为顺应时代发展趋势的示范性项目。

4.1.2 研究区本底调查

滨湖卓越城位于合肥中心城区东南，包河区东南部，北至花园大道，南至巢湖，东至巢湖南路，西至淝河大道，十五里河、圩西河贯穿交汇其间，东接大圩国家 4A 级旅游景区、合肥滨湖国家森林公园，距省行政中心 2.5 公里，15 分钟可达合肥高铁南站、老城区、滨湖新区。总面积约 48 平方公里，规划面积约 14 平方公里。

针对滨湖卓越城的实际情况，立足区内现实条件，对滨湖卓越城各类自然要素（地貌、气候、水文和生物）进行实地踏勘和数据采集，搜集现有的工程地质、水文地质以及地质灾害资料，对区域地貌单元、水文地质结构、地质灾害进行分区评价，分析景观生态资源分布、地表水、地下水环境质量等，切实了解生态城区潜在资源禀赋和环境风险。

---

[1] 罗霄，深圳市建筑科学研究院股份有限公司，工程师。

4.1.3　技术路线

通过评析国内外生态城市的实施策略及效果，基于场地的生态诊断和特征挖掘，在滨湖卓越城扩展常规市政设施的内涵上，对各类空间要素进行生态功能赋值，整合成为系统化的生态基础设施，这些能够使生态城的整体效益得到创新性保障。对滨湖卓越城采用全面、量化、规则化管控手段，制定实施建议。首先是开发定位、公共性要求、生态基础设施要求的定性化选择集，其次是涵盖生态核心指标实施路径、规划设计策略和典型技术措施，并建立规划项目库，对近期实施项目进行建议（图4-4-1）。

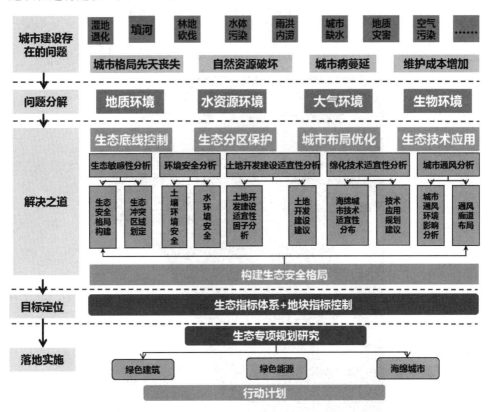

图4-4-1　合肥滨湖卓越城生态基础设施规划技术路线图

4.2　生态安全格局构建

4.2.1　土地建设适宜性分析

将自然条件下滨湖卓越城土地开发建设适宜区和政策法规条件下滨湖卓越城

土地开发建设适宜和禁建区叠加分析得出土地建设适宜性分区图（图 4-4-2）。图中显示适宜建设区域主要在西北部及中部靠圩西河（1）。有条件建设区域分布在中部偏西（3）及偏南（4、5、6、7），该区域开发建设主要受到现状湿地水系、洪涝灾害等因素制约，为适宜向不适宜建设过渡地带，不宜过度开发建设，可考虑配套建设湿地公园等低破坏强度设施；研究区北部区域（2、8、9），具备丰富的湿地农田等生态资源，应以现状生态本底为基础，可考虑设置排涝设施、打造湿地公园为主。研究区东部、南部及中部沿卓越溪部分为禁止建设区，该区域受到现状水系、政策控规四线及基本农田等限制。

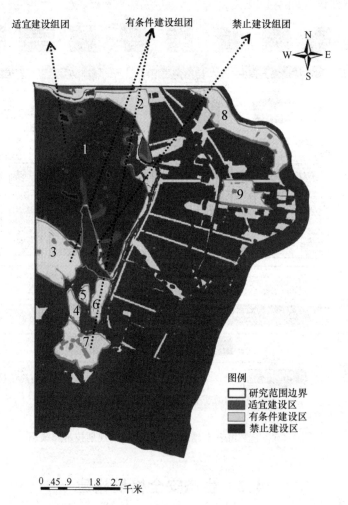

图 4-4-2　考虑自然条件和政策因素下的土地建设适宜性分区图

4.2.2 生态敏感性分析

从自然环境、生物资源、自然灾害三方面出发，综合考虑研究区域内坡度、用地性质、水域分布等 9 个因子，根据敏感性评价分级标准，计算三方面的敏感性指标及敏感性分布情况。再对自然环境、生物资源、自然灾害三方面敏感性分析结果进行相对权重叠加，获得综合生态敏感性结果（图 4-4-3），并根据分析结果识别城市生态高敏感区域，划定生态廊道，构建城市生态网络框架，形成保障城市生态安全的生态基础设施。

根据综合生态敏感性分析结果，以高度敏感和极高度敏感区域作为生态安全格局中的重要区域，根据景观生态学的理论，梳理得到区域的主要生态斑块、廊道、生态基质几个主要部分，构建区域"一横四纵"的生态网络框架（图 4-4-4）。

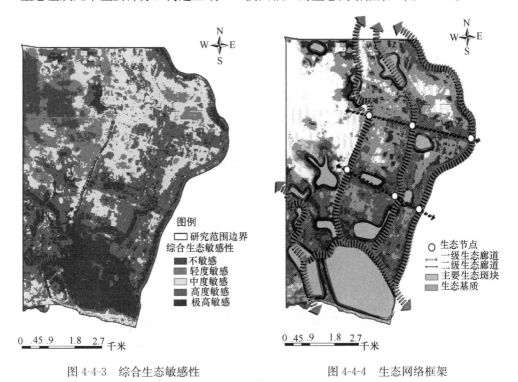

图 4-4-3 综合生态敏感性   图 4-4-4 生态网络框架

4.2.3 海绵城市建设适宜性分析

考虑自然地形、土壤、地下水、地灾等条件，划分海绵城市技术类型适宜性区域（图 4-4-5）。

滨湖卓越城适宜建设海绵城市，受洪涝、下垫面影响宜多采用渗透型技术，增加区域径流控制能力；河道沟渠周边可适当采用滞留型海绵技术，增强雨水净化能力。

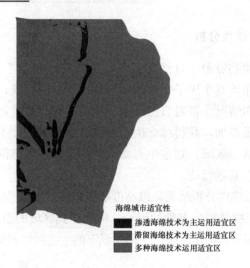

海绵城市适宜性

■ 渗透海绵技术为主运用适宜区
□ 滞留海绵技术为主运用适宜区
■ 多种海绵技术运用适宜区

图 4-4-5　海绵技术适宜性评价分布图

4.2.4　城市通风适宜性分析

结合滨湖卓越城所处的气候条件，充分利用地区性环流，选择天然的绿化道，设置适合滨湖卓越城的通风廊道（图 4-4-6）。

图 4-4-6　通风廊道分布示意图

4.2.5　生态安全格局构建

以自然基质为基底，通过生态敏感性圈定生态基质、斑块和廊道，通过建设适宜性划定建设组团边界，综合自然和人类发展需求构建区域生态基础设施，建立区域生态安全格局骨架（图4-4-7）。

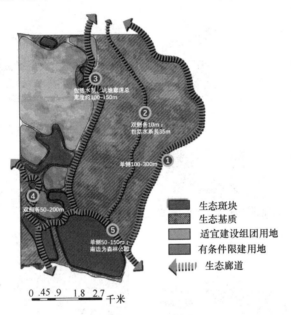

图4-4-7　综合生态安全格局图

在规划区域生态网络格局中，生态廊道主要沿区域内4条南北向主要河道形成，在进行生态廊道构建时，除需对现状水系进行水环境提升，保证廊道的生态安全外，根据生物的迁徙特点及满足河道基本防洪调蓄等功能，需在河道两侧预留一定宽度的缓冲区以保证基本的动物迁徙、防洪排涝等功能。

（1）格局构建——廊道为骨

1）圩西河生态廊道　构建形式：林地廊道为主；实现功能：以自然元素串联圩、村、城，使自然与人保持互通但又相互隔离，兼具水系廊道和生物廊道功能；建设要求：疏浚贯通水系廊道，包括水系坑塘廊道宽度宜达到100～150m，靠圩区适度加宽而靠村落收窄（图4-4-8）。

2）中心沟、甲子河生态廊道　构建形式：串塘廊道为主；实现功能：连通圩内水系池塘，增加内部水系流通，兼具生物廊道功能；建设要求：生态良好，在保持原状基础上疏浚水系池塘。

3）南淝河生态廊　构建形式：湿地廊道为主；实现功能：动物南北迁徙和活动的主要廊道，兼具末端净化湿地功能；建设要求：单侧100～300m宽。

（2）格局构建——斑块为节

1）森林公园生态斑块 构建形式：森林公园；实现功能：承担区域主要动物活动、迁徙以及植被多样性保护功能，兼具人类休憩娱乐功能；建设要求：维持现状，保护为主（图4-4-9）。

圩西河生态廊道　　森林公园生态斑块

中心沟、甲子河生态廊道　　卓越溪生态斑块

南汜河生态廊道　　新河水库生态斑块

图4-4-8　生态廊道现场踏勘图　　　　图4-4-9　生态斑块现场踏勘图

2）卓越溪生态斑块 构建形式：滞洪型生态湿地公园；实现功能：调蓄建设区内雨水，控制雨水径流污染，兼具区内行洪通道和景观休憩功能，连通圩内水系池塘，增加内部水系流通，兼具生物廊道功能。

3）新河水库生态斑块 构建形式：调蓄型生态公园；实现功能：承担区内主要雨水调蓄、减少内涝风险同时兼具娱乐休憩功能。建设要求：疏浚水库与周边水系的通道。

4.3　落　地　实　施

4.3.1　绿色建筑专项

结合滨湖卓越城实际和绿色建筑核心要素等内容，以绿色建筑的空间布局为核心，在确定不同星级绿色建筑适合落位时，应着重从绿色建筑的评价标准中选取影响因子，对绿色建筑分布地块适宜性进行评级，确定绿色建筑星级潜力分布（图 4-4-10）。

图例

绿色建筑星级潜力

　　一星级

　　二星级

　　三星级

—·—· 研究范围

图 4-4-10　滨湖卓越城绿色建筑空间潜力分布图

根据卓越城绿色建筑发展目标，按照绿色建筑面积 4.5∶3.5∶2 的比例划分一、二、三星级绿色建筑地块（表 4-4-1）。

绿色建筑星级潜力面积统计表　　　　表 4-4-1

星级潜力	地块数（个）	建筑面积（万 m²）	比例（%）	增量成本（亿元）
一星级	122	461	45.3	0.7
二星级	58	358	35.2	1.8
三星级	29	199	19.5	2.9
总计	209	1018	100.0%	5.4

4.3.2　绿色能源专项

本项目以能源规划目标为指引，需求预测与资源评估为基础，可再生能源利用规划为核心，本土化低成本的被动式绿色节能技术应用为突破口，制定区域能源综合规划方案，并建立建设全过程管理体系、技术标准体系和运营管理措施，确保能源规划方案的落实。

241

根据滨湖卓越城常规能源需求结构（图 4-4-11），评估可再生能源资源潜力，适宜采用的可再生能源类型为太阳能光热、太阳能光电以及土壤源热泵技术。规划应用的可再生能源利用总量是 7828.15 万 kWh，可再生能源利用率为 18%。其中各类能源应用类型、利用率及占比结构见图 4-4-12。

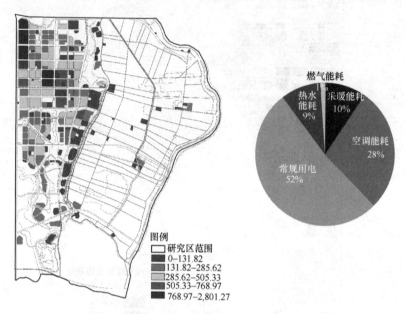

图 4-4-11　滨湖卓越城常规能源总能耗分布及需求结构图

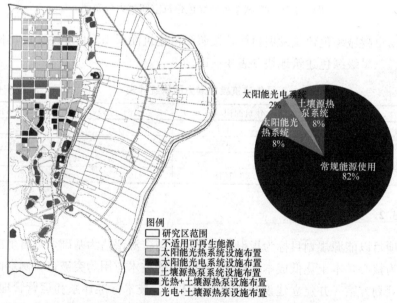

图 4-4-12　滨湖卓越城可再生能源应用类型分布及可再生能源利用比例图

4.3.3　海绵城市专项

滨湖卓越城海绵建设分为小海绵、中海绵、大海绵三个层次来进行系统构建和设施布局（图 4-4-13～图 4-4-15）。为推进滨湖卓越城海绵城市建设，主要考虑水环境、水资源、水生态、水安全等方面存在的问题，并重新建立大海绵体系。

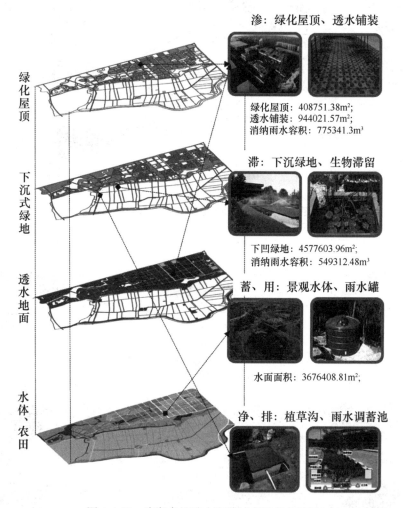

图 4-4-13　滨湖卓越城小海绵城市设施布局图

4.3.4　生态基础设施

以生态安全格局骨架为基础，叠合海绵设施、绿色能源设施、生态环境整治提升设施布局，形成滨湖卓越城生态基础设施布局（表 4-4-2、图 4-4-16）。

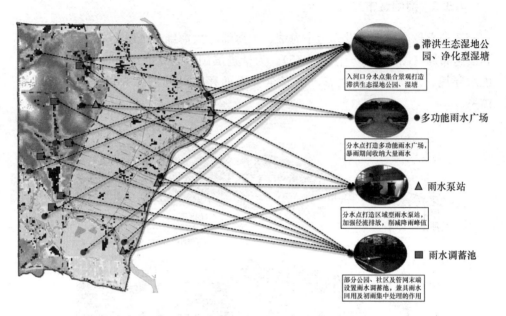

图 4-4-14　滨湖卓越城中海绵系统构建图

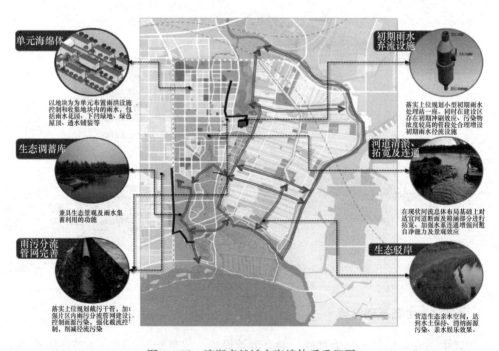

图 4-4-15　滨湖卓越城大海绵体系重塑图

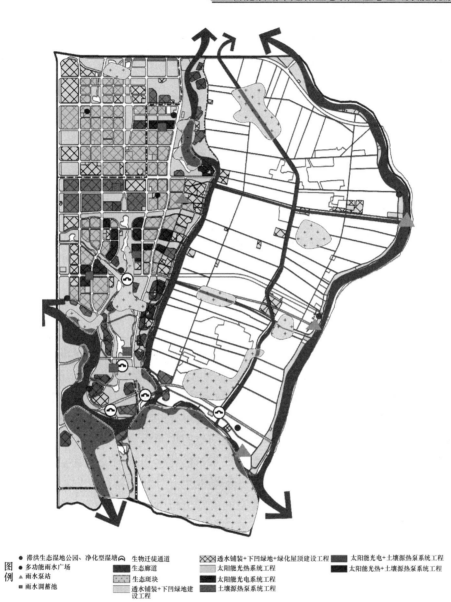

图例

● 滞洪生态湿地公园、净化型湿塘　　⌒ 生物迁徙通道　　　　XX 透水铺装+下凹绿地+绿化屋顶建设工程　　■ 太阳能光电+土壤源热泵系统工程

● 多功能雨水广场　　　■ 生态廊道　　　　太阳能光热系统工程　　　■ 太阳能光热+土壤源热泵系统工程

▲ 雨水泵站　　　　　■ 生态斑块　　　　■ 太阳能光电系统工程

■ 雨水调蓄池　　　　透水铺装+下凹绿地建设工程　　土壤源热泵系统工程

图 4-4-16　滨湖卓越城生态基础设施布局图

基础设施布局类型表　　　　　　　　　　　　　　　　表 4-4-2

基础设施布局类型	数量	布局设计
生物迁徙通道	5个	主要布局于十五里河、甲子河、湿地公园的缓冲区
生态廊道	5条	廊道（圩西河水系塘坑宽度100~150m，南淝河单侧100~300m，十五里河双侧50~200m，甲子河单侧50~150m、中心沟双侧10m）

续表

基础设施布局类型	数量	布局设计
生态斑块	12块	面积总计9.84km²
透水铺装	—	共铺设面积944021.57m²
下凹绿地	—	共铺设面积4577603.96m²
绿化屋顶	—	共铺设面积408751.38m²
太阳能光热系统	83处	应用建筑面积593万m²，集热器面积27万m²，年供热水热量 194.66×10⁶MJ，增量投资成本2410万元，预计回收期4年
太阳能光电系统	36处	应用建筑面积64万m²，装机容量8079kWp，年供电1010万 kWh，增量投资成本6463万元，预计回收期8年
土壤源热泵系统	58处	应用建筑面积243万m²，实际供应冷量1522万kWh，供应热量 2664万kWh，增量投资成本31652万元，预计回收期7年

4.4 结 论

滨湖卓越城位于合肥新城与巢湖生态空间的过渡区域，紧邻巢湖、东大圩和滨湖国家森林公园，生态环境优越。生态过渡区域涵盖了城市空间、村庄、农田、湿地、森林、水系等多种要素，元素的多样性促成其独特的空间特质，并使其在生态文明建设和地区发展中承担起越来越重要的功能，此规划旨在研究巢湖生态单元这一全新的生态城区新标准，巢湖生态单元将利用过渡地区的本底资源丰富性，通过对农田、湿地等全要素的展示，搭建生态基础设施骨架，通过评析国内外生态城市的实施策略和效果，基于场地生态诊断和特征挖掘，在巢湖生态城扩展常规市政设施的内涵，对各类空间要素进行生态功能赋值，整合成为系统化的生态基础设施，使生态城的整体效益得到创新性保障。

5 珠海生态城市建设技术手段及思考[1]

5 Technical means and thoughts of construction of ecological Zhuhai City

5.1 生态城市建设发展目标和指标

5.1.1 珠海城市发展目标

珠海市委、市政府明确提出"到 2030 年，全面建成产业创新引领、全域协调发展、生态安全永续、功能国际接轨、社会包容共享的现代化宜居宜业城市"并要求珠海今后五年要突出产业、交通、城市三大重点，努力在改革开放、对外合作、产业发展和城市建设等重点领域实现新突破，建设成为粤港澳大湾区创新高地、"一带一路"倡议支点、珠江西岸核心城市以及城乡共美的幸福之城，标志着珠海城市建设由"崇尚生态优先"迈入"产业、交通、城市大发展"的现代化宜居宜业城市建设新阶段。以五规融合、多规合一、生态模拟技术优化街区生态为标志，开启数字化信息化手段管理生态。并以整体城市设计和新一轮总体规划为标志，正式开启精细化生态规划建设管理。

为了更加系统、全面地细化研究珠海城市发展目标，在充分研究国内外先进城市共性的基础上，参考国内外城市发展的评价标准与方法，结合中央广东省，珠海市对城市规划建设发展的战略要求以及珠海本身的城市特色，提出了珠海城市发展水平评价的总体目标为建设一个生态安全永续、空间紧凑宜人，出行绿色通畅服务优质共享、社会平安和谐、经济低碳创新、人文国际多元的现代化宜居宜业生态城市（图 4-5-1）。

未来的珠海，应在满足人们追求更美好生活的基础上实现城市的创新、开放、绿色、文明、活力。通过推进韧性海绵城市建设，恢复城市自然生态，优化城市发展空间，促进产业创新发展，提高城市设计和建筑设计水平，节约集约用

---

[1] 根据李清，《珠海生态城市建设四十年：探索与思考》2018. 4月 苏州 第十三届城市发展与规划大会发言稿整理。同时本文中部分内容参考自：珠海市城科国际宜居城市研究中心，《珠海城市发展报告》，中国建筑工业出版社，2017。

图 4-5-1 珠海城市发展水平评价总体目标

地，加快重大交通基础设施建设，构建绿色建设体系，完善住房保障体系，健全公共服务设施，保护历史文化风貌，提升城市文化品牌，保障城市安全等一系列具体工作，最终使城市状态达到生产、生活和生态空间有机融合发展，既能够为所有居民提供优美、健康、安全、舒适、便利的生活环境，又能够为居民带来公平良好的个人发展机会、社会服务和收入增长。

5.1.2 珠海城市发展具体要求

基于珠海城市发展水平评价的总体目标，结合各领域目标的概念内涵、具体内容以及珠海实际情况，进一步提出了各领域发展目标的具体要求（表 4-5-1）。

珠海各领域发展目标的具体要求 表 4-5-1

领域目标	具体要求
生态安全永续	生态环境作为珠海城市永续发展的根本与基础，要维护空气、河流水系、森林等自然生态环境的安全，保障城市建设运行所需的物质材料、水资源、土地资源，为城市居民提供持续健康的生态服务
空间紧凑宜人	城市空间是珠海社会经济发展的空间基础，在城市建设过程中要贯彻集约用地精明增长的理念，打造疏密有致的开敞空间，构建望山见水的多元景观风貌，进行交通引导的中高密度混合开发，构建职住平衡、功能完善的城市组团
出行绿色通畅	交通是珠海高效运行发展的关键所在，要提高道路网建设的合理性，推进公交、自行车＋步行的绿色交通模式，增强多元出行的衔接效率，实现交通的通达有序，安全舒适、低能耗、低污染

领域目标	具体要求
服务优质共享	服务是保障珠海城乡居民工作生活的基本需要，要建立和完善教育，医疗，养老等基本公共服务，实现智慧服务设施和信息化服务的全面覆盖与共享，提供优质公共服务体系和均等化的服务水平
社会平安和谐	社会平安是珠海居民拥有高品质生活的保障，既要保持市民幸福平安、公众参与，志愿服务等，也要进行安全防灾、住房保障和社会保障等体系的积极建设，为人们提供安全安定、和谐多元，平等包容的社会环境
经济低碳创新	经济是珠海城市建设与发展的动力与基础，既要实现发展方式因地制宜，资源节约环境友好、经济创新动力充沛、民间活力充分培育挖掘、营商环境开放包容，同时要充分保障就业、具有就业创业吸引力、经济成果为全民共享
人文国际多元	人文是实现珠海城市个性和人性化的主要因素和重要基础，既要提升经济、文化、对外交流等方面的丰富性和开放度，又要实现自身文脉和地方传统文化的保护和延续，营造包容、丰富、独特的城市文化氛围

5.1.3　珠海城市发展指标

为全面系统地评估珠海城市发展水平，根据珠海城市规划建设管理实际需求，制定了一套适用珠海的可衡量、可考核、可实施的评价指标体系《珠海城市发展评价指标体系》用于客观评价珠海各领域发展水平，以期对城市规划建设管理提供决策依据，引导城市健康可持续发展。

珠海以城市、产业、交通为三大抓手，全面统筹推进城市建设的各个环节，不断增强发展的整体性和均衡性。在城市发展战略制定方面，珠海应注重结合各领域的发展现状加以区别对待，鼓励在部分优势领域率先达到国内、国际先进水平，加大对弱势领域的政策倾斜，对各领域进行持续性提升与发展。未来，争取到 2020 年实现各领域均衡发展。其中，生态安全永续、空间紧凑宜人、经济低碳创新、服务优质共享和社会平安和谐领域可争取向城市综合发展优秀等级晋升，人文国际多元、出行绿色通畅领域争取实现突破性发展，向城市综合发展良好等级努力。

5.2　生态城市建设技术手段

5.2.1　持续改善生态环境

得益于优越的自然环境禀赋和一直对生态外境保护的坚守，珠海在生态安全永续领域优势突出，接近优秀等级。

（1）提质升级生态环境，打造特色生态格局

珠海想要稳定安全的自然环境格局，需要强化其生态优势，坚持"绿色，生态，低碳"标准，加强环境保护生态建设与景色发展。

珠海为提升生态环境水平划定超过 1000 平方公里生态控制线，并拟定《珠海市生态控制线管理规定》，拟对生态控制线实施分级管理，制定了不同的建设管制规定，严格保护控制线内各类资源，禁止控制线内相关建设，以此进一步完善生态用地管理体系，优化生态安全格局。数据显示，珠海生态保护用地比例为58.44%，森林覆盖率为40.1%，城区绿化覆盖率达58.11%，公园数量增加到456 个，城市公园总面积为 3594hm，城区人均公园绿地面积达到 19.50m²。珠海对各类森林公园、生态公益林、重要湿地、自然保护区、水源林等生态用地的强制性保护，为城市可持续发展预留了足够的空间，为城市生态效益提供了有力保障。

图 4-5-2　珠海香炉湾沙滩

如珠海香炉湾沙滩修复工程成为珠海对城市滨海区生态修复范例工程（图 4-5-2）。香炉湾是珠海一带九湾风情线的重要节点，是珠海旅游资源的重要组成部分。近年来，由于海岸线利用率低下，整体单调缺乏活力，活动空间载体欠缺，大大降低了海湾地带的可游览性。加之香炉湾特殊的地理位置，环境脆弱且易受灾害侵袭，沙滩修复势在必行。

未来，珠海还需继续推进生态控制线的划定与管理工作，运用生态系统管理手段重点优化森林资源结构、增强森林生态功能，加快生态用地保护的有序健康发展，以此进一步巩固现有的珠海市生态园林城市和森林城市成果。一是加大相关立法和执法力度，完善并加强与周边城市的生态环境保护跨区域协作机制；二是严格落实城市"四线"及"四区"空间管制要求，划定城市开发边界，防止城市建设无序蔓延；三是严格保护生态控制线，加强生态整体保护、系统修复、综合治理，保护生态系统平衡和生物多样性；四是积极开展"公园之城""生态水网""千里绿廊""彩色飘楼"四大专项工程建设，完善城市生态工程体系，提升城市生态环境。通过生态基础设施建设综合塑造"山、河、海、城、岛交融"的珠海特色生态景观格局，进一步维护区域生态安全促进城市生态功能改善，发挥生态核心价值，建设美丽珠海。

（2）深入推广绿色建筑，浅绿稳步迈向深绿

在城市建设过程中，绿色建筑能够在其寿命期内最大限度地节约资源、保护

环境、减少污染，为人们提供健康、适用、高效的使用空间。海绵城市建设可以采用生态化措施有效维持城市开发建设前后的水文特征不变，进一步提升城市生态建设水平和可持续发展能力。系统谋划了全市建筑产业绿色发展事业，包括正式出台了《珠海市绿色建筑发展专项规划（2015—2030）》，开启了绿色建筑"全面建设"模式，制定并发布了一系列文件规范，以立法形式进一步推进实施绿色建筑等。

基于珠海现阶段推广的新建建筑中绿色建筑比例达100％的工作要求，在未来工作中还需以示范工程建设为基础，继续推动绿色低碳发展，全面推进绿色城市建设，深入探索和推广新建绿色建筑和既有建筑节能改造的新技术、新工艺和新材料。一是要建立更为完善的绿色建筑政策管理机制、激励机制、财政扶持机制和监督考核机制；二是应重点进行新建建筑规模化推进绿色建筑，提高星级标准，进一步实践低影响开发建设模式，推进绿色建筑相关产业、装配式建筑发展等工作；三是继续探索和推进既有建筑绿色化改造、老旧小区绿色化改造，增强绿色建筑技术支撑能力，加强可再生能源建筑应用，以此推进绿色建筑全面发展；四是着力提高运营标识获取比例，发展健康建筑等新方向。

（3）积极推进海绵城市，构建安全韧性水系统

珠海作为我国第二批海绵城市建设试点，正处于海绵城市建设的关键时期。在近期工作中，珠海应在《珠海市海绵城市专项规划（2015—2020）》的基础上，进一步完善海绵城市建设的各项法律法规、政策管理制度，分区编制实施海绵城市建设规则，并根据实际情况对各个体系提出相应海绵城市建设措施。通过系统性工作形成低影响开发雨水系统、雨水管渠系统、超标雨水径流排放系统，协同构建海绵城市体系，促进水资源综合利用，建设自然积存、自然渗透、自然净化的"海绵城市"，实现城市水生态、水安全、水环境、水资源、水文化系统的全面提升。根据国家机构改革要求，进一步完善海绵城市规划建设工作机制，明确各部门职责分工和协调机制，强化各部门职责履行落实，建立责任追究和职责督查评估机制，以确保海绵城市建设工作的有效落实和推进。建立基于效果的考核机制，以区为单位推进海绵城市建设，形成各具特色的"海绵湾区""海绵岛"。

5.2.2　空间格局适度紧凑

依托既有山水格局，珠海塑造了山、河、海、城、岛交融的现代滨海城市景观特色，在空间紧凑宜人领域也达到了良好等级，使城市景观环境备受青睐、绿色空间独具魅力，人与自然和谐发展的现代化建设新格局日益成型。虽然珠海近年来提倡小街区、TOD小镇等理念，但其在小街区规划建设、土地综合开发利用和TOD开发方面仍有较大的提升空间，还需保持定力，继续按照小街区密路网、集约紧凑、产城融合的发展理念开展相关地区的规划建设。

（1）优化特色景观风貌，加速打造公园之城

在保持当前城市与自然和谐相融的景观风貌优势的同时，珠海应继续加强建筑风貌管控、城市公共艺术空间塑造等工作，不断推进城市设计试点工作，持续推动公园之城、千里绿廊、生态水网、彩色飘带四大行动，加强垂直绿化和立体绿化建设，并将相关工作纳入政府职能部门的考核中。不断完善"一屏两带，三区五廊，六核千园"的绿地系统，学习新加坡在道路两侧或街角等局部区域开展口袋公园建设，也学习圣迭戈在社区中心建设综合大型的绿地公园或主题公园等，创新性开展新一轮公园城市建设，打造公园之城升级版。

绿道是珠海特色宜居景观的重要组成内容和标志性建设成就。珠海市绿道网建设于2010年3月初启动，在广东省率先实现了区域绿道全线贯通。全面完成并超越了《珠海市城市绿道网总体规划（2010—2020）》提出的1003公里的建设任务，形成了具有珠海特色的"四纵、两横、二环、六岛"的绿道网络格局。

珠海绿道网建设工作遵循"四三"方略，即秉承"三因"（因地制宜、因形就势、因陋见巧），依托"三边"（山边、水边、林边），做到"三不"（不征地、不拆迁、不砍树），体现"三化"（生态化、本土化、多样化），着力打造滨海都市、田园郊野、历史人文、体育竞技、海岛休闲、工业生态6种类型特色绿道。各类型绿道网又与城市交通、公共绿地、自然景观有机地串联起来，形成具有珠海特色的绿道系统。在此基础上，珠海通过拓展绿道功能，开展城市慢行系统建设、社区体育公园建设及城市公共自行车系统建设，扎实推进绿色交通与低碳出行。

珠海的绿道是景观之道、出行之道，民生之道，经所之道，其规划建设不断从"量"向"质"的方向转变，主要体现在绿道有很高的生态价值和景观价值，具备一定的保护隔离和美学功能。城市绿道网建设实现绿道与其他交通方式的无缝衔接。珠海民众依托绿道经常举办各种非官利性的活动，大大丰富了市民的生活绿道"兴奋点"（绿道驿站、湿地公园、城市公园等），直接带动运动、休闲、餐饮、旅游商贸等相关产业发展，形成新的经济增长点。立足于良好的绿色廊道建设基础，珠海将大力践行绿色发展理念，不断打造"美丽中国"的珠海样本。

（2）实施小街区规制，打造珠海人性化街道

为打造空间尺度紧凑开放、集约高效，通过制定小街区规划导则，充分发挥规划的引导作用，强化规制刚性执行，严格落实小街区建设模式，保障城市健康发展。

（3）贯彻节约集约用地，多举突破城市更新

为进一步提高珠海土地节约集约利用程度和挖掘土地潜力，珠海应按照"布局集中田地集约、产业集聚"的原则，优化土地资源的"供给-需求"配置，充分发挥政府宏观调控功能和市场配置作用，实现政府-市场互动的土地资源配置。

针对挖掘土地潜力，珠海还需升级城市更新发展理念、建设机制和开发模式，探索城市更新新契机，通过拆建、改建及整治等措施推进中心城区更新改造，优化调整东部城区土地资源配置，为中心城区转型升级、环境宜居提供有力支撑。在城中旧村更新方面，建设推进政府购买棚户区改造试点项目。在旧工业厂房更新方面，推动重点项目规划建设，加快建设商业综合体，培育文化创意产业发展。在旧城镇更新方面，编制重点区域整体更新规划，加快推进城市核心区改造，盘活一批"烂尾楼"项目，启动重点片区的老旧小区综合整治提升工程。

（4）优化城市空间布局，整合 TOD 发展资源

为优化城市空间布局，珠海未来需坚持主城区提质和新区扩容并进的策略，进一步完善城市中心体系建设，有序推进城市开发。一方面，应严格控制主城区容量，积极推进城市更新，通过增加公共绿地、增加公共空间、减少居住容积率，减少居住建筑密度等措施，切实提升主城区空间品质和服务功能。另一方面，积极推进城市空间"中提、西拓、北联、南进"作用，实现港口在物资集散中的枢纽作用。第三，推进城际轨道交通建设，加快建成广佛江珠城轨、珠机城轨，争取开通更多珠海始发终到高铁线路，推进黄茅海大桥等项目。通过进一步打通对外联系通道，夯实珠海的珠江西岸交通枢纽服务辐射功能。

5.2.3 经济低碳创新发展

由于长期坚持生态优先、绿色发展，珠海基本形成了低碳循环可持续的经济发展模式，为城市综合发展水平的提升打下了坚实基础。总体上，依托高新区和横琴新区两大载体，珠海出台了各种举措支持高新技术产业、先进制造业和高端服务业发展，工业呈现高端化发展态势，产业结构不断优化，现代产业体系初步形成。同时，人民生活水平稳步提高，城乡收入差距缩小，居民收入增长与经济增长基本同步，基本实现了发展成果居民共享。然而，经济总量小影响高端要素集聚、创新产业链不完善、科研基础及人才基础薄弱、创投活跃度不足等仍是制约珠海实现创新驱动发展的关键问题。

（1）绿色低碳经济体系基本形成

自特区成立以来，珠海采取了不同于珠三角其他城市的差异化发展战略，坚持城市经济发展的绿色低碳探索，积极开发应用循环技术、零排放技术，提高工业园区集中供冷供热供电水平，大力推行清洁生产和循环经济，同时严格控制高耗能项目，强化新建项目节能管理。通过加快发展风电、光伏发电、天然气发电推动电力结构调整，加强发展可再生能源的政策扶持，加快新能源汽车推广示范应用。同时，以中欧低碳生态城市合作项目综合试点建设（见表 4-5-2）为契机，珠海打造了包括产业园区太阳能光伏发电应用项目、桂山海上风电和万山海岛新

能源微电网示范项目、西部生态新城绿色建筑项目等在内的一批低碳生态示范项目。

中欧低碳生态综合试点 表 4-5-2

领域	试点示范项目
01 城市紧凑发展	试点项目 1：上冲有轨电车绿色生态小镇
02 清洁能源利用	试点项目 2：产业园区太阳能光伏发电应用
	试点项目 3：桂山海上风电和万山海岛新能源微电网
03 绿色建筑	试点项目 4：前山河绿色建筑示范区
	试点项目 5：唐家湾滨海科技新城科创海岸片区绿色建筑
	试点项目 6：西部生态新城绿色建筑
	试点项目 7：华发艺术馆
	试点项目 8：华南理工大学珠海现代产业创新基地
04 绿色交通	试点项目 9：现代有轨电车
	试点项目 10：清洁能源汽车应用
	试点项目 11：南湾绿色交通
	试点项目 12：公共自行车、自行车专用绿道规划
	试点项目 13：绿色交通指标系统
05 水资源与水系统	试点项目 14：前山河流域水环境整治与修复
	试点项目 15：西部中心城区海绵城市启动区
	试点项目 16：大镜山水库、凤凰山水库藻类、水华治理
	试点项目 17：度假村酒店人工湖改造
	试点项目 18：淇澳红树林湿地公园
06 垃圾处理处置	试点项目 19：西坑尾垃圾填埋场生态修复及水泥窑技术提升
07 城市更新	试点项目 20：北山村更新
	试点项目 21：东方硅谷
	试点项目 22：佳能旧厂改造
	试点项目 23：凤凰山旅游小镇
	试点项目 24：九洲方搬迁后的建设
	试点项目 25：香洲港香炉湾
08 城市建设投融资	试点项目 26：西部生态新区基础设施建设融资
09 绿色产业	试点项目 27：珠海国家农业科技园区
	试点项目 28：珠海万山海洋科技产业示范园
	试点项目 29：富山环保产业园

珠海非化石能源消费占比与国外低碳城市如哥本哈根、圣迭戈等相比尚处于初步探索阶段，未来能源结构进一步优化仍有较大空间。哥本哈根建设低碳城市

的成功经验主要表现在实行绿色能源战略、制定碳中和目标、降低建筑能耗、推进低碳技术研发推广和非政府组织参与等方面。与哥本哈根相比，珠海的可再生能源应用与节能等技术应用仍存在较大差距，今后可加快低碳技术应用步伐，提高低碳技术研发与创新投入水平，推进低碳技术产业化与应用能力，从而将低碳发展转化为经济效益。

（2）加快推广清洁能源，坚持低碳绿色发展

为建成低碳生态城市，珠海应兼顾经济发展、资源节约和环境保护，通过制度改革和技术创新提高资源利用效率和生态环境质量，同时促进城市经济发展转型升级和持续增长。在具体工作中，应大力发展天然气、风电、光伏等清洁能源，提高清洁能源供应能力，调整能源利用结构，优化电网建设和运行，降低能源消耗碳排放水平。一是扩大天然气供应和利用规模，加快天然气热电联产项目和天然气分布式能源项目建设；二是增加非化石能源供给，大力发展海上风电以及生物质能发电，推动环保生物质热电工程项目建设。三是优化电网布局，在城市规划和综合管廊建设中落实供电设施建设用地和输电线路走廊。

（3）全面协调、高质推进发展水平持续提升

长期以来，珠海通过系统的城市规划、完善的法律法规体系、严格的环保与开发管理政策以及先进的园林城市、生态城市、森林城市建设理念，全方位保障和推进城市的建设与发展工作，为子孙后代留下了青山绿水、蓝天白云、空气清新的优美环境，1998年获得中国首个联合国人居署"国际改善人居环境最佳范例奖"。

珠海将着重从强化城市规划工作、塑造城市特色风貌、提升城市建筑水平、推进低碳集约城市建设、完善城市公共服务、营造城市宜居环境、创新城市治理方式以及切实加强组织领导等方面打造独具特色的宜居宜业城市。未来，随着粤港澳大湾区时代的到来，珠海将加快落实十九大报告精神，到2020年，城市竞争力显著增强，东西城区协调均衡发展，率先实现基本公共服务均等化，基本建成珠江西岸核心城市和国际化创新型城市。到2030年，全面建成产业创新引领、功能国际接轨、社会包容共享的现代化宜居宜业城市。

5.2.4　绿色便民设施不断完善

（1）绿色开敞空间独具特色日趋均衡

绿色开敞空间是人与自然进行信息、物质和能量交换的重要场所，对"人一城市一生态"和谐发展有着重要意义。近年来，珠海积极推进立体绿化城市试点工作，不断提高城市建成区绿地率，致力于建立布局更合理、分布更均衡、配套更齐全、管理更完善、运转更有序的城市公园绿地系统。

全市累计建成公园456个，其中社区公园377个，并凭借社区体育公园获得

中国人居外观范例奖。基于大数据分析珠海绿色空间亲近度，可发现珠海绿色空间呈现"边缘高"的格局，城市内部的山、水、林、公园等自然环境分布其中，临近海面的东部岸线地区能够很好地满足市民对自然区域及公园的需求。而各区中心因建成区内自然景观分布少，所以其绿色度相对较低。珠海社区公园建设不仅改善了城市生态环境、实现了土地资源集约利用同时还引导市民形成了健康的生活方式，繁荣了群众文体活动，基本实现了"全市一社区一园"。社区体育公园（图 4-5-3）就是利用城区零散土地建设社区体育公园，是一种城市修补的新方法、新思路。

图 4-5-3 社区体育公园体系

（2）积极推动公交优先发展

将稀缺的城市道路资源向效率更高的公共交通转移，优化客运结构，达到公交与慢行系统的无缝衔接是推行低碳绿色出行和缓解交通拥堵的关键。在绿色出行方面，珠海坚持"以人为本、公交优先、绿色交通"的发展理念。珠海着力从路权保障、设施完善、营运提升、机制创新等方面优化"外围增长、向心强化"的公共交通发展格局。通过修订完善《珠海公交特许经营协议》新开微公交线路、创新公交车型、升级公交微信功能、开工建设公交专用道、新建或改建公交候车亭、实施公交换乘优惠、开通运营有轨电车等措施，持续提升公交服务水平，保障各类人群的基本出行需求。与此同时，珠海积极推动交通系统节能减排工作，通过持续推广 LNG 清洁能源和纯电动新能源公交车以及增加新能源出租车运力投放，加快清洁能源公交建设，促进城市交通与生态环境的协调发展（图 4-5-4）。

图 4-5-4 绿色公交体系

5.3 总 结

　　珠海在生态城市建设领域取得了卓越成就——被联合国授予"国际改善人居环境最佳范例奖"，获得"国家园林城市""国家环保模范城市""国家生态市""国家生态园林城市""国家海绵城市试点城市""国家森林城市"等众多荣誉称号。珠海多年坚守的自然环境保护理念，不断深化并渗透到城市建设的各个方面。珠海市全力推进美丽珠海"彩色飘带""公园之城"行动计划，全市新建建筑节能标准执行率达到 100%；累计 42 个可再生能源应用示范项目获得市级财政资金补贴，其中建成国家级建筑光电应用示范项目 12 个，在广东省专项统计中位列第一；积极寻求国际高端科技资源助力全市生态环保工作全面开展，在城市绿色交通、绿色建筑、海绵城市建设示范等方面均有明显成效，为生态绿色城市发展添砖加瓦。

6 成都低碳城市建设的理论与实践[❶]

6 Theory and practice of construction of low-carbon Chengdu City

6.1 成都市基本概况

6.1.1 自然概况

成都市地处四川盆地西部，青藏高原东缘，东北与德阳市、东南与资阳市毗邻，南面与眉山市相连，西南与雅安市、西北与阿坝藏族羌族自治州接壤，介于东经 102°54′~104°53′、北纬 30°05′~31°26′之间，全市土地面积为 14334 平方公里（注：2016 年 5 月，经国务院批准，将资阳市代管的县级简阳市改由成都市代管），占全省总面积（48.5 万平方公里）的 2.95%；市区面积为 4241.81 平方公里，其中建成区面积 837.27 平方公里。

成都市属于亚热带湿润季风气候区，热量丰富，雨量充沛，四季分明，气候温和，年平均气温在 15.2~16.6℃左右；全年无霜期大于 300 天，年平均降水量 873~1265mm，降雨主要集中在七、八月。成都市地势差异显著，西北高，东南低。成都市由于巨大的垂直高差，在市域内形成了三分之一平原、三分之一丘陵、三分之一高山的独特地貌类型；由于气候的显著分异，形成明显的不同热量差异的垂直气候带，因而在区域范围内生物资源种类繁多、门类齐全，分布又相对集中，为发展农业和旅游业带来了极为有利的条件。土地肥沃，土层深厚，气候温和，灌溉方便，可利用面积的比重可达 94.2%，全市平均土地垦殖指数达 38.22%，其中平原地区高达 60%以上，远远高于全国 10.4%和四川省 11.5%的水平。

6.1.2 社会经济概况

2018 年末，全市常住人口为 1633 万人，比上年增加 28.53 万人，增长

---

❶ 贾滨洋，成都市环境保护科学研究院，研究员；参考：来源于《成都市低碳发展报告 2017》、《成都市低碳城市试点方案》以及成都市相关部门的工作总结等。

1.78%。户籍总人口为 1476.05 万人，在全国特大城市中，仅次于北京、上海、重庆，居第四位。城镇常住人口 1194.05 万人，常住人口城镇化率 73.12%，地域分布显现变化，"东进"区域常住人口增长 2.76%，"南拓"区域常住人口增长 4.46%。

2018 年，成都市经济总量再上新台阶，全年实现地区生产总值（GDP）15342.77 亿元，按可比价格计算，比上年增长 8.0%。其中，第一产业增加值 522.59 亿元，增长 3.6%；第二产业增加值 6516.19 亿元，增长 7.0%；第三产业增加值 8303.99 亿元，增长 9.0%。三次产业结构为 3.4：42.5：54.1，三次产业对经济增长的贡献率分别为 1.6%、37.1%、61.3%。人均地区生产总值 94782 元，增长 6.6%。

6.2 成都市低碳城市的建设目标

到 2020 年，能源利用效率实现显著提升，主要行业碳排放水平接近或达到世界先进水平，碳排放强度进一步下降，温室气体排放量得到合理控制，这有利于节能减碳的市场机制基本建立，创新驱动的低碳发展能力进一步增强，全社会共同参与低碳发展的责任意识进一步提升。城市经济社会的低碳转型发展取得积极成效，努力将成都建设成为西部地区的低碳发展"引领区"、低碳生产生活的"标杆区"、低碳市场化服务"核心区"和低碳发展体制机制建设"示范区"，以及西部碳排放权交易中心。

加入"中国达峰先锋城市联盟"，2025 年之前实现碳排放总量达到峰值，控制在 9700 万吨左右，成为国内低碳发展的先进城市。具体目标参见表 4-6-1。

成都市低碳城市试点建设目标

表 4-6-1

	指标名称	单位	指标值
			2020 年目标值
1	碳排放总量	万吨二氧化碳	8300（峰值年 2025 年之前、目标值 9700）
2	单位 GDP 二氧化碳排放	吨二氧化碳/万元	0.503
3	单位 GDP 能源消耗	吨标准煤/万元	0.406
4	非化石能源占一次能源消费比重	%	30.3
5	第三产业增加值比重	%	53.3
6	常住人口城镇化率	%	75.0
7	森林覆盖率	%	40.0
8	中心城区绿化覆盖率（十城区）	%	45.0
9	空气质量优良天数比例	%	70.0

续表

	指标名称	单位	指标值
			2020 年目标值
10	PM$_{2.5}$年均浓度	微克/立方米	50
11	绿色建筑占新建建筑比例	%	60
12	中心城区公共交通机动 化出行分担率	%	65
13	国家低碳园区、低碳社区数量	个	8
14	全市居民参与生活垃圾分类覆盖率	%	60

6.3 成都市低碳城市建设的主要的经验与成效

成都市获批第三批低碳城市后，围绕构建绿色低碳的制度、产业、城市、能源、消费和碳汇等体系，深入实施绿色低碳建设工程，提升低碳发展基础能力，主要经验与特色纷呈。2018 年，全市单位 GDP 二氧化碳排放预计降至 0.42 吨/万元（下降 6％左右），远低于四川省 0.79 吨/万元的平均水平，用全省 20％的碳排放量贡献了近 38％的 GDP。2018 年，全市单位 GDP 能耗降至 0.368 吨标准煤/万元，下降 5.78％（全省降低 4.06％），荣获首批"全球绿色低碳领域先锋城市蓝天奖"。

6.3.1 筑牢绿色低碳发展制度

以开展国家低碳城市试点工作为契机，重点在行政管理体制、社会管理体制、科技管理体制、人才管理体制和投资管理体制等方面进行改革探索，探索建立以政府引导和市场调节相统一的低碳城市发展体制机制。按照国家碳排放交易市场建设的要求，强化交易支撑体系，创建西部地区最具活力的区域中心市场。

强化绿色低碳发展政绩考核问责，出台《成都市生态文明建设目标评价考核办法》《成都市绿色发展指标体系》和《成都市生态文明建设考核目标体系》。建立以试点方案为统领、年度计划为支撑的工作机制。将二氧化碳排放总量及强度作为约束性目标纳入生态文明建设考核体系、绿色发展评价体系和区（市）县低碳城市建设目标考核，绿色低碳的政绩导向更加鲜明。

实施低碳产品认证和碳标识制度，促进低碳产品推广和应用。印发《成都市加快快推进低碳产品认证工作方案》，积极开展节能低碳认证试点，并协同开展出口产品碳足迹认证，建立认证试点备选企业库。截至 2018 年，通威太阳能、成都中建材等全市 15 家企业获得 24 张低碳或碳足迹证书，获证数位居副省级城市首位。

制定和完善低碳发展的生态激励政策。出台鼓励低碳消费的相关政策。实施

"碳汇天府"计划。以"互联网＋低碳"的思维，以碳元的获取和 CCER 兑换的移动应用（APP）为核心，配以门户网站和交易系统的模式，搭建一个功能齐全、使用方便、兼具创造性和趣味性的综合性数据平台。通过政府引导，借助政策、舆论、资讯宣传等方式和途径，激发控排企业、投资机构、公益组织和个人自愿参与，形成 CCER 需求信息，以受委托社会机构实际持有的 CCER 数量为基准，形成可用于派发、分配、兑换 CCER 的"碳元"，由四川联合环境交易所按照相关规定和条件为其开立个人碳账户，以登记所持有的"碳元"对应的 CCER，作为个人碳资产确权基础。通过实施"碳惠天府"计划，政府、企业和公众受益于碳资产的开发与管理，极大地激发企业和公众参与温室气体自愿减排与交易的积极性，促进企业低碳发展、绿色发展、循环发展，引导公众绿色低碳、健康文明的生活方式和消费模式。

探索建立碳排放达峰追踪制度。该项制度以全市碳排放达峰目标（达峰期限及总量）为基准，通过构建指标体系，识别重点减排区域、部门及行业，进而将达峰目标层层分解，以实现对重点区域、重点行业、重点企业的监控及目标完成情况的评估。该制度的建立可以帮助城市各级管理者厘清低碳发展思路、减排重点，积极应对变化趋势；对成都所实施节能降碳政策和行动的效果做到事先预测和事后评估；还能促进低碳技术创新与应用，通过低碳数据的管理及开发，有效引导降碳技术创新，并提供资金扶持，促进政府、企业、公众各方发掘减排潜力和实施减排行为。

量化奖励市民低碳行为。以市民低碳出行、企事业单位推动电能替代和节能减排等行为为切入点，研究量化公众与企业节能降碳行为产生的减碳量，通过开发运用相应的碳减排量化方法学核准减碳主体的"碳资产"，为市民、小微企业建立"碳账户"，运用普惠机制通过兑换生活用品、再生产品、公交免乘次数、共享单车免骑次数甚至现金奖励等形式实现对低碳行为的有效激励。

6.3.2　构建绿色低碳产业体系

优化调整产业结构。坚持低耗、高效、绿色、清洁的产业发展方针，把低碳发展作为新常态下产业发展提质增效的新动力。大力实施工业强基行动，高水平推进工业梯次发展。打造以低碳排放为特征的工业体系，力争主要工业领域单位产品能耗达到并超过世界先进水平。严格限制"三高两低"企业，动态整治"散乱污"工业企业，淘汰落后产能企业，完成企业清洁生产审核，全市基本退出钢铁长冶炼、烟花爆竹和印染行业，水泥、平板玻璃、火电等典型传统行业全部实现绿色化改造升级，单位工业增加值能耗、碳排放强度持续降低。大力提升服务业现代化水平，着力打造低碳集约的现代服务业体系，充分发挥现代服务业带动传统制造业和传统农业的作用。充分发挥农业的生态和碳汇功能，推进农业高效化、生态化发展，大力推广应用农业生态技术和免耕技术，扶持秸秆能源化和肥料化利用，加强规模化畜禽养殖排泄物生态化处置利用。加快淘汰落后产能，主动融入低碳产业链高附加值环节。深入开展固定资产投资项目节能审查，提高高耗能、高排放行业的准入门槛和主要产品能耗限额水平。推广能源管理，发展循环经济，促进重点行业清洁生产。

构建高质量现代产业体系。以"人城产"发展模式组织经济工作，加快建设66个产业功能区及园区，构建产业生态圈、培育创新生态链。聚焦高端高质、绿色低碳，制定实施《高质量现代化产业体系建设改革攻坚计划》《推进绿色经济发展实施方案》《成都市打好环保产业发展攻坚战实施方案》，重点发展"五大先进制造""五大新兴服务业"，加快发展以人工智能、大数据、清洁能源等为支撑的新经济产业，大力发展电子信息、节能环保装备制造等产业，提高工业内部"高产出、低排放"行业比重，提高重点行业产业集中度和先进生产能力比重。

加强废弃物资源化利用和低碳化处置。大力实施垃圾处理、固体废弃物污染防治三年攻坚行动，纳入攻坚的45个固体废物处置项目已建成11个、17个正加快推进，长安静脉产业园获批国家资源循环利用示范基地，成都隆丰环保发电厂建成投运，国家餐厨试点二期处置项目试运行。强化农业减量投入，因地制宜推广种养结合循环技术，农药、化肥使用量同比分别减少2%、1.5%。

6.3.3 构建绿色低碳城市体系

优化城市发展空间格局。坚持将绿色低碳理念融入城市规划建设管理全过程，统筹协调生产、生活、生态空间，突出产城融合、职住平衡，构建"双核共兴、一城多市"的网络城市群和大都市区格局。着眼治理"大城市病"的现实需要和面向未来的永续发展新空间，推动城乡形态从"两山夹一城"到"一山连两翼"的千年之变，形成以龙泉山城市森林公园为"一心"，以中心城区和东部城市新区为"两翼"，以龙门山生态涵养区为"一区"。南北城市中轴、东西城市轴线、龙泉山东侧新城发展轴为"三轴"，以8个区域中心城为"多中心"的"一心两翼三轴多中心"网络化市域空间结构。

推进"东进、南拓、西控、北改、中优"差异化发展（图4-6-1）。

东进：将龙泉驿区车城大道以东部分、青白江区和天府新区龙泉山部分、简阳市、金堂县全域等区域规划成为国家向西向南开放的国际门户、成渝相向发展的新兴极核、引领新经济发展的产业新城、彰显天府文化的东部家园，并重点培育实体经济，形成新动能。

南拓：将天府新区直管区（五环路—成自泸高速—车城大道连接线以外部分且不含龙泉山）、双流区（五环路以外部分）、新津全域、邛崃市（羊安、牟礼、回龙三镇）等区域规划成为全面体现新发展理念示范区、创新驱动先导区、新经

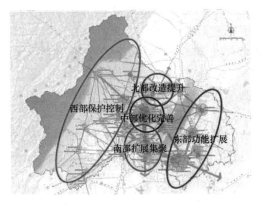

图 4-6-1　成都差异化发展示意图

济发展典范区、国际化现代新区、区域协同示范区，并重点强化创新体系建设，发挥好全市建设现代化经济体系中的战略支撑作用。

西控：将彭州市成绵高速复线以西部分，都江堰市、郫都区、温江区五环路以外部分，崇州市，大邑县，邛崃市除羊安、牟礼、回龙以外部分，蒲江县等区域规划成为成都市最重要的生态功能区和粮食生产功能区、西部绿色低碳科技产业示范区、国家生态宜居的现代田园城市典范区、世界旅游目的地核心区和天府文化重要展示区，并重点建立健全绿色低碳循环发展的经济体系，建设生态安全屏障，提高生态系统质量和稳定性。

北改：将青白江区（除五环以南、成青快速以西的局部区域和龙泉山部分）、新都区（五环路以北部分）、彭州市（成绵高速复线以东部分）等区域规划成为"一带一路"的重要门户枢纽、成德绵区域协同发展的先导区、成都市北部生态屏障、产业转型发展示范区、城市有机更新示范区和彰显天府文化的和谐宜居家园，并重点强化北部地区生态屏障功能，改善人居环境，同时优化产业形态，构建适应开放型经济要求的产业体系。

中优：将五环路以内区域规划成为高端服务业的集聚区、战略性新兴产业核心区、创新驱动引领区、国际交往核心区、天府文化集中展示区，成为城市极核和最能代表国家中心城市能级水平的高品质高能级生活城区，并重点通过"三降两提"推动整体优化提升。

加快构建 15 分钟基本公共服务圈，创造产城一体、职住平衡新模式，与人口资源环境相均衡的可持续发展格局加快形成。

建立绿色出行体系。加快转变交通出行方式，坚持行人、非机动车和公交车优先的低碳交通理念，完善城市慢行系统、绿道系统，提高交通智能化、信息化水平，推广低碳交通技术，构建以"绿畅并举，快慢相宜"为愿景的低碳交通体系。构建城市轨道、公交和慢行"三网"融合的公共交通体系，地铁运营里程达

226 公里，公交专用道里程达 953 公里，公交出行分担率提升至 53%，成功获批首批公交都市创建城市。新增公务用车使用新能源车比例达 50%，中心"5+1"城区新增 2350 辆新能源公交车，投入运营首批 10 辆氢燃料电池公交车和西南地区首个加氢站，全市新增充换电站 112 座、充电桩 4205 个。启动建设"9 廊 27 线 216 片"自行车网络（全长 4315 公里），开通投用首条封闭式自行车"高速公路"（全长 12.5 公里）。

推广绿色建筑。把握新型城镇化和城市建设管理转型升级的历史机遇，积极推广绿色建筑、装配式建设和成品建筑，推进绿色施工，加大建筑垃圾现场资源化利用，切实转变城乡建设模式。开展"绿色建筑+"试点示范，新建项目全面落实绿色建筑标准，全市星级绿色建筑面积达 1257 万平方米。延伸绿色建筑产业链和应用场景，建成市级装配式建筑研发中心和多个生产基地，推广装配式建筑和成品住宅绿色环保装修，编制《成都市绿色建材产品指导名录》，促进绿色建材产品本地应用。

构建绿色低碳示范区域。以"中法成都生态园"为低碳城区示范，积极探索低能耗、低排放的产城融合的新型城市建设路径，形成一个湿地绿心、三大生态带和四大生态廊道，打造中国西部"绿色低碳生态城"。成都市深入实施"全域增绿"，大力推进天府绿道、龙泉山城市森林公园等重大生态工程建设，多层次营造城乡绿地，持续扩大环境容量和生态空间。截至 2018 年，成都市累计建成各级绿道 2607 公里，五级城市绿化体系日益完善，建成区绿化覆盖率达 43%，森林覆盖率达 39.5%，森林年固碳量超过 150 万吨。

6.3.4 优化城市能源体系

能源消费结构逐步优化。将能源结构调整作为低碳转型的重要目标，转变能源消费理念，积极探索能源消费总量和强度双控机制，强力实施"电能替代"，积极运用物联网、大数据等先进技术，建设适应电动汽车等发展的智能电网，构建智能电网体系。通过实施农村低压电网改造、支持企业自建 110 千伏及以上专用变电站、鼓励居民住宅区配件充电设施等方式来推进电力增容设施，加快建设清洁能源生活区，实施全市大型燃煤锅炉清洁能源改造和停炉、双流机场"油改电""光伏+GPU"等，加快推进机动车清洁能源更新改造，推进餐饮服务业改电，鼓励发展智能电网、天然气分布式能源。

6.3.5 促进绿色低碳消费

积极宣传绿色低碳理念。通过报刊、广播、电视和网络等传媒平台广泛宣传低碳理念，逐步提高全民对应对气候变化和低碳发展的认知度。推行"个人低碳计划"，开展"低碳家庭"行动，倡导低碳生活方式，启动节能低碳产品认证试点，建立节能环保名优产品目录。健全绿色低碳市场服务网络，覆盖产品供给、市场流通、消费行为全过程。逐步引导市民形成绿色低碳的消费观念，共建共享绿色低碳生活。

积极倡导绿色低碳出行。出台全国首个《关于鼓励共享单车发展的试行意见》，全市累计投放约 145 万辆，骑行减排量居全球 12 个样板城市第 3 位。实施新能源汽车地方补贴、停车收费减免、不限行不限号、启动专用号牌等专项优惠政策，累计推广应用新能源汽车 6.91 万辆。印发实施《关于鼓励和支持停车资源共享利用工作的实施意见》，整合社会力量推广共享车位近万个；"蓉 e 行"低碳出行平台累计申报私家停驶车辆 1.6 万台，减少二氧化碳排放 3000 余吨。

大力推进垃圾分类。探索形成"成华区环卫延伸服务模式""双流区多方多级联动模式"等多种模式。运用"互联网＋"模式，构建垃圾分类服务与居民有效连接的运作方式。

持续推进公共机构低碳办公。开展公共机构既有建筑及用能设备节能改造，采用优化设备布局、间接自然冷却、改进 UPS 供电等措施，实施配电和制冷系统节能改造。开展低碳体验活动，提倡无纸化办公，减少待机能耗，加强公共区域照明设施管理。

6.3.6   增强城市绿色碳汇体系

构建有效碳汇体系。进一步夯实"山水田林湖"的生态本底，促进森林、河湖、湿地、绿地共同增汇，为城市低碳发展构建有效的碳汇体系。全面提高森林质量和生态效应，保护、培育、开发、提升林业碳汇功能，增加绿色财富；加强对森林自然灾害管理，减少碳源排放，形成城市碳汇和碳源互补格局。依托市域江、河、湖、溪的自然禀赋，深入推进湿地、水库等建设，不断挖掘拓展河湖湿地资源的固碳功能，激发河湖湿地"城市绿肺"的作用，打造生物多样的河湖湿地生态系统。深入实施大规模绿化全川成都行动，创新园林绿地建设模式，提升总体绿化格局，使园林绿化成为城市低碳发展的助推器。

积极创新生态价值转化机制。充分挖掘公园城市生态价值，以重大生态工程为载体，提升绿色资源营造水平，打造绿色、人文、经济的功能复合体，促进经济社会生态效益相统一。2018 年，建成省级森林康养基地 25 个，森林生态效益总价值超过 1300 亿元。

创新实施"会议造林碳中和"项目。依托第二届国际城市可持续发展高层论坛、2018 年国家网络安全宣传高峰论坛，在龙泉山城市森林公园建成总面积 700 亩的全省首个"会议碳中和林"，发布国内首个针对会展活动制定的碳足迹核算地方标准，"低碳办会"的正面影响不断提升。通过采用电动车、免费自行车等标志性节能产品，降低区域内能源消费碳排放；通过发挥原生森林、花卉苗木的生物固碳功能，实现碳中和，借鉴 G20 杭州峰会碳中和项目，以植树造林方式探索开展成都大型会展碳中和示范。

6.3.7 提升低碳发展基础能力

完善基础工作。积极参与全国碳市场建设，搭建西部碳交易中心平台。结合智慧成都建设，充分利用信息化手段，全面夯实能源消费统计、计量、监测和碳排放核算等基础支撑工作，建立温室气体排放监测体系、数据信息系统及公报制度，常态化开展温室气体清单编制工作。推动各区（市）县温室气体清单编制和重点企业碳核查，分解落实碳排放控制目标，逐步建立区（市）县、重点企业碳排放控制指标分解和考核体系。

提高低碳发展技术支撑能力。加强低碳发展和应对气候变化科技人才支撑，加快低碳产低碳技术推广。开展多层次全方位试点示范，形成一批各具特色的低碳发展典范，引领西部地区低碳社会建设潮流。深入开展低碳领域重点课题研究，推广低碳产品与技术的应用。联合国家能源所等专业机构、能源基金会开展深度合作，开展"成都市碳排放达峰路径研究（一期）"项目研究。发布全国首例燃煤锅炉碳减排量化方法学，编制完成"私家车自愿停驶减排量化方法学"，为推进"碳资产"确权赋能，探索生态价值的经济化提供科学支撑和理论基础。

开展绿色低碳宣传示范。发布国内首个城市低碳发展蓝皮书，开展碳市场能力建设培训活动，举办 2018 年节能宣传周和低碳日活动，推出"节能低碳主题知识竞赛"答题植树活动，有效传播节能低碳知识。开展低碳示范创建，成功创建 59 家绿色低碳示范单位。

积极参与全国碳市场建设。加强数据信息系统建设，督促企业履约，协助企业链接国家核证自愿减排量（CCER）市场，全力建设西部碳排放权交易中心、全国碳市场能力建设（成都）中心。

建设低碳发展管理平台与监测体系。重点开发低碳发展综合数据库、低碳评估分析系统、重点排放源管理系统、低碳目标考核系统、温室气体清单管理系统、公众减排系统、低碳科技公共服务系统等"一库六系统"。通过该平台对信息和数据的实时掌握和综合分析、运用；逐步建成全市统筹联动能耗监测服务平台，推进能源消耗数据实现在线采集、实时监测。整合现有能源、园林绿化、林业碳汇等统计信息资源，逐步建立全市统一的温室气体排放数据统计核算体系。

7 张家口市可再生能源示范区创新实践[1]

7 Innovative practice of demonstrative area of renewal resources in Zhangjiakou City

7.1 背　景

张家口市位于河北省西北部和我国"三北"地区交汇处，是"一带一路"中蒙俄经济走廊重要节点城市，总面积 3.68 万平方公里，2018 年全市总人口 465.4 万，地区生产总值 1536.6 亿元，财政收入 304.1 亿元，城乡居民人均可支配收入分别为 31193 元和 11531 元。依据张家口的独特优势和区域整体发展的需求，2015 年国务院批复设立张家口可再生能源示范区，计划将示范区建设的创新和先导试验为我国可再生能源健康快速发展提供可复制、可推广的成功经验。2017 年张家口市 11 县区列入光伏扶贫项目并网计划，11 个县 27 个项目在列，规划建设规模 71 万千瓦；所建成并网的项目，在执行当地标杆上网电价的基础上，继续享受省内每度电补贴 0.2 元的扶持政策，自投产之日起补贴三年。2018 年张家口市入选国家清洁能源取暖试点城市，在未来 3 年将累计获得 15 亿元中央财政奖补资金，有效破解在散煤污染治理、清洁能源取暖改造工程资金不足的制约瓶颈。

随着可再生能源示范区规划的获批，加上京津冀协同发展战略的全面实施和北京携手张家口申办冬奥会的成功，给产业基础相对薄弱的张家口带来了前所未有的压力与挑战。面对压力，中央财政在未来三年将累计提供奖补资金 15 亿元以协助破解资金不足的制约瓶颈；同时张家口也直面挑战，以重点项目为抓手，在机制体制、技术方案及商业模式等方面的创新实践已取得明显进展，其建设实践将成为低碳转型的中国样本，为我国一百余座同等发展水平的城市，提供绿色低碳转型的先行示范。

---

[1] 根据深圳建筑科学研究院股份有限公司 张家口碳排放总量控制方法学调研组根据张家口能源局可再生能源处的 2019 年 4 月调研资料整理而得。

7.1.1 发展潜力❶

丰富的可再生能源资源。张家口是我国华北地区风能和太阳能资源最丰富的地区之一。风能资源可开发量达 4000 万千瓦以上，太阳能发电可开发量达 3000 万千瓦以上，赤城、怀来等县地热资源蕴藏丰富，各种生物质资源年产量达到 200 万吨以上，尚义、赤城、怀来等县具备抽水蓄能电站建设条件。

独特的区位优势。张家口是京津冀地区向西北、东北辐射的链接点，作为京津冀地区的生态涵养区、我国重要的可再生能源生产基地和电力输送通道节点，具备电力体制改革先行先试的良好条件。

市场空间巨大。京津冀地区是我国主要的电力负荷中心之一，2014 年全社会用电量约为 5000 亿千瓦时，其中化石能源电力占 90%以上。按照《国务院关于印发大气污染防治行动计划的通知》的总体要求，京津冀地区要实现煤炭消费总量负增长，未来可再生能源发展需求迫切，这为示范区可再生能源发展提供了巨大的市场空间。目前，张家口基于"四方协作"创建的绿电消纳新机制，为京津冀绿色发展创造了新助力。随着智能化输电工程的全面铺开，京津冀能源一体化联动体系建设迈上新台阶。

7.1.2 发展目标

2015 年国家发改委印发《河北省张家口市可再生能源示范区发展规划》，提出的发展目标包括：到 2020 年张家口示范区可再生能源消费量占终端能源消费总量比例将达 30%，55%的电力消费来自可再生能源，全部城市公共交通、40%的城镇居民生活用能、50%的商业及公共建筑用能来自可再生能源，40%的工业企业实现零碳排放。到 2030 年可再生能源在终端能源消费中达 50%，80%的电力消费来自可再生能源，全部城镇公共交通、城乡居民生活用能、商业及公共建筑用能来自可再生能源，全部工业企业实现零碳排放（表 4-7-1）。

河北省张家口市可再生能源示范区发展目标　　　　　　表 4-7-1

指标	单位	2020 计划	2030 计划
可再生能源消费量占终端消费比例	%	30	50
电力消费来自可再生能源	%	55	80
可再生能源占公共交通用能占比	%	100	100
可再生能源占城乡居民生活用能比重	%	40%城镇	100

---

❶ 该部分三点内容来自《河北省张家口市可再生能源示范区发展规划》。

指标	单位	2020 计划	2030 计划
可再生能源占商业及公共建筑用能比重	％	50	100
零碳排放工业企业比重	％	40	100
单位 GDP 能耗	吨标准煤/万元	省下达指标	省下达指标

7.1.3　主要任务

为实现"到 2030 年示范区可再生能源消费量占终端能源消费总量比例达到 50％"的目标，示范区建设的主要任务可以简单地概括为"345"。一是着力推进"三大创新"，包括体制机制创新、商业模式创新和技术创新；二是针对可再生能源发储输用四大环节，着力实施"四大工程"，即规模化开发工程、大容量储能应用工程、智能化输电通道建设工程和多元化应用示范工程；三是着力打造"五大功能区"，即低碳奥运专区、可再生能源科技创业城、可再生能源综合商务区、高端装备制造聚集区、农业可再生能源循环利用示范区。

7.2　可再生能源产业基地

7.2.1　源：绿色基地建设

（1）总体进展

目前张家口市绿色基地建设初具规模：2018 年可再生能源装机容量为 1345.48 万千瓦（并网 1281.47 万千瓦），占全部电力装机的 74.2％，位居全国前列。该水平较 2017 年增长 14.6％，距离 2020 年目标仍需增长 48.3％。2018 年的电力装机构成中，风电装机 932.67 万千瓦，较 2017 年增长 7％，距离 2020 年目标仍需增长 39.4％；光伏装机 408.81 万千瓦，较 2017 年增长 38.4％，距离 2020 年目标仍需增长 46.8％；生物质发电装机 2.5 万千瓦，光热发电装机 1.5 万千瓦，较 2017 年均无增长，对比 2020 年装机目标，生物质发电装机仍有 2.2 倍，光热发电装机仍有 12.3 倍的巨大差距。❶

绿色基地建设包含的重点方向包括：积极实施国家光伏扶贫工程，在赤城县先行先试，总结经验后在示范区内推广；充分发挥坝上地区面积广袤、太阳能资源富集优势，利用荒山荒坡推进一批大型地面电站建设，重点发展大功率太阳能

---

❶ 《张家口可再生能源示范区建设情况汇报》。

光热发电；遵循"绿色奥运、低碳奥运"的承办理念，支持大型光伏企业在怀来至崇礼高速公路沿线两侧建设百万千瓦级光伏廊道；着力推广太阳能光伏农牧业，实现"光农""光牧"互补；快速推动尚义县集光电、生态、旅游、度假为一体的大型太阳能示范园区建设等。❶

（2）光伏＋扶贫

光伏扶贫是创新精准扶贫，精准脱贫方式的有效途径。张家口通过发展屋顶、村级、地面光伏电站，加强对贫困户的精准扶贫，严控项目质量和进度，光伏扶贫成效显著，为张家口打赢扶贫攻坚战做出了重要贡献。

2017 年，张家口 11 个县区（阳原县、康保县、尚义县、蔚县、张北县、赤城县、崇礼区、怀安县、宣化区、万全区、沽源县）27 个光伏扶贫项目列入并网计划，可覆盖建档立卡贫困户 24338 户，建设规模 71 万千瓦，要求 2018 年 12 月 31 日前建成投产。同时，所建成并网的项目，在执行当地标杆上网电价的基础上，继续享受省内每度电补贴 0.2 元的扶持政策，自投产之日起补贴三年（图 4-7-1）。❷

截至 2018 年底，全市 11 个贫困县累计建成并网光伏扶贫电站 123.7 万千瓦，带动 88838 户建档立卡贫困户稳定脱贫。❸

图 4-7-1 村庄屋顶安装光伏发电板

7.2.2 输：输电通道建设加速

由于张家口市风电、光伏等可再生能源开发利用装机规模迅猛发展，然而本

---

❶ 《河北省张家口市可再生能源示范区发展规划》。

❷ http：//www.escn.com.cn/news/show-511747.html

❸ http：//www.zjknews.com/news/nengyuan/201904/26/242767.html

地可再生能源电力的消纳能力却不足，可再生能源的输出成为可再生能源产业发展最主要的瓶颈之一。张家口可再生能源示范区获批两年多来，不断探索创新可再生能源电力送出方式，在柔性直流、特高压、智能电网等领域予以突破，着力构建智能化的可再生能源输电通道。❶

目前世界电压等级最高、容量最大、线路最长的±500 千伏多端柔性直流示范工程于 2018 年 2 月开工建设，冀北段已完成投资 74.22 亿元，占总投资的 78%，预计 2020 年建成后，将新增外送能力 550～775 万千瓦；在国家发改委、能源局、省政府、国网公司的有力推动下，2018 年 11 月 29 日，"张北-雄安特高压交流工程"获省发改委核准，2020 年底项目建成后可新增 900 千瓦（折合装机）电力的外送能力，可有效满足示范区电力外送和雄安新区绿电需求。此外，电能替代工程、冬奥综合配套工程也在全面推进。

7.2.3 储：大容量储能工程

（1）总体进展

风电和太阳能发电不稳定、不可控的特点一直是可再生能源发电推广应用的重要障碍。为克服这一世界难题，我国在张家口设立风光储输示范工程，探索实现可再生能源稳定发电的可行方案。❷ 目前，张北国家风光储输示范工程已申请并取得专利 33 项；尚义抽水蓄能电站正在开展可行性研究，力争 2019 年核准并开工建设；国际首套 100 兆瓦先进压缩空气储能技术示范与产业化项目已备案；中科院 3000 平方米太阳能跨季节储热涿鹿矾山黄帝城示范工程已试运行；沽源、张北多能互补示范项目已开工建设。

（2）实践案例：黄帝城太阳能跨季节储能示范

1）案例概况

项目地点在河北省张家口市涿鹿县，总投资近 2 亿元。建设内容主要包括太阳能吸热系统、30 万立方米跨季节储热体、循环泵站及热力管网、配电和控制系统、智慧云平台及其他相关配套设施，设备所需检修少，运营基本稳定，平均运营期为 25 年。目前的试验区建设成本为 1000 万，供暖面积为 3000 平方米，蓄热体体积 3000 立方米，镜场定日镜面积 760 平方米，采暖太阳能保证率达到 50%～90%。该项目主要采用多能互补方式：利用太阳塔式定日镜技术；利用光伏发电电力为水泵进行系统循环提供动力；利用 LNG 给系统进行能源补充以提高水温；用生物质锅炉给系统提供热源补充。

2019 年计划开展 30 万立方米的项目，将把试验区应用推广至供应整个黄帝

---

❶ http://www.gjjnhb.com/info/detail/5-33428.html

❷ http://www.sohu.com/a/149350842_244948

城小镇的采暖面积。为了给项目推广提供借鉴，试验区还将三种集热方式的性能和成本进行了对比研究：1) 塔式定日镜：成本最高，占地面积最大。2) 平板集热器：成本中等，承压性中等。3) 玻璃真空管：价格最为低廉，承压性较差。塔式在雨雪天气无法集热，但是平板和真空管仍然可以工作（图4-7-2）。

平板集热器　　　　　　　　　塔式定日镜　　　　　　　　　玻璃真空管

图 4-7-2　三种集热方式对比研究

2）项目意义

该项目将打造国际首个可脱网运行100％可再生能源多能互补示范小镇（图4-7-3），为分布式可再生能源的综合利用提供新的模式。项目充分利用太阳能定日镜与集热塔吸热器进行水工质系统循环为清洁能源，完全实现零碳供暖。项目建设充分利用天然条件与地形地貌，山坡做集热场，沟壑建蓄热体。集热水体埋于地下，上部仍可种植花草树木，不占用生态用地。

 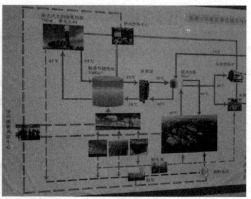

智慧云平台对系统进行实时检测　　　　　　　　　工艺流程图

图 4-7-3　可脱网运行100％可再生能源多能互补示范小镇示意图

7.2.4　可再生能源高端装备生产基地

（1）总体进展

　　为构建以可再生能源为核心的产业发展平台，张家口市于2017年6月启动可再生能源高端装备制造产业园规划和建设，目前已完成了《实施方案》《可行性研究报告》《概念性规划和修建性详规》等规划方案的编制，并通过相关部门评价审核，已吸引一批优质项目入园，初步形成聚集发展态势。

　　高端装备制造将成为张家口的新兴产业，《河北省张家口市可再生能源示范区发展规划》提出，将瞄准风光电装备发展前沿领域，在张家口经济开发区规划建设可再生能源高端装备产业园，重点发展并网智能控制设备、新能源汽车、高转换率光伏组件、太阳能热电聚光器等可再生能源高端装备制造业，提升产业发展层次和水平。

　　（2）案例：风力发电机组

　　1）案例概况

　　张家口经开区某风力发电机组整机智能制造总投资1.267亿元（图4-7-4），总占地面积55亩，现已投产，年产500台（套）1.5~3兆瓦风力发电机组及关键零部件总装能力，单台生产周期为7~8天。产品70%销往长江以北区域（河北、辽宁、山西），30%出口，主要由重型卡车运输。实现年产值40亿元，上缴税收2.58亿元，吸纳就业岗位100余个。

金风科技张家口厂区　　　　　风机生产车间　　　　　风力发电机组部件

图4-7-4　张家口经开区某风力发电机组整机智能制造示意图

　　项目在国内同行业中首次采用了多机型柔性生产—模块化流水线和MES系统建成，配套磁极模块全自动化装配流水线、螺栓自动紧固机器人、重载智能移动平台、辅助组合吊等大型自动化生产设备。该风力发电机组智能制造工厂集自动化控制、MES系统、Andon系统、激光导航物料配送以及智能微网、绿色制造、循环利用等系统于一体，实现以数据库为核心的生产信息流、设备信息流、成品出入库价值流与完整全面的追溯体系，构成全自动、全数字、可展示的绿色清洁、零排放的智能制造工厂。

　　2）项目意义

　　金风科技张家口智能工厂拟打造成为金风科技国内单体面积最大、自动化程度最高、信息化数字程度应用最广泛的智能工厂，成为张家口可再生能源示范区新能源高端装备制造的标杆，大幅提升经开区新能源装备制造水平，引领风电装备制造上下游数百家企业快速集聚，带动示范区新能源产业持续健康发展，并有力促进张家口清洁能源产业转型升级和拉动经济社会发展。❶

7.3 可再生能源消纳助力低碳转型

2017年2月，张家口市从体制机制上求突破，首创"政府＋电网＋发电企业＋用户侧"共同参与的"四方协作机制"，与国网冀北电力有限公司合作建立可再生能源电力交易平台，政府部门每月在平台上发布下个月可再生能源需求电量和挂牌电价，可再生能源发电企业自愿参加，开展市场化交易，将清洁电能直接销售给用户。以四方协作机制为基础的可再生能源市场化交易实现了政府要绿、企业要利、居民要暖的多赢，为国家推进北方地区冬季清洁能源供暖、突破可再生能源消纳瓶颈提供了可复制、可推广的成功经验。

据测算，张家口可再生能源占本地一次能源比重约为23％，虽然已经位居全国前列，但是距离2020年可再生能源消费量占终端能源消费总量达到30％的规划目标还有不小差距。为此，张家口市聚焦可再生能源的多元化应用，从建筑清洁采暖、大数据产业建设、氢能交通发展等多个领域推动可再生能源就地消纳，助力低碳转型。

7.3.1 清洁采暖：四方机制

（1）总体进展

在采暖模式上，城乡建筑因其各自特点，需要因地制宜，采用合适的采暖供热模式。城区的区位优势和特点为负荷规模较大，且集中分布；供热基础条件优势明显，可充分利用现有基础因地制宜开展清洁能源取暖改造；配电网条件良好，优势显著。基于区位优势及特点，城区供暖以集中式供热为主。相反，农村地区呈现村落分散、人口分散等特点，部分地区空心化较严重。因此，负荷分布也相对分散，分户式电采暖模式更为合适。❷

在体制机制上，四方机制的运用有助于降低用电成本，促进采暖清洁化。2017年，张家口市启动了2000万平方米清洁能源供暖工程。按照原有政策和价格机制，电供暖成本比燃煤集中供暖高出近一倍，推广难度将非常大。为解决这一问题，张家口市利用四方机制将可再生能源的就地消纳和清洁采暖相结合，开启了国内可再生能源电力市场化交易先河，打破了清洁能源取代燃煤供暖成本居

---

❶ http://www.zjknews.com/xianqu/gaoxin/201808/31/219034.html

❷ http://www.zjknews.com/news/nengyuan/201809/03/219201.html

高不下的瓶颈。

（2）集中供暖：名郡新城小区

1）案例概况❶

怀来县名郡新城新型电极锅炉复合相变蓄热系统清洁供暖项目（图 4-7-5）是国家能源局（国能函新能［2017］34 号）、河北省发改委、张家口市政府确定的清洁能源供暖示范项目，供暖试点工程共分为三期。一期工程首个锅炉房于 2017 年 10 月底建成并投入使用，实现建筑面积 30 万平方米连续五个月采暖季的集中供暖，服务居民户数约 3300 户。一期首个锅炉房总投资为 5902 万元。投资主要包含研发费用、土地成本、建设费用、财务费用、管理成本等。建设成本主要包括：高压电极锅炉、相变材料蓄热系统、板式换热器、定压系统，水泵、站内管网、阀门、自动控制柜及配套系统设备及安装等建设投资费用；以及系统调试和运营的运营费用投资费用。

小区电锅炉房外观

小区内景

高压电极锅炉

相变材料蓄热系统

图 4-7-5 怀来县名郡新城新型电极锅炉复合相变蓄热系统清洁供暖项目示意图

未来覆盖的区域将扩大至 315 万平方米，一期计划实现供暖面积 95 万平方米供热，二期计划实现供暖面积 190 万平方米供热，三期计划实现供暖面积 30

---

❶ 参考《天津大学综合能源开发利用系统项目简介》及示范区展板内容整理。

万平方米供热。

该清洁能源供暖示范项目在国际上首次使用了原军工及海洋钻井平台上的高压电极式锅炉及大规模低温相变材料进行储能及放能应用的复合系统应用，供热系统的前端采用国际先进核电技术转民用的高压电极式热水锅炉，具有能量损耗小，热能转化高、体积小等特点，热转换率高达 99.7%。

本项目另一个核心系统为复合相变蓄热系统，该系统拥有自主知识产权。该复合相变蓄热系统有三大明显优势：极大地节约土地与建设成本；蓄热安全稳定，对电网载荷小；运行费用低、维护工作量低。真正实现清洁无污染，能源利用率高的特点。

高压电极式热水锅炉联合高性能复合相变蓄热系统，实现谷电蓄热，峰电放热，仅用谷电 24 小时连续不间断供暖。通过参与"四方协作机制"，变"弃风弃光电"为"低成本经济电"。科技与创新体制的结合使得弃置不用的风电、谷电得以回收转化为热能，实现多能互补，覆盖区域 24 小时无间断供暖。

同时，项目的中央控制系统采用智能化自动控制系统，能根据环境温度及室内温度自动调节供热功效，且可统一调节电网负荷，保证供热出水温恒定，保障电网安全高效运行。并且自动化系统控制已经可以在电脑或手机端远程操作实现，管理科学便捷，降低运营成本，提升作业效率。

2）实施效果

项目技术解决了目前"冬季取暖"的三大痛点：①用清洁能源风能替代了燃煤或者燃气锅炉的供暖方式，改变了城市能源结构，减少了因燃烧煤炭供暖而产生的二氧化碳，项目首期完成后年减排量标准煤约 14040 吨，约减少二氧化碳、粉尘及其他各种排放约 46526.4 吨；②使用风能谷电蓄热，移峰填谷，均衡用电，降低了电网的负荷；③弃电供暖，电价相对较低，减轻居民负担，运营可持续。该项目零排放、运营成本低、投资低、安全稳定等优点让其成为张家口地区清洁供暖问题的有效解决方案之一。

（3）分散电采暖：义和堡村

存瑞镇义和堡村煤改电项目总投资 2767 万元，改造农户 265 户，改造面积达 2.6 万平方米。通过采用屋顶分布式光伏、地下浅层地能方式进行电供暖改造。户均装机容量 5 千瓦，每户分布式光伏发电电池板占用房顶面积约 60 平方米（图 4-7-6）。

通过为居民安装地源热泵及屋顶光伏发电板相结合的方式，多能互补，实现了农村居民冬季清洁采暖。而且，除去供暖用电，所余电量并入总电网，发电并网售电约 1 元/千瓦时，光伏电价为 0.52 元/千瓦时，发电所得与用电费之差可以作为农户一项产业收入。通过使用地源热泵和光伏发电，年节约燃煤 1000 多

义和堡村外观

村民院落

地源热泵电采暖空调

村中的光伏并网箱

图 4-7-6　存瑞镇义和堡村煤改电项目示意图

吨，每户有 2000 元左右的收入。❶

7.3.2　产业转型：大数据建设

（1）基本情况❷

大数据产业基地建设对于电力需求量大、稳定性要求高。在张家口推进可再生能源示范区的背景下，张家口市电力资源丰富，为大数据产业的发展创造了优势条件。2018 年 3 月，张家口市政府正式印发《张家口市大数据产业发展规划》（以下统称《规划》）和《张家口市关于推进大数据产业发展的实施意见》。《规划》紧扣地方发展实际，充分发挥比较优势，围绕"数据河北、服务京津、存储中国"这一核心，制定全面加快大数据产业发展的顶层设计。

《规划》以"突出优势、做强基础，优化布局、培强产业，融合应用、重点突破，联动发展，融入京津"为发展思路，明确了发展目标，即到 2020 年，建成 5 个以上大数据特色产业集聚区，大数据及关联产业投资规模达到 1000 亿元，构建新能源特色显著、数据存储服务、创新应用环节突出的大数据产业发展体系，将大数据产业打造成为张家口市新一轮经济增长周期的支柱型产业，成为张

---

❶　http：//www.gov.cn/xinwen/2017-06/29/content _ 5206728. htm＃allContent

❷　https：//mp. weixin. qq. com/s/RiKaNEud8hOvrNUnGjF1Qg

家口产业转型升级、经济提质增效的新引擎；进一步完善基础设施，深化大数据应用水平，积极拓展增值服务，培育大数据骨干企业，努力打造国内一流的绿色安全大数据产业基地，逐步形成全国数据交互的重要枢纽。

张家口市全面推进大数据建设，加快构建"一带三区多园"大数据空间布局截至目前，已签约大数据项目 22 项，计划总投资约 800 亿元，2020 年服务器规模将逾 150 万台。目前，已在全市注册数据中心建设运维企业 16 家，已成为全国大数据运营服务器数量最多的城市之一。

目前投入运营的数据中心有张北云联数据中心、数据港张北数据中心、阿里庙滩数据中心、阿里小二台数据中心、怀来秦淮数据中心 5 个项目，共投入运营服务器 21.5 万台。在建的阿里中都草原数据中心项目、张北榕泰云计算数据中心项目、怀来亿安天下数据中心项目进展顺利。

（2）案例：秦淮大数据中心

1）案例概况

位于张家口怀来县的官厅湖新媒体大数据产业基地（图 4-7-7），总投资 60 亿元，项目总占地 200 亩，建筑面积 19 万平方米，服务器装机规模超过 20 万台，云计算产业基地建筑面积 37 万平方米，服务器装机规模超过 35 万台。该基地可以提供 16000 个 52U 机柜，最高支持 40 千瓦高密度定制机柜，主要承载数

园区内景

服务器散热

直流充电桩

电瓶车巡逻

图 4-7-7 张家口怀来县的官厅湖新媒体大数据产业基地

据存储、挖掘分析、应用等数据交易生态体系和云服务生态体系，定位为国家级新媒体企业提供高可靠性的云计算服务。❶

选址怀来，是基于公司对自然气候、资源、地理位置以及可发展空间等方面的考虑，其优势包括：距离北京较近，保证了信号传输的效果；风能光能等可再生能源充足，使得电价相对低廉。怀来数据中心今后可作为北京望京数据中心的后厂，依托怀来电力、网络、通信等基础资源优势，建立新媒体大数据产业基地项目，可为客户提供客制化的高品质、低成本的数据中心服务。

秦淮大数据属于四方协作机制准入类别中的高耗能高新技术企业，企业向政府提出申请后，通过三个月审批便可参与交易。企业每个月挂牌表明电力需求，风电企业根据自身超发部分进行摘牌，来自弃风弃光的低价电不仅提高了资源利用率，也降低了企业的用电成本。

2）企业的参与动力和实施效果

对于张家口的产业低碳发展而言，该项目多能互补满足数据中心需求，实现绿色供电，就地消纳，将电能转换成数据再输出。对于京津冀区域发展而言，有利于疏解北京数据中心，加快大数据成果转化，加强京津冀大数据产业协同发展，产生积极作用。

对于大数据这类高耗能的高新科技企业而言，参与到四方机制当中，优惠的电价也让其享受到了实惠。据了解，园区内运作的一期二期一个月用电约 3000万千瓦时，估计一至四期全运营每个月需消耗 6000 万千瓦时电。弃风弃光电价为 1.17 元/千瓦时，常规电价在 0.52 元/千瓦时，预估全部运营后每月可节约电费 2100 万元。

7.3.3 低碳交通：氢能张家口

（1）基本情况

作为京津冀氢能产业集群的重要节点城市，张家口依托丰富的可再生能源优势、紧抓京津冀协同发展历史机遇、借助 2022 年冬奥会举办东风，全面布局氢能产业。经过数年发展，张家口已成为国内氢能生态建设最完善的城市之一。目前，张家口市氢能建设已经初具规模，形成制氢、储氢、运氢、加氢和用氢全产业链。

在风电制氢方面，张家口桥东区正建设大型制氢厂，占地 150 亩，建成后将实现日产氢量约 20 吨，年产氢总量约 6000 吨，足以辐射京津冀，为超过 1500辆燃料电池客车提供加注服务，计划于 2019 年年内建成投产。

氢能公交方面，张家口现为全国氢燃料电池公交车运营数量最多的城市，74 辆氢燃料电池公交车已经投入使用，2019 年还将新增 170 辆氢燃料电池公交车。至 2020

---

❶ http：//www.chinadaily.com.cn/interface/yidian/1120781/2018-02-05/cd _ 35648622.html

年，投入使用的氢燃料电池公交车、物流车、出租车预计将达到 1800 辆。

为保障氢燃料电池公交车、物流车、出租车运行，张家口也在不断加快加氢站建设，2018 年分别在桥东区和宣化区建成 2 座加氢站，2019 年将新建 5 座加氢站，到 2020 年将累计建成加氢站 21 座。❶

（2）案例：亿华通氢燃料电池

1）案例概况

亿华通氢燃料电池发动机在张家口氢燃料电池发动机生产基地坐落于张家口空港技术开发区（图 4-7-8），由北京亿华通科技股份有限公司投资兴建，总投资

第四代氢燃料电池发动机

氢能公交车构造示意

园区内氢能通勤车

张家口氢能燃料电池公交车

氢能叉车

氢能汽车

图 4-7-8 张家口氢燃料电池发动机生产基地示意图

❶ https：//mp. weixin. qq. com/s/hwAFmYwSG26a8SYjtxmoPQ

10 亿元，占地 45 亩。全部完工后，该基地燃料电池发动机年产能将可达到 1 万台。❶ 项目全部投产后，五年内累计实现产值不少于 30 亿元。现已经研发出拥有自主知识产权的第四代氢燃料电池发动机，额定功率已经提升至 80 千瓦，性能比肩国际主流产品，且实现 $-30℃$ 低温启动，$-40℃$ 低温存储，成功通过北京市科学技术委员会"高环境耐受性燃料电池系统产品研制"项目验收，目前产品已进入批量商业化阶段，对在北方地区规模化推广氢燃料电池汽车有重要意义。❷

2）项目意义

张家口氢燃料电池发动机生产基地建设有利于推动氢能在交通领域应用的产业化进程，实现零排放、零污染，进一步改善张家口市的大气环境质量，提高人居环境水平。继 2008 年北京奥运会成功示范应用之后，本项目将推动氢燃料电池汽车在 2022 年北京-张家口冬奥会进一步实现规模化应用，有利于促进京津冀地区交通领域的能源结构调整，实现京津冀地区一体化协同发展。

为进一步推动氢燃料电池汽车的规模化应用，政策引导仍需关注以下几点：一是由于氢能源汽车成本较高，售价约是传统汽车的 4 倍，相对于电动车亦没有价格优势，大规模推广仍需要依靠政府补贴。二是加氢站等基础设施配套仍然不够完备，制约实际推广规模。三是要提升群众对于氢能源汽车安全问题的认知，氢能源汽车并不会比其他种类新能源汽车危险。因为氢气容易逃逸，一旦有泄漏，会迅速逃散，不会引发车辆内爆炸，而且汽车内置的氢燃料罐使用特殊材料加工可降低爆炸风险，有一定安全保障。

7.3.4 奥运专区：综合示范

遵循"低碳奥运"这一冬奥会的重要理念，2015 年的《河北省张家口市可再生能源示范区发展规划》提出，在张家口市崇礼县建设国际领先的"低碳奥运专区"，打造低碳奥运场馆，实现体育场馆用电 100% 采用可再生能源，体育场馆所有建筑采用可再生能源供热。为保障所有奥运场馆和配套设施的绿色用电，国家电网有限公司着力建设 26 项冬奥绿色电网工程，其中张北柔性直流工程将张家口新能源基地与北京延庆赛区紧密相连，将汇集新能源电力 680 万千瓦，实现所有奥运场馆用电零排放、零污染。❸ 预计这些冬奥会期间的绿电建设将在赛后持续为张家口地区的低碳转型作出重要贡献。

除了绿色电力供应，为推动低碳奥运专区和示范区建设，张家口正以崇礼奥运核心区为重点，按照《低碳奥运专区规划》和《低碳奥运专区建设三年行动方

---

❶ https：//mp. weixin. qq. com/s/31 _ G1AEO8OHYXRljqRKPXw

❷ http：//finance. jrj. com. cn/2019/04/22124627452773. shtml

❸ https：//mp. weixin. qq. com/s/90ZJseYiIF4lJiUyuOrABg

案》，在供暖、交通、工业生产等各领域推广使用可再生能源，加快低碳奥运专区建设。

7.4 经验与总结

2019 年 4 月，通过对张家口能源局、5 家相关的企业、农户等共计 30 余人次进行的实地考察、座谈和不同利益相关者访谈，更加切实地了解到不同利益相关群体在张家口低碳政策推行当中起到的作用、互相协作的机制、成功实施的经验以及遇到的问题和相应的政策诉求。当前政策在大方向上推动着张家口地区的可再生能源开发利用和城市的低碳发展，然而细化到企业发展和居民生活的层面上，政策的扶持和引导仍有一定提升空间，未来需结合具体利益相关者的实际需求出台更有针对性的解决方案。

（1）企业

1）提高采暖期灵活性

对于电采暖用户而言，某实行煤改电集中供暖小区项目负责人表示希望政府政策能够更加公平、市场化，制定全行业统一的标准，促进行业内优胜劣汰，提升总体行业技术水准。此外，在具体政策上，受访人提到，希望政策能真正为企业蓄热考虑，通过增加采暖期灵活性来帮助企业运营降低成本。比如，11 月 1日要供热，小区需要早一天续上热，希望政府可以开放 10 月 31 就让企业享受低谷电价，让政策优惠真正落到实处。

2）改变碳排放系数计算公式 & 对扶持产业的土地资源分配倾斜

对于政府重点扶持的新兴产业而言，某相关企业受访人提到企业未来发展需要政策帮扶主要在两方面：碳排放测算和土地资源配给。现在运作园区为一期二期，一个月三千万千瓦时电，如果加上三期四期全运营，总共月用电量大概在六千万千瓦时电左右。碳排放标准和节能指标对于大数据这类高耗能企业制约较大，如使用绿电能够改变碳排放系数计算，有利于大数据企业发展。另一个制约就是怀来土地资源稀缺，未来考虑自己建立区域电网，希望政府在土地资源分配上有所倾斜。

3）政策补贴 & 配套基础设施建设

对于氢产业发展来说，相关企业受访人提到虽然氢能源汽车因为其无污染、耐低温、加氢快等特点被汽车应用领域视为终极新能源动力解决方案，但是其实际推广应用中仍面临一些障碍。首先，由于氢能源汽车成本较高，售价约是传统汽车的 4 倍，相对于电动车亦没有价格优势，大规模推广仍需要依靠政府补贴。另外，加氢站等基础设施配套仍然不够完备，制约实际推广规模。

（2）居民

　　张家口市的采暖季从冬季 11 月份持续到次年的 3 月，长达五个月。对于农村地区分散居住的居民而言，如何切实有效地推动"煤改电"政策，保障基本民生十分重要。一方面，改善住房的保暖性能，减少因烧煤取暖造成的空气污染，切实提高居民的生活质量。另一方面，降低供暖电价，通过安装分布式光伏并网，提供补贴，或者通过四方机制提供低价电从而促进清洁供暖推行。

　　在怀来县的一个实行地源热泵结合屋顶光伏取代燃煤取暖的村庄中，由于燃煤取暖成本低廉，对于冬季供暖用电量较大但经济情况又比较拮据的村民而言，燃煤供暖仍然有较大吸引力，走访过程中的确有一些房屋仍然设有煤气排放的烟囱。针对此现象，当地官员需要对居民实际采暖方式进行监管，对仍然使用燃煤取暖居民提出整改要求，并提供相应整改帮助。

第五篇 | 中国城市生态宜居发展指数（优地指数）报告（2019）

中国城市生态宜居发展指数（以下简称"优地指数"）旨在促进规划、建设过程的生态化；反映政府作为、推动低碳生态城市事业的发展；评估低碳生态城市建设的经济、社会、环境效益，推动低碳生态城市建设市场的发展；鼓励公众参与、公众监督，推动社会关注和人文引导。从而梳理和总结中国生态城市发展特色，寻找城市生态宜居建设的可持续发展路径。

"城市生态宜居发展指数"是生态城市发展进程的动态考核。其特点在于并不是对于城市生态建设建成之后的结果进行评估，而是考察生态城市子系统的功能、发展效率与动态。由于城市始终处于动态的建设过程之中，因此，指标体系需要是动态、可比的，既体现了城市与城市之间的横向比较，也能够反映城市自身的纵向比较。对典型地区的绿色低碳满意度评价从主观上反映出指数评估不能反映的内容，二者相辅相成，相互补充。指数评估体系的进一步完善需结合居民生态宜居的主观感受，进行综合评价，以便为政府制定科学决策和确定下一阶段的建设目标提供依据。

自 2011 年发布优地指数至今已连续评估 9 年，在 2018 版的基础上更新了 288 个地级市优地指数评估结果，同时以城市群为单位，对京津冀、长三角、珠三角、成渝城市群的重点城市的生态宜居建设成效与建设力度各项指标进行对标分析，评估各市的发展优势与短板。评估结果对城市进行了总体分布与分类，对不同规模城市的优地指数特征进行分析以及建设成效、建设力度等结果的年际对比分析，得到城市生态宜居发展的历史趋势。同时，通过经济、社会、环境以及资源能源等优地要素的二维评估考量城市生态、宜居建设状况。其中，以城市群为单位，对各城市群的人口发展趋势进行评估，建设的"结果-过程"分析，及对城市竞争力、经济发展水平、生态环境建设、公共配套服务、城际交通等城市群协同发展的关键指标深入对比评估，总结出了一系列关于城市群协同发展的要点和经验。

　　总体评估结果表明：我国各城市总体建设过程模式趋同，四类城市优地指数与城市吸引力存在明显的差异，并且城市间生态环境建设成效差异较大，总体建设力度经过十年发展均有所提升，长三角、珠三角的提升型城市占比远高于京津冀，京津冀、长三角和珠三角的优地指数要优于成渝城市群，其人口吸引力也整体优于成渝城市群。总体而言，优地指数通过数据的持续累积与更新，建立具有公信力的第三方评价体系，对低碳生态城市进展、特征、动态趋势合理量化，具有指导意义。

Chapter V | China's Report on Urban Ecological and Livable Development Index (UELD Index) (2019)

China's Report on Urban Ecological and Livable Development Index (herein after referred to as UELD Index) aims to promote the ecologicalization during planning and construction, reflects the actions taken by the government, and accelerates the development of low-carbon and environmental undertakings; assesses the economic, social and environmental benefits of low-carbon eco-city construction, gears up the development of low-carbon eco-city construction market; encourages the public participation and surveillance, raises social attention and intensifies the guidance, so as to tease out and summarize the development feature of China's eco-cities, find a sustainable path for construction of ecological and livable city.

China's Report on Urban Ecological and Livable Development Index is a dynamic evaluation for development progress of eco-city. It is not to assess the result of ecological construction of city, but to investigate the function, development efficiency and trend of subsystem of eco-city. Ecological construction is dynamic; therefore, the index system is also dynamic and comparable, which indicates the horizontal comparison between cities, but also reflects the vertical comparison within cities themselves. The evaluation of green and low carbon satisfaction in typical areas would subjectively reflect what the Index assessment cannot reflect, therefore, these two would be complementary to each other. As the index evaluation system is further improved, the residents' subjective opinions on ecology and livability would be included in the comprehensive evaluation as an evidence for decision-making and planning.

Since its first publication in 2011, the UELD index assessment has been conducted for nine successive years. Based on the 2018 Index, the 2019 Index updates the assessment result of Urban Ecological and Livable Development Index for 288 prefecture cities. A benchmarking analysis is conducted to compare the indicators related to achievements and intensity of ecological and livable construction of city agglomerations, including Beijing-Tianjin-Hebei, Yangtze River Delta, the Pearl River Delta, and Chengdu-Chongqing agglomeration. The advantages and weaknesses in the development of such cities are evaluated. In the assessment, cities are classified by size to analyze the UELD Index. And a year-by-year comparison and analysis is carried out on the efficacy and intensity of ecological construction to understand the historical trend of development of ecological and livable city. The assessment measures the status of urban ecological and livable construction in a two-dimensional way, with the UELD elements including economy, society, environment, resource and energy. Among these, it assesses the demographic development trend of the urban agglomeration, analyzes the "result-process" of construction, compares and evaluates the key indicators of the coordinated development of city agglomerations including urban competitiveness, economic development level, ecological environment construction, public services, and intercity transportation, and summarizes the key points and experiences for the coordinated development of urban agglomerations.

The general assessment indicates that the models and process of city constructions in China are similar, but the UELD Index and urban attractiveness of four types of cities vary significantly, and the effects of the environmental construction in those cities are different. The overall performance of environmental construction has been improved upon decade's development. The proportion of rising city in Yangtze River Delta and Pearl River Delta is much higher than that of Beijing-Tianjin-Hebei, and the UELD Index of Yangtze River Delta, Pearl River Delta and Beijing-Tianjin-Hebei is better than Chengdu-Chongqing agglomeration, and also, their attractiveness is higher than Chengdu-Chongqing agglomeration. In general, through the continuous accumulation and update of data, UELD Index establishes a credible third-party evaluation system which plays a guiding role in measuring the progress, characteristics and dynamic trend of low-carbon eco-city.

1 研究进展与要点回顾

1 Research progress and review of key points

研究组❶于 2011 年提出"中国城市生态宜居发展指数"（以下简称"优地指数"），以期对中国城市的生态、宜居发展特征进行深入的评价和研究，至今已连续评估九年。中国城市生态宜居发展指数（优地指数）报告（2019）更新了全国近 300 个地级及以上城市优地指数的评估结果，还对各单项指标十年发展动态与趋势进行回顾，找出城市生态宜居发展的动态特征。评估不同类型城市的人口集聚特征，并以四大城市群为例进行深入研究，探寻城市提升吸引力的特征需求，以期为城市生态宜居发展与转型提供参考。

1.1 方 法 概 要

1.1.1 二维体系

优地指数从低碳建设过程和成效两个维度对中国近 300 个地级及以上城市进行评估与比较，综合评估城市建设过程中生态、宜居和可持续性发展的表现。其中，结果指数主要反映建设成效，从可持续发展、城市高效运营、提高生活水平、提升能源效率、改善环境质量等五个方面来进行综合衡量；过程指数着重体现"发展"，主要从管理高效、生活宜居以及环境生态三个方面来进行评价。两个维度的评估指标体系共包含 5＋14 个评估指标，根据城市建设过程指数和生态建设结果指数的得分，以及城市在二维平面直角坐标系的不同象限的位置，将城市划分为提升型（第一象限）、发展型（第二象限）、起步型（第三象限）和本底型（第四象限），以确定城市生态位（图 5-1-1）。

1.1.2 数据处理

由于各评价指标的性质不同，通常具有不同的量纲和数量级，在优地指数评估中需要将各项指标都进行标准化处理，基于评估年份所有被评城市的基础水平

---

❶ 中国城市科学研究会生态城市专业委员会重点研究课题——由深圳建筑科学研究院股份有限公司组织科研小组研发成果。

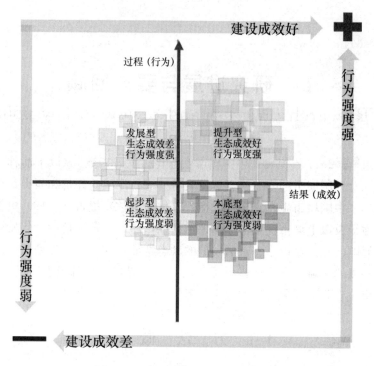

图 5-1-1　优地指数的二维评估体系

和规划目标最优值，设定各项指标起步值、理想值两个参数，将各项指标数值标准化处理至 0～100 范围内，以便进行加权计算及横、纵向比较。考虑到城市社会经济发展的影响，各项指标总体呈现提升，为降低提升对结果的影响，每年各指标的起步值、理想值按照全国平均增幅/降幅进行动态调整。

将各项指标均进行标准化处理之后，按照分配权重加权求和，分别求得过程指数和结果指数，综合评价生态城市总体水平。

1.2　应　用　框　架

优地指数基于累积的评估数据在宏观、中观和微观层面上开展了具体的评估应用，形成了相对成熟的应用框架。

1.2.1　宏观：总体布局与发展路径

通过每年对近 300 个地级及以上城市的持续评估，基于这些城市的结果指数、过程指数评估结果，给出全国被评城市的生态宜居建设成效、投入力度的总体排名，以及各类型的城市清单；分析四类型城市的空间分布情况，并基于城市类型的分析结果，对位于不同空间位置的城市类型特征进行分析。

宏观层面评估侧重于对全国生态宜居发展特征的总体研究。对全国生态宜居城市建设的总体进程和历史发展路径进行分析，并进一步量化评估社会经济发展水平（如运用人均GDP、城镇化率等指标）对城市生态宜居建设成效的影响，整体把脉城市生态宜居发展路径规律与特征。除以上主要分析内容之外，还可以进一步分析评估结果的年际动态。

1.2.2　中观：区域特征与比较分析

对特定区域与其他区域整体❶（城市群或省份）的结果指数、过程指数进行横向比较，绘制四象限定位图评估该区域的生态宜居发展定位特征。可通过绘制柱状图、风玫瑰图等形成可视化图表，分析各评估区域在生态宜居建设成效与力度方面的长短板，进而提出下一步提升的着力点。

通过分析被评区域内城市在四象限的分布情况，初步判断城市群的生态宜居发展定位以及协同情况。收集被评区域内城市的经济发展、空气质量、能源消耗等优地指数发展特征指标数值、指标变化率数据，从水平-变化率两个维度对各区域社会经济特征进行总体分析与横向比较。最后，对被评区域内城市的行为力度、建设成效的协同性进行比较，分析城市群、省份内部的发展协同水平。

中观层面评估分析特定城市群、省份等区域的生态宜居发展特征，并与其他区域进行横向比较。进一步评估现阶段被评区域的发展侧重点及优劣，以及区域范围内不同城市的发展定位、优劣与趋势，寻找区域内城市间相互协调、协同发展的路径。

1.2.3　微观：城市定位与专项评估

基于历年优地过程指数与结果指数的评估结果，找出被评城市在近300个地级及以上城市中的排名、在四象限中所在象限以及历年发展变化的情况。对城市进行总体定位。对城市总体定位进行评估后，进一步分析城市与全国平均水平、最优水平或者是特定城市的差异，或者各项评估内容所处的水平，选择特定城市（可以是全国总体排名靠前的城市，也可以是地理位置或发展背景相对靠近的城市）的总体结果或各项指标进行对标分析。

在前述已开展对城市定位、历史轨迹以及城市对标、优劣势进行分析的基础上，可进一步深化对城市具体评估对象指标的分析。例如对经济发展、运营管理、道路交通、能源节约、大气环境、城市绿化等具体指标的专项评估，包括建设水平分析、城市单指标对标、差距分析以及历史趋势情况等，对城市各项发展

---

❶　城市群/省份评估与城市评估方法大致相同，在选定指标体系后，根据人口、规模、土地面积等指标属性的不同，进行加权赋值，再通过统计处理得出分析结果。

工作进行把脉,提出下一步着力重点,尽早布局相关工作。

　　微观层面评估首先要对城市进行生态诊断。在这一过程中,优地指数是从总体上了解城市定位、评估城市生态宜居发展优势与不足的评估工具。通过对历年全国近300个地级及以上城市的优地指数评估指标与结果的数据累积,可以快速在300多个城市中找到被评城市的生态位置、历史发展轨迹以及城市发展的优势、不足与潜力。

2 城市评估与要素评价

2 Urban assessment and element evaluation

2.1 中国城市总体分布（2019 年）

2.1.1 总体分布

根据 2019 年的评估结果，提升型城市共有 92 个（第一象限），占城市总数量的 32%；发展型城市（第二象限）共有 111 个，占比为 39%，生态宜居城市建设成效进一步提升的发展空间较大；起步型城市（第三象限）共有 83 个，占被评城市的 29%，这些城市的发展模式仍相对粗放，生态宜居建设成效较差，仍需改善城市生态宜居状况；本底型城市共有 2 个（第四象限），占比为 1%。总体而言，我国的低碳生态建设力度较强，但无论是起步型、发展型还是提升型城市，生态宜居成效仍然滞后于生态宜居建设力度，二者的匹配程度较低（图 5-2-1，表 5-2-1）。

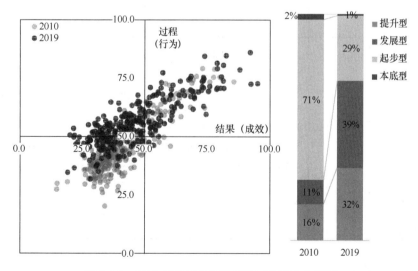

图 5-2-1　2019 年各城市优地指数四象限分布特征

2019 年各城市优地指数评估结果　　　　　　　　　　表 5-2-1

类型	象限	数量	占比	城市名称
提升型	一	92	32%	宝鸡、北海、北京、常德、常州、郴州、成都、大连、大庆、东莞、东营、鄂尔多斯、佛山、福州、赣州、广州、贵阳、桂林、哈尔滨、海口、杭州、合肥、呼和浩特、呼伦贝尔、湖州、黄山、惠州、吉安、济南、嘉兴、金华、昆明、廊坊、丽水、连云港、柳州、洛阳、梅州、绵阳、牡丹江、南昌、南京、南宁、南通、宁波、秦皇岛、青岛、衢州、泉州、三亚、厦门、上海、绍兴、深圳、沈阳、苏州、遂宁、台州、太原、泰安、唐山、天津、铜陵、威海、潍坊、温州、乌鲁木齐、无锡、芜湖、武汉、西安、襄阳、宿迁、徐州、许昌、烟台、扬州、宜昌、银川、鹰潭、岳阳、漳州、长春、长沙、肇庆、镇江、郑州、中山、重庆、舟山、珠海、株洲
发展型	二	111	39%	安庆、安顺、巴彦淖尔、白山、蚌埠、包头、保定、本溪、沧州、承德、池州、赤峰、滁州、大同、丹东、德州、定西、鄂州、防城港、抚州、固原、广安、广元、汉中、河源、鹤壁、衡阳、葫芦岛、怀化、淮安、淮北、黄冈、黄石、吉林、济宁、佳木斯、江门、锦州、晋城、荆门、荆州、景德镇、九江、酒泉、开封、克拉玛依、莱芜、兰州、丽江、辽源、聊城、临沂、龙岩、泸州、漯河、马鞍山、茂名、南平、南阳、宁德、攀枝花、盘锦、平顶山、平凉、萍乡、莆田、濮阳、齐齐哈尔、钦州、三明、汕头、汕尾、韶关、十堰、石家庄、双鸭山、松原、随州、泰州、通化、通辽、铜川、渭南、乌兰察布、梧州、武威、西宁、咸宁、咸阳、湘潭、新乡、新余、邢台、雅安、延安、盐城、宜宾、益阳、永州、榆林、玉林、枣庄、湛江、张家界、张掖、长治、周口、驻马店、淄博、自贡、遵义
起步型	三	83	29%	安康、安阳、鞍山、巴中、白城、白银、百色、保山、毕节、滨州、亳州、朝阳、潮州、崇左、达州、德阳、抚顺、阜新、阜阳、贵港、邯郸、河池、菏泽、贺州、鹤岗、黑河、衡水、淮南、鸡西、嘉峪关、焦作、揭阳、金昌、晋中、来宾、乐山、辽阳、临沧、临汾、六安、六盘水、陇南、娄底、吕梁、眉山、南充、内江、普洱、七台河、清远、庆阳、曲靖、日照、三门峡、商洛、商丘、邵阳、石嘴山、朔州、四平、绥化、天水、铁岭、铜仁、乌海、吴忠、孝感、忻州、信阳、宿州、宣城、阳江、阳泉、伊春、宜春、营口、玉溪、云浮、运城、张家口、昭通、中卫、资阳
本底型	四	2	1%	拉萨、上饶

2.1.2　区域特征

（1）各省市特征比较

在我国大陆（内地）31 个省市中，四个直辖市目前均已进入提升型城市阶段，它们作为我国经济较为发达的地区，面临的生态建设挑战也更大，伴随其行为强度的增强与持续，生态建设成效明显。浙江、江苏、福建、海南等省的地级市均已没有起步型城市，其中浙江省的 11 市、海南省 2 市均进入提升型城市、江苏省的提升型城市比重超过 75%。相比而言，云南、宁夏、山西、辽宁、黑龙江、甘肃、贵州及广西等 9 个省份起步型城市比重均超过 40%，甘肃、山西、云南、吉林、辽宁、贵州、四川、河南等 8 个省份的提升型城市不足 20%，这些省份多分布于东北和西部地区，经济水平不够发达，面临着生态和经济的发展选择，需要进一步地加强生态行为强度才有机会成为提升型城市，生态建设仍有非常大的提升和进步空间（图 5-2-2）。

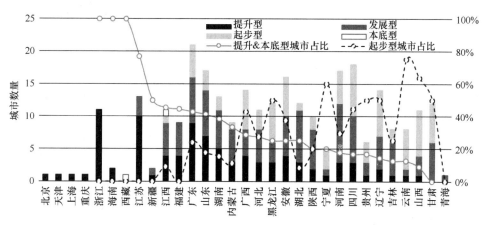

图 5-2-2 2019 年 31 个省市自治区的城市类型分布特征

（2）主要城市群特征比较

为了更好地评估我国生态宜居发展的区域差异，选取京津冀、长三角、珠三角及成渝四个主要城市群进行比较。其中，珠三角、长三角城市的生态宜居成效总体较好，提升型城市的比重分别达到 88.9% 和 73.1%，两个城市群总体只有一个城市位于起步型城市。珠三角的整体城市生态建设行为和效果都要略好于长三角，但长三角仍有一些城市生态建设行为强度较大。相比而言，京津冀与成渝城市群的起步型、发展型城市比重较大，起步型城市的比重分别达到 23.1% 和 46.7%，各自城市群内经济较发达城市的过程和结果指数都较高，例如京津冀的北京和天津，成渝的重庆和绵阳，但是中心城市与其他城市之间存在较大的差异。总体而言，生态建设行为和成效比较显著的是长三角和珠三角城市群，京津冀城市群和成渝城市群在这两方面有待加强，在建设力度和成效上还可以有进一步提升（图 5-2-3）。

为了更好地了解城市群内部的生态宜居建设协同水平，引入变异系数进行历

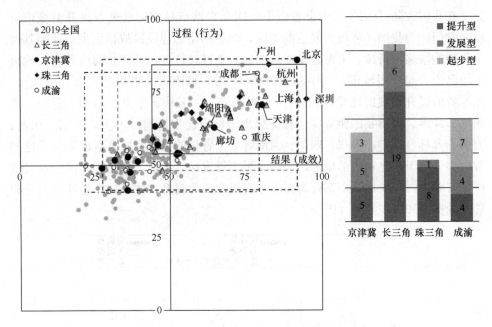

图 5-2-3　2019 年主要城市群的四象限分布特征

史动态的比较分析（如图 5-2-4 所示）。可以看出，各城市群内地级市的生态宜居建设成效差异大于建设过程的差异。

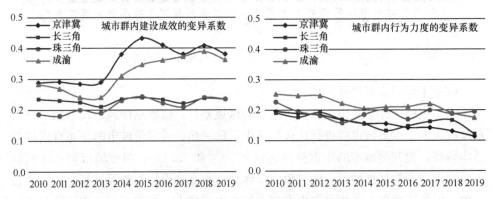

图 5-2-4　我国主要城市群历年的变异系数变化趋势（2010—2019 年）

注：变异系数越小说明城市群内差异越小

生态宜居建设成效（结果指数）方面，珠三角城市群内地级市的均衡性最好，差异较小，长三角城市群次之，两者结果指数的变异系数历年来都比较接近，趋势平缓；京津冀城市群内地级市的建设成效差异最大，成渝城市群次之，且二者自 2014 年起城市群内部差异呈现总体呈上升趋势，在 2019 年都有所下降。

生态宜居建设力度（过程指数）方面，2019 年长三角和京津冀城市群内部城市的差异较小，成渝城市群次之。过去十年，除京津冀城市群的差异呈现较为显著的下降趋势外，其余三个城市群的生态建设力度差异性都呈现一定的波动。在 2019 年长三角与成渝城市群的差异均出现较为明显的下降，而珠三角的差异却出现了一定程度的增长。总体而言，四大城市群的过程指数变异系数变动都不大，珠三角和长三角在建设成效水平相对较高的情况下，需要继续发挥中心城市的示范和引领作用，提升整体水平。

2.2 四类城市的要素特征

2.2.1 2019 年总体特征

（1）建设成效特征

优地指数的建设成效评估从可持续竞争力、城市高效运营、提高生活水平、提升能源效率、改善环境质量五个方面进行考察并计算得分。2019 年优地指数评估结果中，除改善环境质量的平均水平差异不大外，四类城市在各方面表现出的建设成效呈现一定的差异性特征。提升型城市在城市高效运营、提升能源效率、可持续竞争力方面表现突出，整体情况在四类城市中最好，各方面得分均衡。发展型城市和起步型城市各方面成效的平均水平仍在全部城市平均值之下，存在较大发展空间（图 5-2-5）。

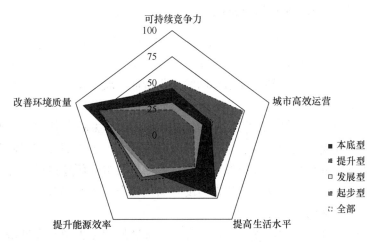

图 5-2-5 2019 年四类城市建设成效各评估要素平均得分

（2）建设过程特征

优地指数对城市生态宜居行为力度的评估主要从管理高效（经济发展、高效运营)、生活宜居(公共服务、道路交通)以及环境生态(能源节约、空气质量、水环境、资源利用、城市绿化)三个板块九项工作来进行考察。对比 2019 年四类城市的各项工作平均得分,可以发现以下特征:2019 年,提升型城市除空气污染排放强度较高使空气质量控制的得分低于全国平均之外,其余各项工作均优于全部城市样本平均值,起步型城市则总体实力明显不足,发展型城市整体情况趋于全部城市的平均值(图 5-2-6)。

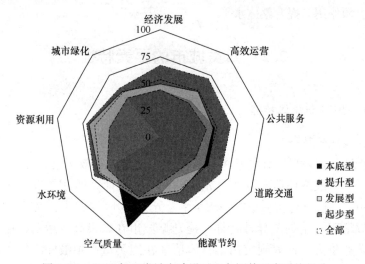

图 5-2-6　2019 年四类城市建设过程各评估要素平均得分

2.2.2　2010—2019 年动态特征

将 2019 年三类城市❶在建设成效与行为力度各项工作的平均得分,与 2010 年的平均水平进行对比,可以看出:在生态宜居建设成效方面,起步型、发展型和提升型三类城市的差异都呈现出相同的变化特征,城市运行效率、生活水平和能源效率则是在十年间得到了显著的提高,而可持续竞争力和环境质量得分均低于 2010 年平均水平,这主要受到空气质量标准调整的影响。其中,提升型城市在三方面的建设成效提升最为明显,发展型城市次之,起步型城市紧随其后。总体来看,环境质量和城市全方位的可持续发展仍是城市宜居建设的重点任务,发展型城市需要进一步保持现有的建设力度并加快建设成效的提升,起步型城市则要加快跟紧发展型城市,尽早转型。

在城市生态宜居建设过程方面,提升型、发展型和起步型三类城市九项要素的评估得分都高于 2010 年或与 2010 年持平,其中三类城市都在经济发展、高效运营、公共服务、能源节约、空气质量、水环境方面的建设强度较 2010 年有明

---

❶　2019 年本底型城市 2 个,在此不做统计。

显加强，总体而言发展型城市的建设力度提升最为明显。三类城市在道路交通、资源利用和城市绿化方面都需要进一步加强建设力度和重视程度，这也侧面反映了交通和生态环境是城市生态宜居建设过程中面临的亟待解决的重要挑战，需要进一步推进交通转型，合理利用资源和规划设计城市绿化（图 5-2-7）。

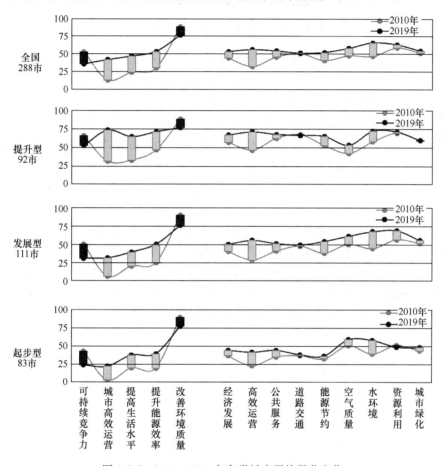

图 5-2-7　2010—2019 年各类城市平均得分变化

3 十年进程：城市建设要素动态趋势[1]
3 A decade：Element and trend of urban construction

对比 2010 年的四类城市在 2019 年的类型变化，可以看出我国生态宜居发展的路径特征。中国的地级及以上城市在 2010—2019 年总体呈现起步型→发展型→提升型的趋势。2010 年 46 个提升型城市中仅 1 个城市在 2019 年评估时滑落至发展型城市，其余 45 个城市均维持在提升型城市的水平；30 个发展型城市中 21 个城市经过投入建设在 2019 年转型进入提升型城市；变化最大的是 2010 年的起步型城市，经过十年积累和发展，2010 年的 204 个起步型城市中，有 101 个城市转变发展思路，成为发展型城市，另有 21 个城市已呈现建设成效进入提升型城市；2010 年 7 个本底型城市全部脱离本底型城市类别，5 个城市进入提升型城市类别，也有 2 个城市因为生态宜居建设关注的不足，退回发展型或本底型城市。可见，中国城市在过去十年对于生态宜居建设投入呈现显著的增长，通过持续的投入建设可以实现生态宜居水平的总体提升（图 5-3-1）。

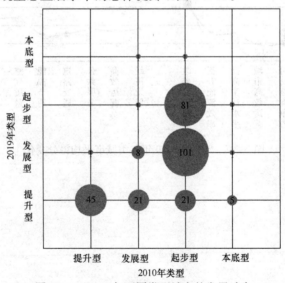

图 5-3-1　2010 年不同类型城市的发展动态

---

❶　（1）优地指数评估所获取的数据因统计发布的时滞性，本节所分析具体指标数据年份为实际统计年份；（2）本节所分析数据来自全国或各省市公开数据计算。

3.1 经 济 发 展

3.1.1 产业结构

加快发展第三产业，是我国经济发展战略的重要组成部分。随着经济规模不断扩大，资源环境压力日益增大，亟须转变经济发展方式，通过构建良好制度环境、实施有效的政策措施，进一步促进第三产业持续健康发展。2008—2017 年，我国地级及以上城市的产业结构得到明显的优化，第三产业占比明显提升。平均水平从 35.16％提升至 44.73％，增加了近 10 个百分点。平均值在 2008—2013 年间略有小范围波动，2013 年后整体呈现上升趋势。2017 年，除北京、海口、广州等个别城市的第三产业占比在 2017 年超过 70％，其余城市总体位于 27.5％～70％（图 5-3-2）。

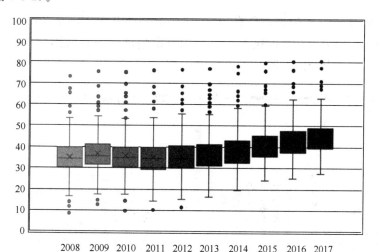

图 5-3-2   2008—2017 年全国 288 个城市第三产业占比的
分布变化趋势（单位:％）

具体而言，我国地级及以上城市基本都在稳步提升第三产业比重，发展势头较好，过去十年第三产业占比呈现负增长的城市仅占 6％，78％的城市增幅为 0～15 个百分点，其中增幅达到 10～15 个百分点的城市数量达到 101 个，占比达到 35％。上海、三亚等 46 个城市第三产业占比增幅超过 15 个百分点，占比达到 16％。增幅最大的城市包括嘉峪关、松原、金昌、大庆和盘锦，增幅均超过 25 个百分点。其中，松原经过经济结构调整，2017 年第三产业占比达到 54.6％（图 5-3-3）。

近年来城市经济结构调整已经取得了一定成效，2017 年已有 64 个城市第三

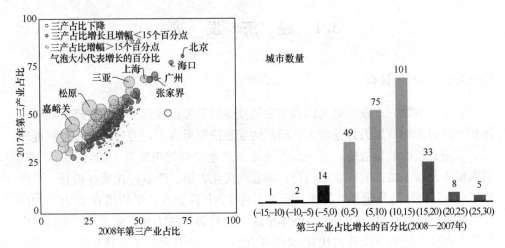

图 5-3-3　2008—2017 年 288 个城市的第三产业占比增幅的分布

产业占比超过 50%，但是，仍有 78 个城市第三产业占比不足 40%，湖北、陕西、四川与广西第三产业占比不足 40% 的城市超过 60%，我国城市经济结构优化仍有较大的提升空间（图 5-3-4）。

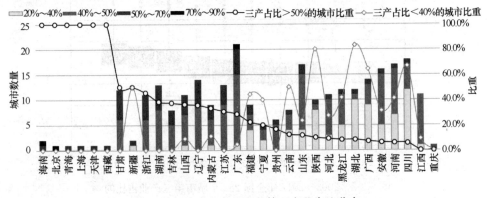

图 5-3-4　2017 年各省市的第三产业占比分布

3.1.2　居民收入

人均 GDP 是了解和把握一个国家或地区的宏观经济运行状况的有效工具。2008—2017 年，我国人均 GDP 从 2.41 万元增长至 5.92 万元，部分城市人均 GDP 超 15 万元。与人均 GDP 相比，职工平均工资更能体现人民获得感。2007—2016 年，全国 288 个城市职工平均工资的平均水平稳步提升，实现了从 2.5 万元/年到 6.1 万元/年的跨越式提升，2016 年约是 2007 年的 2.5 倍，北京、上海的职工平均工资超过 12 万元/年（图 5-3-5）。

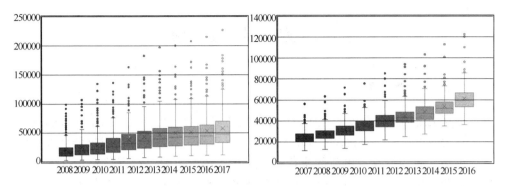

图 5-3-5 人均 GDP（左图）与职工平均工资（右图）的变化趋势

分析全国 288 个城市的人均 GDP、职工平均工资与全国平均水平的比值分布可以发现，城市经济水平的差异在缩小，但仍有六至八成的城市达不到全国平均水平。人均 GDP 方面，2016 年人均 GDP 达到全国平均水平 2 倍以上的城市数量从 2008 年的 36 个减少到 14 个，低于全国平均水平的城市数量从 2007 年的 181 个（占比 62.8%）增加到 2016 年的 193 个（占比 67%），仍有 21% 的城市人均 GDP 不足全国平均水平的一半。在职工平均工资方面，超过全国平均水平的城市数量从 114 个降低至 60 个，城市间职工平均工资的差异显著小于城市间人均 GDP 差异（图 5-3-6）。

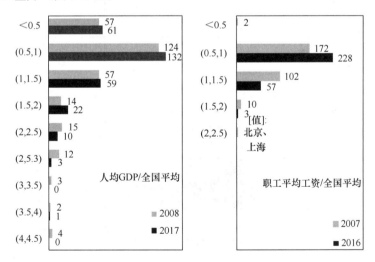

图 5-3-6 全国 288 个城市的人均 GDP（左图）与职工平均工资
（右图）分布变化特征

3.2 宜居生活

3.2.1 道路交通

道路交通的便捷程度是宜居城市建设的重要内容，也是宜居城市评价的重要维度，为城市吸引产业和人才提供了保障。近年来，各地加快了城市公交基础设施建设和车辆装备改造更新的步伐，公交在车辆保有量、运营线路长度、客运量、运营里程不断增长的同时，智能化装备与系统水平也在不断提高。2007—2016年，每万人拥有公共汽电车台数逐年提升，全国288个地级及以上城市市区的平均水平从2007年万人拥有6.5标台，增加到2016年万人拥有8.8标台。乌兰察布、昭通等35个城市的万人拥有公共汽电车台辆数达到2007年的2.5倍以上，占比达到12.2%。与此同时，道路等基础设施的建设也在不断加速，288个地级及以上城市的人均道路面积平均水平从2007年的12.2平方米增长至2016年的17.6平方米，增幅达到44.3%。云浮、赤峰、安顺等42个城市的人均道路面积达到2007年的2倍以上（图5-3-7）。

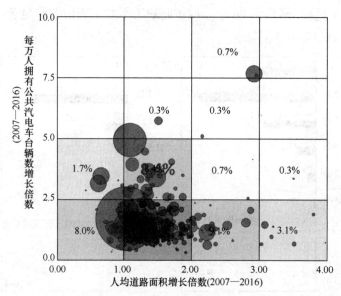

图 5-3-7 2007—2016年城市交通设施的变化趋势

3.2.2 公共服务

文化教育、医疗卫生是城市的重要基础设施，我国288个城市加快补齐公共服务短板，加大教育、医疗等资源供给，公共服务实力提升。每百人公共图书馆藏书的平均水平 2016 年达到 61 本，比 2007 年增加了近一倍，十年来每百人公共图书馆藏书平均水平逐年增加，部分城市已超过 200 本。每万人病床数的平均水平从 2007 年的 29 张/万人增长至 2016 年的 50.5 张/万人（图 5-3-8）。

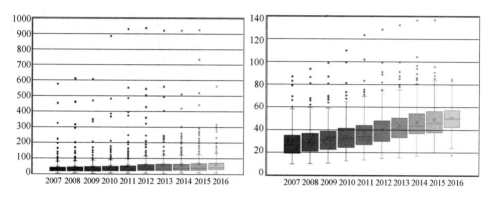

图 5-3-8　每百人公共图书馆藏书（左图）与每万人拥有病床数
（右图）的分布变化趋势（2007—2016）

3.3　环　境　治　理

3.3.1　总体趋势

工业烟粉尘与二氧化硫是大气污染物的主要来源，城市的工业废气处理率及排放强度的评估可以体现城市在环境治理方面的管理与投入力度。总体而言，工业烟粉尘在 2007 年就已经达到了较高的处理率，总体高于 90%，这一水平在 2016 年达到 97% 以上。相比而言，工业二氧化硫的处理在 2007 年相对滞后，平均不到 40%，到 2016 年二氧化硫去除率实现了较为显著地提升（图 5-3-9）。

从排放强度来看，全国 288 个地级及以上城市的二氧化硫排放强度在 2007—2016 年逐年小幅度的稳定减少，2016 年呈现显著的下降，平均降幅达到 20.6%，这一年 190 个城市的排放强度降幅超过 40%。工业烟粉尘排放强度平均水平总体呈现一定的波动，2014 年以后逐年下降。具体来看，工业烟粉尘排放强度在 2011 年和 2014 年有较大幅度的增长，分别有 144 和 82 个城市，增幅超过 60%，2016 年 150 个城市的工业烟粉尘排放强度的降幅超过 40%。工业废气源头治理对大气环境质量的提升做出了突出贡献，截至 2016 年底，我国已累计实现燃煤机组超低排放改造 4.5 亿千瓦（图 5-3-10）。

总体来看，随着城市经济的发展和城镇化进程的加快，城市面临的空气污染

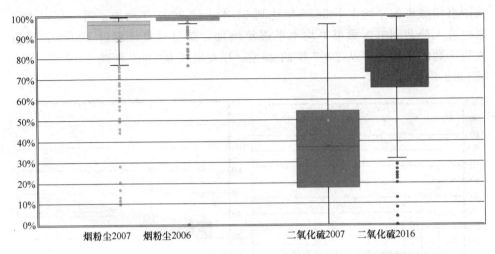

图 5-3-9　工业废气去除率分布比较（2007 年与 2016 年对比）

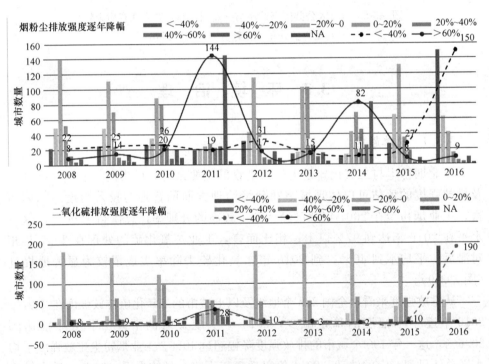

图 5-3-10　工业废气排放强度逐年降幅分布比较（2007—2016 年）

问题日益严峻，环境治理的挑战也日益加大，虽然近几年对大气污染物排放的控制措施取得了一定的成效，但未来还是任重而道远，需要从能源消耗的源头、使用过程、循环回收利用等生命周期全过程中，使用先进的排放控制技术和方法，减少污染物的排放，实现大气污染物和温室气体等的协同治理，为城市的宜居打造良好的生态和空气环境。

3.3.2　环境治理区域差异特征

通过对比 2007—2016 年京津冀、长三角和珠三角城市群的工业废气排放强度的变化可以发现，十年来三大城市群的烟粉尘排放强度略有波动，2014 年以来烟粉尘排放强度持续下降，珠三角城市群从 2007 年烟粉尘平均排放强度最高的区域转变为 2016 年排放强度最低的区域。城市间差异来看，京津冀、长三角城市在烟粉尘排放强度的差异逐年增大，而珠三角的差异则在逐渐下降。

二氧化硫排放强度方面，三大城市群在 2007—2016 年的排放强度持续下降，珠三角城市群在 2007 年排放强度相对较高、城市间差异最大。到 2016 年，三个城市群的总体排放强度均降到 10 吨/平方公里以下，其中京津冀地区的平均排放强度最低（图 5-3-11）。

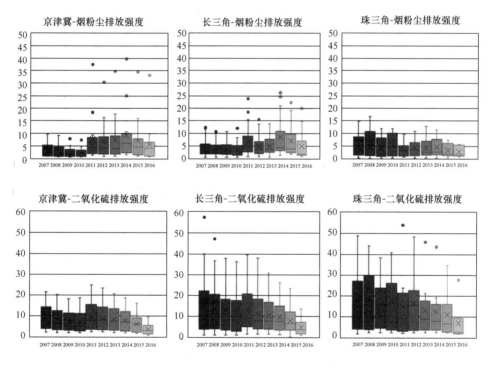

图 5-3-11　三个城市群的工业废气排放强度分布变化趋势
（2007—2016 年）（单位：吨/平方公里）

在空气质量方面，2012 年执行新的空气质量标准后，各城市的空气质量优良率出现明显的下降。其中京津冀地区的空气质量优良率在 2012 年总体降至70％以下。2012 年后，逐步深化的清洁空气行动计划取得了一定成效，2012—

2016 年平均水平持续提升，城市间差距也逐渐缩小。目前，珠三角地区的空气质量优良率为三个城市群中最优，但要警惕 2017 年新出现的反弹及城市间差异增大的现象（图 5-3-12）。

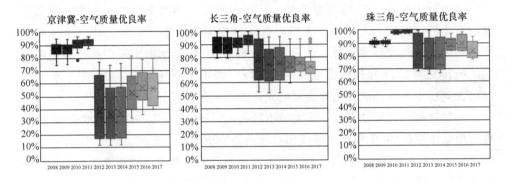

图 5-3-12　三个城市群的空气质量分布变化趋势（2008—2017 年）
注：空气质量优良率 2012 年执行新标准

3.4　能　源　效　率

3.4.1　总体趋势

目前，各地区公开的数据均为单位 GDP 能耗降幅数据，研究组由公开数据对历年的单位 GDP 能耗数据进行估算。2017 年，80％的城市的单位 GDP 能耗数据可靠，其余城市因数据公开情况不同存在一定的不确定情况，例如部分省份只公开规上工业的能耗数据、部分省份暂未公开 2017 年的降幅数据等（图 5-3-13）。

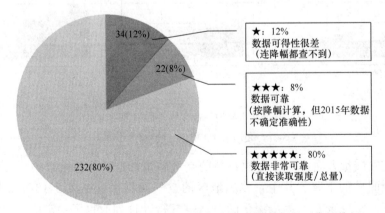

图 5-3-13　2017 年 288 个城市的单位 GDP 能耗数据的可靠性特征

我国的节能工作取得了较为显著的成效，单位 GDP 能耗总体呈现下降趋势，2017 年除个别城市外，单位 GDP 能耗整体低于 1.5 吨标准煤/万元，235 个城市单位 GDP 能耗低于 1 吨标准煤/万元，占比达到 81.6％；但仍有 23 个城市超过 1.5 吨标准煤/万元（图 5-3-14）。

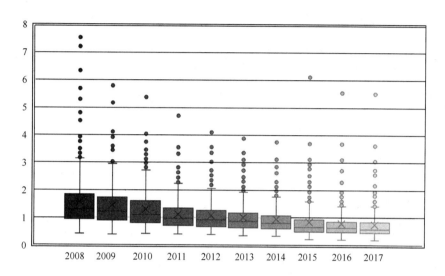

图 5-3-14　2008—2017 年 288 个城市的单位 GDP 能耗分布变化趋势

（单位：吨标准煤/万元）

3.4.2　能源效率区域差异

对比三大城市群主要城市单位 GDP 能耗与第三产业占比趋势关系，可以发现，京津冀、长三角和珠三角主要城市群虽然产业结构、能源结构和能源禀赋各不相同，但三大城市群的第三产业占比与单位 GDP 能耗的相关系数水平都达到了 0.83 以上，接近于 1，相关度很高。可见，产业转型是实现能源转型的重要途径，提高三产占比有利于降低城市的能耗水平，提高能源利用效率，促进城市可持续发展和生态宜居建设（图 5-3-15）。

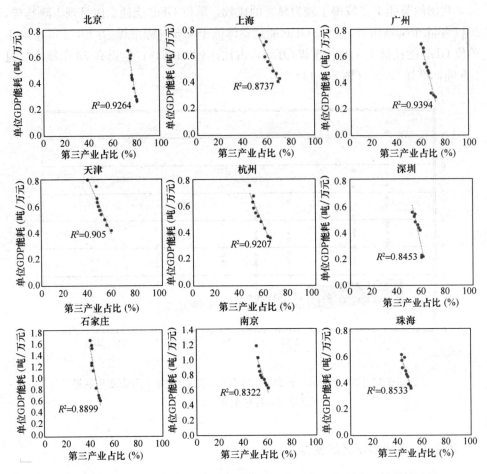

图 5-3-15 三大城市群主要城市的单位 GDP 能耗与第三产业占比趋势关系图
(2008—2017 年)呈现较好的相关关系（R^2 均在 0.83 以上）

4 从优地指数看城市吸引力特征需求

4 Study on the relationship between city (city agglomeration) and population attraction

当前，经济社会的发展推动人口持续向城市聚集。在这过程中，城市群将主导世界人口与国际的发展，并成为国家参与全球竞争与分工的重要地域单元。到 2030 年，预计全球 2/3 的人口将居住在城市，城市发展呈现极化特征。中国 2016 年的常住人口与户籍人口差额统计显示，差额前 10 的城市，除第九武汉以外，均分布于京津冀城市群、长三角城市群和珠三角城市群，前三名更被三大城市群的中心城市上海、北京和深圳包揽。城市机械增长率数据体现了中国人口向城市群，尤其是城市群中心城市不断集聚的趋势（表 5-4-1）。

城市常住人口与户籍人口差异表（2016 年）　　　　　　　　表 5-4-1

差额排名	城市	常住人口－户籍人口（万人）	占常住人口比例	城市机械增长率（‰）
1	上海	969.7	40%	4.38
2	北京	809.9	37%	4.7
3	深圳	805.8	68%	63.24
4	东莞	625.1	76%	22.19
5	广州	534.4	38%	8.16
6	天津	518.1	33%	10.13
7	苏州	386.7	36%	11.67
8	佛山	346.3	46%	18.32
9	武汉	242.6	23%	−0.32
10	宁波	196.5	25%	4.72

注：机械增长率＝常住人口增长率－城市人口自然增长率，表征迁入迁出水平。

4.1 不同规模城市的人口吸引力

根据 2017 年城市市区人口统计数量将全国近 300 个城市分为超大城市、特大城市、Ⅰ型大城市、Ⅱ型大城市、中等城市以及小城市❶。从城市规模与城市对人口的吸引力的关系进行分析，结果如图 5-4-1 所示。

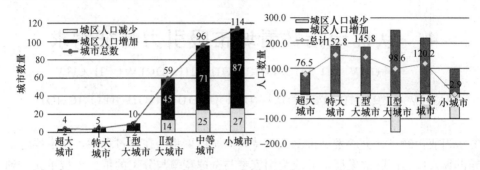

图 5-4-1　不同规模城市的人口迁入迁出特征

可以看出，特大城市与Ⅰ型大城市中城区人口增长的城市占比均达到 80%，Ⅱ型大城市中、中等城市、小城市中的占比分别为 76.2%、74.0% 和 76.3%，总体而言，随着城市规模的减小，人口增长城市的比重呈现不断下降的趋势（超大城市总数少，偶然性大，受政策管控影响大，未纳入考虑）。在人口数量方面，超大城市、特大城市、Ⅰ型大城市的城区人口流入量领先于其他规模的城市，增长城市的人口增加量远高于减少城市的人口减少量。中等城市、Ⅱ型大城市紧随其后，在拥有人口高增长的同时人口流失也不少，人口流动性很强。小城市则只能勉强维持人口增减平衡。可以看到，虽然超大城市对人们有很强的吸引力，也是人口流动的重要选择之一，但是受政策影响，越来越多的人选择在特大城市、大城市寻找机会。

4.2　不同类型城市的人口吸引力

对城市的生态宜居发展指数与城市吸引力的关系进行分析，结果如图 5-4-2、图 5-4-3 所示。在人口吸引力方面，优地指数四类城市间存在明显的差异。提升型城市呈现强势的人口吸引力，其城市总体特征以人口迁入为主，呈现人口迁入的城市占比达到 54.3%。发展型和起步型城市的总体特征则以人口迁出为主，其人口迁入的城市比重分别仅占 22.5% 和 31.3%。从具体的人口机械增长率特征来看，提升型城市的迁入率远高于发展型、起步型城市，呈现较强的人口吸引力。

---

　　❶　根据《关于调整城市规模划分标准的通知》，城市规模划分标准以城区常住人口为统计口径，将城市划分为五类七档：小城市、Ⅰ型小城市、Ⅱ型小城市、中等城市、Ⅰ型大城市、Ⅱ型大城市、特大城市、超大城市。其中，城区常住人口大于 1000 万的为超大城市，在 500～1000 万之间的为特大城市，在 300～500 之间的为Ⅰ型大城市，在 100～300 万间的为Ⅱ型大城市，在 50～100 万之间的为中等城市，在 20～50 万间的为Ⅰ型小城市，小于 20 万的为Ⅱ型小城市。

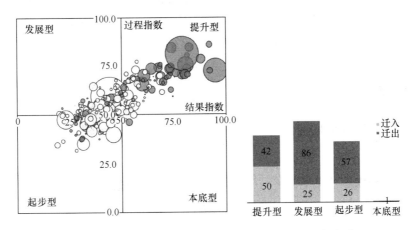

图 5-4-2　2019 年优地指数四类城市的人口迁入迁出水平

注：左图中，气泡大小与人口机械增长率成正比；空气泡代表人口迁出

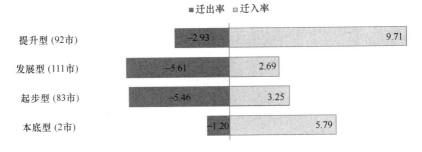

图 5-4-3　2019 年优地指数四类城市的迁入迁出率

4.3　城市群：提升型城市人口吸引力更为突出

对四个城市群中不同优地指数类型城市的人口迁移特征进行分析可知，京津冀、长三角和珠三角的城市生态宜居发展指数要优于成渝城市群，其人口吸引力也整体优于成渝城市群，成渝城市群的 16 个城市中，只有 5 个人口净迁入城市。

整体来看，四个城市群中，提升型城市对人口均展现出巨大的吸引力，尤其是在京津冀、珠三角、长三角城市群中，人口净迁入城市均为提升型城市，其中珠三角城市群的提升型城市，人口净迁入率达到 19.2‰。这三个城市群中，发展型、起步型城市均呈现人口净迁出特征，其中长三角地区的发展型城市人口迁出率较高，达到 28.48‰，也说明该地区的 14 个提升型净迁入城市对于人口强大的虹吸作用。在成渝城市群中，提升型、发展型和起步型城市均有若干城市成县

313

人口净迁入特征,但是该地区的 2 个提升型城市中,成都的人口净迁入率达到 126.8‰。总体而言,城市优地指数与城市人口吸引力显著相关,其生态宜居情况越好,对于人口的吸引力越大(图 5-4-4)。

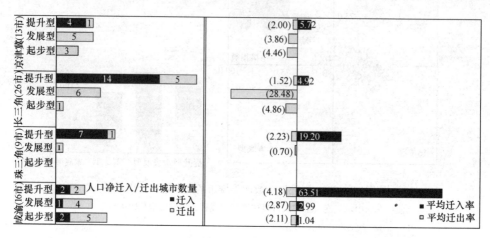

图 5-4-4 我国四个城市群中不同类型城市的人口迁移特征

5 小 结

5 Conclusion

我国城市的总体建设过程模式趋同，根据 2019 年更新的优地指数评估结果，提升型城市（第一象限）共有 92 个，占城市总数量的 32%；发展型城市（第二象限）共有 111 个，占比为 39%，生态宜居城市建设成效进一步提升的发展空间较大；起步型城市（第三象限）共有 83 个，占被评城市的 29%，这些城市的发展模式仍相对粗放，生态宜居建设成效较差，仍需改善城市生态宜居状况；本底型城市（第四象限）共有 2 个，占比为 1%。总体而言，我国的低碳生态建设力度较强，但无论是起步型、发展型还是提升型城市，生态宜居成效仍然滞后于生态宜居建设力度，二者的匹配程度较低。

对比四类城市 2010 年和 2019 年的类型变化，可以看出我国生态宜居发展的路径特征。中国的地级及以上城市在 2010～2019 年总体呈现起步型→发展型→提升型的趋势。中国城市在过去十年对于生态宜居建设投入呈现显著的增长，通过持续的投入建设可以实现生态宜居水平的总体提升。

对经济发展、宜居生活、环境治理、能源节约等优地评估要素进行十年动态分析，研究我国城市生态宜居建设取得的总体进程特征，可以发现，2016 年工业废气源头治理对大气环境质量的提升做出了突出贡献，但空气质量在 2017 年出现了一定程度的反弹；第三产业占比与单位 GDP 能耗的相关性较大，产业结构调整是实现节能减排的重要途径。

为了挖掘我国城市人口集聚的特征需求，本报告对不同类型城市的人口迁入迁出特征进行研究，研究发现提升型城市呈现强势的人口吸引力，其城市总体特征以人口迁入为主，呈现人口迁入的城市占比达到 54.3%；发展型和起步型城市的总体特征则以人口迁出为主，其人口迁入的城市比重分别仅占 22.5% 和 31.3%；在京津冀、珠三角、长三角城市群中，提升型城市的人口吸引力特征更为明显，人口净迁入城市均为提升型城市，而成渝城市群的 2 个提升型城市中，成都的人口净迁入率达到 126.8‰。

综上，优地指数将持续跟踪、动态总结我国地级以上城市的生态城市发展状况、模式以及结果，为相关政策的制定提供科学、定量化的分析依据。

后　记

　　国土空间规划相关文件发布，城乡统筹、生态宜居、和谐发展是新时代下我国城市规划与建设的基本目标，低碳生态城市建设是当前应对城市人口膨胀、资源枯竭、环境恶化、气候变化等问题的可持续发展手段，旨在实现城市生态化与低碳化的融合、社会系统与自然系统的融合、城市空间的多样性与紧凑性、复合性与共生性的融合。

　　《中国低碳生态城市年度发展报告 2019》以"高质量城市发展"为主题，以"低碳生态城市"为抓手整合资源，全面推进低碳生态视角下的城市规划。低碳生态视角下的城市规划以其高度的综合性、战略性和政策性，实现优化城市资源要素配置、调整城市空间布局、协调各项事业建设、完善城市功能、建设优质人居环境的功能，改变以往片面重视城市规模和增长速度的定式思维模式，转向对城市增长容量和生态承载力的重视，同时关注提升居民生活质量，不断改善人居环境，提高城市的可持续发展水平。2018 年，国内外建设低碳生态城市的过程中取得了丰富的研究和实践成果，在探索的道路上大胆突破，但同时，也可以看到面临的多方挑战。报告通过对这些理念、经验与实践的总结，以期帮助、促进和推动未来低碳生态城市的建设，更加突出建设以生态文明为纲、宜居人文为本的高质量城市和可持续的人类住区。

　　《中国低碳生态城市年度发展报告 2019》是中国城市科学研究会生态城市研究专业委员会联合相关领域专家学者，以约稿及学术资料查询、问卷调研的方式组织编写完成的。委员会设立了报告编委会和编写组，广泛获取相关动态信息、定期沟通报告方向和进展。为了使报告更好地反映低碳生态城市建设、发展的最新动态，全面透析发展的热点问题，追踪实践和探索的年度进展，委员会组织编委会和编写组多次召开专门会议，听取专家学者对于年度报告框架的意见，确定了 2019 年度报告的主题：高质量城市发展。报告根据创新、协调、绿色、开放、共享发展理念的指引，深化城市新型城镇化绿色转型之路，强调对人文需求与城市评价的总结和分析，寻求城市低碳生态化途径。期间通过专家约稿、访谈、问卷调查、学术交流等形式对报告进行补充和完善，并最终于 2019 年 6 月成稿。

　　本报告是中国城市科学研究会组织编写的系列年度报告之一，在借鉴了之前九年的编写经验基础上，对中国低碳生态城市的发展与研究成果进行了系统总结与集中展示，形成了包含最新进展、认识与思考、方法与技术、实践与探索、中国城市生态宜居发展指数（优地指数）报告五部分在内的、体现逻辑层次的研究报告。报告吸纳了相关领域众多学者的最新研究成果，尤其得到了国务院参事仇保兴博士和城科会何兴华博士的指导和支持，在此，再次对为本报告作出贡献的各位专家学者致以诚挚的谢意。

　　本报告作为探索性、阶段性成果，欢迎各界参与低碳生态城市规划建设的读者朋友提出宝贵意见，并欢迎到中国城市科学研究会生态城市研究专业委员会微信公众号（中国生态城市研究专业委员会@chinaecoc）、网站中国生态城市网（http：//www.chinaecoc.org.cn/）或新浪微博（@中国生态城市）交流。

　　我国发展站在了新的历史起点上，中国特色社会主义进入了新的发展阶段，"新常态"下我国城镇化呈现出一些突出的特征和挑战，低碳生态城市是生态文明建设和绿色发展的必然选择，是促使人－城市－资源－生态协同可持续的关键举措，进一步加强国际交流与合作，及时总结探索与实践的经验与教训，中国将同有使命担当的世界各国一道探索绿色低碳发展，在未来持续推进低碳、生态、可持续的城市发展体系、模式与建设机制。

Afterword

The document on the state-owned land and space planning is issued, which states that, a uniform, ecological, livable and harmonic development of urban and suburban areas is the basic purpose of urban planning and construction in China in this new era; low-carbon eco-city is in a position to tackle the problems such as urban population expansion, resources depletion, environmental degradation, and climate change, intending to achieve the integration of urban ecologicalization and low carbon, the integration of social system and natural system, the integration of diversity and compactness as well as the complexity and symbiosis of the urban space.

Themed with "development of high quality city", the Review of China's Low Carbon Eco-city Development Strategy (2019) integrates the resources through "low-carbon eco-city", fully drives forward the urban planning from the ecological and low carbon perspective. It is a highly comprehensive, strategic and policy-related urban planning from the ecological and low carbon perspective, optimizes the allocation of urban resources, adjusts the urban space layout, coordinates constructions, improves the urban functions, builds a good and livable environment, changes the fixed mindset which only pays attention to the city's size and speed, and turns to emphasize on the urban growth capacity and ecological capacity. Meanwhile, it cares about the improvement of living quality, continuously makes the living environment better, and increases the level of sustainability of cities. In 2018, the construction of domestic and foreign low-carbon eco-cities made achievements both in research and practice. We are making breakthroughs while exploring, but also facing challenges. By summarizing these ideas, experiences and practices, the report intends to help, promote and drive the construction of low-carbon eco-cities in the future. Emphasis is placed on the construction of the high quality city and sustainable human community with ecological civilization as its key link, the livability as its basis, and the smart and the precision as its auxiliary "wings".

The Review of China's Low Carbon Eco-city Development Strategy (2019) is prepared and written by the Ecological City Research Committee of Chinese Society for Urban Studies and experts and scholars in related fields, by the means of academic reports, interviews, survey and academic exchanges. The committee has set up a report editorial board and an editorial team to collect extensive information related to the trend and communicate regularly about the reporting direction and progress. To better reflect the latest construction and development of low-carbon ecological city, comprehensively analyze the hot issues of development, and track the annual progress of exploration and practice, the committee has arranged the editorial board and the editorial team to hold special meetings, listened to the opinions of the experts and scholars for annual reporting framework, and therefore identified the theme of 2019 annual report: high quality city. Guided by the development concept of "innovation, coordination, green, open and sharing", the review intensifies the green transformation path of new urbanization, emphasizes the summary and analysis on humanity demand and city assessment, seek for the low-carbon applications in cities. Meanwhile, the review was supplemented and supported by the information and data from academic reports, interviews, survey and academic exchanges. The draft of the review was completed in June 2019.

As one of the reports of urban studies in China, with reference to the previous nine years' experiences, the review comprehensively summarizes the development and study result of the low-carbon eco-cities in China, form the logically tiered report including five parts: Latest Development, Perspective & Thoughts, Methodology & Techniques, Practices and Exploration, and China's Report on Urban Ecological and Livable Development Index (UELD Index) (2019). The review includes the latest research results of many scholars in related fields, and received the guidance and support of Dr. Qiu Baoxing, counselor of the state council, and Dr. He Xinghua, the member of Chinese Society for Urban Studies. Here, once again, I would like to express my sincere gratitude to the experts and scholars who have contributed to this report.

The Review is an exploratory achievement for a certain stage, we would like all readers who are interested in low-carbon eco-city planning and construction to put forward any valuable opinion, and welcome to follow the We Chat Official Account of Ecological City Research Committee of Chinese Society for Urban Studies (the Ecological City Research Committee of Chinese Society for Urban Studies @ chinaecoc) Chinese research association professional committee of ecological urban studies WeChat science city public number (ecological urban studies professional committee of China), the China's Eco-City Net (http://www. chinaecoc. org. cn/) or Sina weibo (@ China's Eco-City) .

Standing on the new starting point of the history, China saw a new development stage of socialism with Chinese characteristics. Under the " New Normal", our urbanization indicates some outstanding features and also facing the challenges, low-carbon ecological city is the inevitable choice of ecological civilization construction and green development, also the key measures for promoting the sustainable and collaborative development of human-city-resources-ecology. By further strengthening the international exchanges and cooperation, and timely drawing the experience and lesson from exploration and practice, China will explore the green and low-carbon development with other countries bearing the same mission, and constantly drive forward the low-carbon, ecological and sustainable urban development system, pattern and construction mechanism in future.